ÉLÉMENTS

D'ARITHMÉTIQUE

THÉORIQUE ET PRATIQUE

AUTRES OUVRAGES DU MÊME AUTEUR

PUBLIÉS PAR LA MÊME LIBRAIRIE.

PROBLÈMES D'ARITHMÉTIQUE ET DE COSMOGRAPHIE. (Ce recueil paraîtra dans le courant de l'année 1859.)

ÉLÉMENTS D'ALGÉBRE. 3ᵉ édition.

ÉLÉMENTS DE TRIGONOMÉTRIE. 2ᵉ édition.

NOUVELLE THÉORIE DES LOGARITHMES.

Ch. Lahure et Cⁱᵉ, imprimeurs du Sénat et de la Cour de Cassation, rue de Vaugirard, 9, près de l'Odéon.

ÉLÉMENTS

D'ARITHMÉTIQUE

THÉORIQUE ET PRATIQUE

PAR

E. A. TARNIER

Docteur ès sciences, Officier de l'instruction publique, etc.

QUATRIÈME ÉDITION

conforme aux nouveaux programmes d'enseignement
et comprenant la théorie générale des approximations décimales

PARIS

LIBRAIRIE DE L. HACHETTE ET Cie

RUE PIERRE-SARRAZIN, N° 14

(Près de l'École de médecine)

1858

AVERTISSEMENT.

Cette nouvelle édition diffère de la précédente en plusieurs points que nous allons indiquer.

Trois parties principales forment la grande division de l'ouvrage:

Règles et principes du calcul;

Applications usuelles de l'arithmétique;

Complément servant d'introduction à l'algèbre, à la géométrie, etc., etc.

L'arithmétique proprement dite, exposée dans les deux premières parties, ne comprend que 194 pages; il serait difficile de la restreindre davantage.

Profitant des observations qui nous ont été faites, nous avons eu moins souvent recours aux démonstrations analytiques.

En outre, nous nous sommes permis davantage l'emploi des lettres et des égalités écrites, surtout dans la troisième partie.

La numération *parlée* est actuellement exposée indépendamment de la numération *écrite.*

Les *approximations décimales* faisaient dans l'édition précédente l'objet du chapitre v, tandis que dans celle-ci elles ont été renvoyées au chapitre ix; ce chapitre appartient à la troisième partie où nous avons réuni les extractions de racines, les méthodes abrégées pour la multiplication et la division, les logarithmes, sans recourir aux progressions, et la règle à calcul.

Comme cette marche est actuellement adoptée par la presque totalité des professeurs, nous avons dû nous y conformer.

Ce changement d'ordre (dont on peut ne pas tenir compte si l'on veut suivre pas à pas les numéros du programme officiel), nous a permis d'exposer très-complétement la multiplication et la division abrégée, ainsi que la théorie des erreurs relatives, le tout accompagné d'exemples numériques propres à en faire ressortir l'utilité, et à mettre les candidats en état de répondre aux diverses questions qui leur sont adressées sur cette matière.

Quelques personnes pensent que les *erreurs relatives des données et du résultat* ne s'appliquent qu'à la multiplication et à la division des nombres décimaux ; nous ne partageons pas cette opinion ; l'instruction générale du 15 novembre 1854 ne laisse aucun doute à cet égard. Nous avons lieu d'espérer que notre *théorie des approximations décimales*, présentée d'une manière aussi élémentaire que possible, sera favorablement accueillie.

Nous engageons vivement les élèves à ne pas se laisser rebuter par une première difficulté qui tient au sujet lui-même ; ils ne tarderont pas à en être amplement dédommagés par la satisfaction qu'ils éprouveront de pouvoir calculer rapidement, à tel ou tel degré d'approximation, les expressions numériques qu'à chaque instant on rencontre dans les diverses branches des mathématiques.

Les problèmes sur les quatre règles, considérées isolément ou collectivement, ont reçu une plus grande extension.

Nous avons cru devoir donner quelques exemples de *longues additions*, car il s'en présente souvent dans la pratique.

Les considérations générales sur la proportionnalité des grandeurs sont actuellement plus faciles à saisir. Nous disons à quel caractère on peut reconnaître si quatre nombres sont ou ne sont pas proportionnels entre eux.

Après la règle de trois composée vient une remarque d'après laquelle on peut poser immédiatement une égalité de rapports dont l'inconnu dépend ; c'est en effet ce qui a lieu en géométrie.

Nous avons rétabli les quatre problèmes d'intérêt dans lesquels sont confondus le capital et l'intérêt de ce capital ; le dernier comprend implicitement l'escompte *en dedans*.

Nous consacrons un paragraphe à l'*échéance commune*, parce que des exemples en ont été donnés aux examens du baccalauréat ès sciences. Nous en dirons autant de la *règle conjointe*.

Avant d'aborder les *partages proportionnels*, nous démontrons les propriétés fondamentales des égalités de rapports, propriétés dont on fait un fréquent usage, surtout en géométrie.

La *règle d'alliage* est présentée avec de plus grands développements. Nous examinons le cas où entre la *densité;* c'est à cette occasion que nous parlons de l'*aluminium*.

Vient ensuite la troisième et dernière partie dont nous avons déjà indiqué l'objet; le chapitre relatif aux logarithmes a été rétabli, à peu de chose près, comme il l'était dans la deuxième édition.

Enfin, les 65 pages en petit caractère, consacrées à un choix de questions coordonnées dans l'ordre même des matières de l'ouvrage, ont été supprimées. Ces questions seront mieux placées dans un opuscule, avec les solutions raisonnées.

S'il était permis à un auteur de juger son œuvre d'après la peine qu'il s'est donnée pour la perfectionner, nous n'hésiterions pas à dire que voici notre dernier mot sur l'arithmétique. Mais un traité de ce genre présente de si grandes difficultés, que nous continuerons, comme par le passé, à profiter des bienveillantes observations de MM. les professeurs qui veulent bien mettre notre livre entre les mains de leurs élèves.

E. A. TARNIER.

ERRATA.

Page 4, ligne 12 en descendant, *au lieu de* quatrillons, quintillons, *lisez :* quatrillions, quintillions.

44, cinquième division en descendant, *au lieu du quotient* 797, *lisez :* 987.

71, ligne 9 en remontant, rétablissez le mot *fois* qui a été omis.

92, ligne 11 en remontant, rétablissez le mot *fois* qui a été omis.

160, problème III, *lisez :* combien faudrait-il de mètres d'*étoffe* à 1^m,20, etc.

TABLE DES MATIÈRES.

PREMIÈRE PARTIE.

RÈGLES ET PRINCIPES DU CALCUL.

CHAP. Ier. NUMÉRATION. — LES QUATRE RÈGLES.

CHAP. II. DIVISIBILITÉ. — NOMBRES PREMIERS.

CHAP. III. FRACTIONS.

CHAP. IV. FRACTIONS DÉCIMALES.

DEUXIÈME PARTIE.

APPLICATIONS USUELLES DE L'ARITHMÉTIQUE.

CHAP. V. NOTIONS SUR LES GRANDEURS. — SYSTÈME MÉTRIQUE. — ANCIENNES UNITÉS DE MESURES.

CHAP. VI. RÉSOLUTION DES PROBLÈMES.

CHAP. VII. PROPORTIONALITÉ DES GRANDEURS. — RÈGLE DE TROIS. — RÈGLE D'INTÉRÊT. — RÈGLE D'ESCOMPTE. — ÉCHÉANCE COMMUNE. — RENTES SUR L'ÉTAT. — ASSURANCES. — RÈGLE CONJOINTE. — RÈGLE DE SOCIÉTÉ. — PARTAGES PROPORTIONNELS. — RÈGLE DE MÉLANGE. — RÈGLE D'ALLIAGE. — RÈGLE DES MOYENNES ARITHMÉTIQUES.

TROISIÈME PARTIE.

COMPLÉMENT POUR SERVIR A L'ÉTUDE DE L'ALGÈBRE, DE LA GÉOMÉTRIE, ETC.

CHAP. VIII. EXTRACTION DES RACINES.

CHAP. IX. THÉORIE DES APPROXIMATIONS.

CHAP. X. LOGARITHMES.

CHAP. XI. RÈGLE A CALCUL.

FIN DE LA TABLE DES MATIÈRES.

ÉLÉMENTS
D'ARITHMÉTIQUE.

PREMIÈRE PARTIE.
RÈGLES ET PRINCIPES DU CALCUL.

CHAPITRE PREMIER:
NUMÉRATION. — LES QUATRE RÈGLES.

§ 1. Notions préliminaires. — Système de numération.

1. On appelle *unité* un objet quelconque.

2. Dans un assemblage d'unités, le *nombre* indique combien il y a de ces unités. Lorsque, par exemple, on dit qu'il y a *vingt* arbres dans une allée, le nombre est vingt.

Le nombre est une chose essentiellement abstraite; plus tard nous en donnerons une définition générale.

3. L'*Arithmétique* est la science des nombres.

4. On dit qu'un nombre est plus ou moins grand suivant que l'assemblage qu'il désigne contient *plus ou moins d'unités :* c'est pour cela que l'on regarde l'unité comme le terme de comparaison auquel on rapporte les nombres.

Formation des nombres.

5. On ajoute d'abord une unité à une autre; puis une nouvelle unité à la réunion qu'on vient de faire, et l'on continue de même à ajouter une unité à la dernière collection qu'on a formée. En procédant ainsi, on forme des nombres, car on fait des réunions d'unités; on n'en laisse échapper aucune entre une collection et la suivante, puisque, pour faire un assemblage d'unités, on ne peut ajouter, d'abord, moins d'une unité à une unité, et ensuite, moins d'une unité à chaque assemblage déjà formé.

1*

6. *La suite des nombres est illimitée;* car, quel que soit le dernier des assemblages qu'on suppose formés, on en formera un plus grand en y ajoutant une unité. On n'a donc pu trouver assez de mots différents, et indépendants les uns des autres, pour représenter tous les nombres.

Lors même que l'on eût donné un nom particulier à beaucoup d'entre eux, le nombre de ces mots eût été trop considérable pour qu'il fût possible à la mémoire de les retenir, et de les retrouver au besoin.

7. On a éludé la difficulté en combinant entre eux un petit nombre de mots différents.

Numération parlée.

8. DÉFINITION. La *numération parlée* a pour but de nommer les nombres avec peu de mots convenablement combinés entre eux.

Les noms des premiers nombres sont :

Un, deux, trois, quatre, cinq, six, sept, huit, neuf.

L'unité de laquelle on est parti se nomme *unité simple,* ou *unité du premier ordre.*

A *neuf* unités on ajoute une unité, et on a un nombre appelé *dix,* ou *dizaine.* On regarde cette dizaine comme une nouvelle espèce d'unité, à laquelle on donne le nom d'*unité du second ordre.* On compte par dizaines comme on a compté par unités. Ainsi, l'on dit : une dizaine ou *dix;* deux dizaines ou *vingt;* trois dizaines ou *trente;* quatre dizaines ou *quarante;* cinq dizaines ou *cinquante;* six dizaines ou *soixante;* sept dizaines ou *soixante-dix;* huit dizaines ou *quatre-vingts;* neuf dizaines ou *quatre-vingt-dix* *.

Entre deux nombres consécutifs de dizaines, il y a autant de nombres qu'il y a de nombres inférieurs à dix, c'est-à-dire neuf. Chacun d'eux est composé de dizaines et d'un nombre d'unités au plus égal à neuf; entre *deux* dizaines et *trois* dizaines par exemple, il y a les nombres composés de deux dizaines et d'une unité, de deux dizaines et de deux unités, etc.; enfin, de deux dizaines et de neuf unités. Au lieu d'employer des mots *simples* pour nommer ces nombres intermédiaires, on est convenu qu'aux mots *dix, vingt, trente,* etc. (qui expriment les nombres composés seulement de

---

* Dans le midi de la France, *septante, octante, nonante* remplacent les trois derniers mots composés, soixante-dix, quatre-vingts, quatre-vingt-dix, ce qui est beaucoup plus régulier.

dizaines), on joindrait successivement les noms des neuf nombres inférieurs à dix. D'après cela, par exemple, on dit :

Trente-un,
Trente-deux,
. . . .
. . . .
Trente-neuf.

A cette règle, il y a six exceptions consacrées par l'usage. Au lieu de dire :

Dix-un,
Dix-deux,
Dix-trois,
Dix-quatre,
Dix-cinq,
Dix-six,

on dit : *onze, douze, treize, quatorze, quinze, seize.*

Par suite, au lieu de dire :

Soixante-dix-un,
Soixante-dix-deux,
Soixante-dix-trois,
. . . .
. . . .
Soixante-dix-six,

on dit : *soixante-onze, soixante-douze,* etc., et enfin *soixante-seize ;* de même, au lieu de dire : *quatre-vingt-dix-un,* etc., on dira : *quatre-vingt-onze,* etc.

Avec ces conventions, on donne des noms à tous les nombres, jusqu'au nombre formé de neuf dizaines et de neuf unités, qui se nomme *quatre-vingt-dix-neuf.*

Ajoutant une unité, on obtient un nombre qui se compose de neuf dizaines, de neuf unités, plus encore d'une unité, c'est-à-dire de neuf dizaines, plus une dizaine, ou de *dix dizaines.*

On nomme *cent* ou centaine ce nombre de dix dizaines. C'est *l'unité du troisième ordre.* On compte par centaines comme on a compté par unités, et on dit : *une centaine, deux centaines,* etc., jusqu'à *neuf centaines,* ou bien simplement, *cent, deux cents,* etc., jusqu'à *neuf cents* inclusivement.

Au lieu d'employer des mots simples pour nommer les quatre-vingt-dix-neuf nombres compris entre deux nombres consécutifs de centaines, on est convenu qu'aux mots *cent, deux cents,........ , neuf cents,* on joindrait successivement les noms des quatre-vingt-dix-neuf premiers nombres. On arrive ainsi à *neuf cent quatre-vingt-dix-neuf.*

Ajoutant une unité à ce dernier nombre, il est facile de voir que l'on obtient *dix centaines*. On nomme *mille* ce nombre de dix centaines; c'est l'*unité du quatrième ordre*. Mais pour ne pas trop multiplier les mots, on ne donne pas de nom simple à *dix mille*, ou à l'*unité du cinquième ordre*, non plus qu'à dix fois dix mille, ou *cent mille*, qui est l'*unité du sixième ordre*.

Vient ensuite dix fois cent mille, ou *mille mille*, que l'on appelle un *million*. On compte par millions comme on a compté par mille. On continue à ne donner des noms simples qu'aux nombres qui contiennent mille fois l'unité principale immédiatement inférieure. Mille millions s'appellent *billion;* mille billions, *trillion;* puis viennent les *quatrillons*, les *quintillons*, et ainsi de suite, aussi loin qu'on voudra.

TABLEAU RÉSUMÉ.

Unité...	unité du	1er	ordre.	1er ordre ternaire.
Dizaine...	»	2e	»	
Centaine..	»	3e	»	
Mille..	»	4e	»	2e ordre ternaire.
Dizaine de mille..................................	»	5e	»	
Centaine de mille.................................	»	6e	»	
Million..	»	7e	»	3e ordre ternaire.
Dizaine de millions...............................	»	8e	»	
Centaine de millions..............................	»	9e	»	
Billion..	»	10e	»	4e ordre ternaire.
Dizaine de billions...............................	»	11e	»	
Centaine de billions..............................	»	12e	»	
etc., etc.		etc., etc.		

9. REMARQUES. 1° Dans les noms des différents ordres d'unités, *on ne trouve un nouveau mot que de trois en trois ordres;* d'après cela, les unités simples, les dizaines et les centaines composent le 1er ordre *ternaire* *; les mille, les dizaines de mille et les centaines de mille composent le 2e ordre ternaire, et ainsi de suite. On dit l'ordre ternaire des unités, celui des mille, celui des millions, etc. ; et chaque ordre ternaire a ses unités, ses dizaines et ses centaines.

2° *Un nombre ne renferme jamais plus de neuf unités d'un certain ordre,* car, dès que l'on trouve dix unités de cet ordre, on en forme une de l'ordre immédiatement supérieur. En conséquence, le mode ou système de numération dont il s'agit a reçu le nom de *système décimal,* et le nombre *dix,* celui de *base* de ce système.

---

* Quelques auteurs appellent *classes* ce que nous appelons *ordres ternaires*.

3° Quand il s'agira d'apprécier la grandeur d'un nombre, on groupera les unités dix par dix pour faire autant de *dizaines* que l'on pourra ; s'il y a un excédant d'unités, il ne surpassera pas neuf. On groupera les dizaines dix par dix pour avoir des *centaines*, et un excédant de dizaines en nombre moindre que dix, et ainsi de suite, en sorte que le nombre sera décomposé en unités de différents ordres, sans qu'il y ait plus de neuf unités de chaque ordre.

C'est là ce qu'on appelle *compter*. On peut compter des objets égaux ou inégaux, semblables ou dissemblables, tels que des meubles, des arbres, des fruits, des substances, etc., c'est-à-dire déterminer combien on peut trouver d'unités de différents ordres dans le nombre de ces objets, et par suite assigner le nom de ce nombre.

On dira *un* sur le premier des objets à compter ; *deux* sur le second, etc., etc., en poursuivant la série des noms des nombres consécutifs, formés comme nous l'avons expliqué plus haut.

4° Quelque simple que soit ce qui précède pour nommer les nombres (vingt mots différents environ suffisent), on comprend que lorsqu'il s'agit de les écrire, lorsque surtout il s'agit de les *combiner* entre eux par quelque *opération*, il est peu commode de les représenter en toutes lettres.

Il a donc fallu trouver une *nomenclature écrite*, fondée sur les mêmes principes que la nomenclature parlée, mais rendue plus simple à l'aide de certaines conventions.

Numération écrite.

10. Définition. La *numération écrite* a pour objet d'écrire les nombres d'une manière abrégée à l'aide d'un petit nombre de caractères appelés *chiffres*.

Il y a *dix* chiffres, dont neuf *significatifs*, qui représentent les neuf premiers nombres, savoir :

$$1 \mid 2 \mid 3 \mid 4 \mid 5 \mid 6 \mid 7 \mid 8 \mid 9,$$
un, deux, trois, quatre, cinq, six, sept, huit, neuf,

et le *zéro* (0) qui n'a pas de valeur par lui-même. Ces dix caractères suffisent pour écrire tous les nombres au moyen de la convention suivante :

Quand plusieurs chiffres sont placés sur la même ligne, comme les lettres d'un mot, chaque chiffre significatif représente des unités de l'ordre correspondant à la place qu'il occupe, comptée à partir de la droite.

Ainsi dans le nombre 2864, le 4 représente des unités simples, ou des unités du 1er ordre ; le 6 des unités du 2e ordre, ou des dizaines ; le 8 des unités du 3e ordre ou des centaines, etc.

Lire un nombre écrit en chiffres.

11. Définition. *Lire un nombre* écrit en chiffres, c'est exprimer ce nombre par des mots. L'énoncé du nombre est la phrase qui l'exprime.

12. 1er Cas. *Lire un nombre qui n'a pas plus de trois chiffres.*

Exemple I. Lire le nombre 268.

Le chiffre 2 est à la troisième place ; il désigne donc deux centaines ou deux cents. Le chiffre 6 est à la seconde place ; il désigne donc six dizaines, ou soixante. Enfin, le chiffre 8, qui est à la première place, désigne huit unités ; j'énoncerai donc le nombre en disant : *deux cent soixante-huit unités*, ou *deux cent soixante-huit*, en sous-entendant le mot *unités*.

Exemple II. Lire le nombre 507.

Le chiffre 5, qui est à la troisième place, désigne cinq cents. Le chiffre 0, qui est à la seconde place, indique qu'il n'y a pas de dizaines. Le chiffre 7. qui est à la première place, désigne sept unités : l'énoncé du nombre est donc *cinq cent sept*.

Exemple III. Lire le nombre 30.

Il n'y a pas de chiffre à la troisième place ; donc il n'y a pas de centaines. Le chiffre 3 à la seconde place désigne trois dizaines, ou trente. Le chiffre 0 à la première place indique qu'il n'y a pas d'unités simples : l'énoncé du nombre est donc simplement *trente*.

Exemple IV. Lire le nombre 294.

Le chiffre 2 désigne deux centaines ou deux cents. Le chiffre 9 désigne neuf dizaines ou quatre-vingt-dix. Le chiffre 4 désigne quatre unités ; ce qui devrait faire en tout deux cent quatre-vingt-dix-quatre, mais, d'après ce qui a été dit au n° 8, j'énoncerai *deux cent quatre-vingt-quatorze*.

De ces divers exemples résulte la règle suivante :

13. *Pour lire un nombre qui n'a pas plus de trois chiffres, on commence par la gauche ; on observe qu'un chiffre représente des centaines à la troisième place, des dizaines à la seconde, et des unités à la première ; puis on lit successivement chaque chiffre en se conformant à la nomenclature.*

14. 2ᵉ Cas. *Lire un nombre quelconque.*

Exemple. Lire le nombre 51482000307065498.

D'après la remarque faite au nº **9**, un nombre se partage en ordres ternaires en allant de droite à gauche ; je suis donc conduit à partager le nombre proposé en tranches de trois chiffres chacune, à partir de la droite, la dernière exeptée, qui pourra n'en renfermer que deux ou un,

$$51 \mid 482 \mid 000 \mid 307 \mid 065 \mid 498;$$

alors chaque tranche porte un nom particulier. En effet, la première tranche 498 contient le chiffre des unités simples (ou simplement des unités), le chiffre des dizaines d'unités et le chiffre des centaines d'unités ; comme elle ne contient que des unités, on l'appelle la *tranche des unités.*

La seconde tranche 065 contient le chiffre des mille, le chiffre des dizaines de mille et celui des centaines de mille : comme elle ne contient que des mille, on l'appelle la *tranche des mille.*

La troisième tranche 307 contient le chiffre des millions, le chiffre des dizaines de millions et celui des centaines de millions ; c'est la *tranche des millions ;* la suivante est celle des billions ; la suivante, celle des trillions ; et enfin, la sixième et dernière est la *tranche des quatrillions :*

$$\text{quatrillions, \quad trillions, \quad billions, \quad millions, \quad mille, \quad unités.}$$
$$51 \quad \mid \quad 482 \mid 000 \mid 307 \mid 065 \mid 498.$$

Actuellement que je connais le nom de chaque tranche, je peux lire successivement le nombre qu'elle renferme comme un nombre qui n'a pas plus de trois chiffres, en prononçant au fur et à mesure le nom qui convient à chacune d'elles. La tranche qui, dans l'ordre de la lecture, se présente la première, contient 51, ce qui fait cinquante et un, en la lisant comme un nombre qui n'a pas plus de trois chiffres, puis, comme c'est la tranche des quatrillions¹, je dis : *cinquante et un quatrillions.*

La tranche suivante contient 482, ce qui fait quatre cent quatre-vingt-deux, en la lisant comme un nombre qui n'a pas plus de trois chiffres ; puis, comme c'est la tranche des trillions, je dis : *quatre cent quatre-vingt-deux trillions.*

La tranche suivante contient 000 ; comme c'est la tranche des billions, je vois qu'il n'y a pas de billions et je passe outre.

La tranche suivante contient 307, ce qui fait trois cent sept, et comme c'est la tranche des millions, je dis : *trois cent sept millions.*

La tranche suivante contient 065, ce qui fait soixante-cinq, et comme c'est la tranche des mille, je dis : *soixante-cinq mille.*

Enfin, la tranche suivante contient 498, ce qui fait quatre cent quatre-vingt-dix-huit, et comme c'est la tranche des unités, je dis : *quatre cent quatre-vingt-dix-huit unités;* en sorte que l'énoncé du nombre est : cinquante et un quatrillons, quatre cent quatre-vingt-deux trillions, trois cent sept millions, soixante-cinq mille, quatre cent quatre-vingt-dix-huit unités. De là résulte la règle suivante :

15. *Pour lire un nombre quelconque, on le partage de droite à gauche en tranches de trois chiffres chacune, la dernière exceptée, qui peut n'en renfermer que deux ou un; on détermine le nom des tranches en prononçant les mots* unités *sur la première,* mille *sur la seconde,* millions *sur la troisième,* billions *sur la quatrième, etc. ; on énonce successivement le nombre renfermé dans chaque tranche, en allant de gauche à droite, de la même manière qu'on énoncerait un nombre qui n'a pas plus de trois chiffres, en ayant soin de prononcer au fur et à mesure le nom de la tranche; on passe les tranches qui ne renferment que des zéros, et les zéros qui peuvent se trouver dans une tranche.*

Écrire un nombre quelconque.

16. DÉFINITION. *Écrire un nombre*, c'est l'exprimer par des chiffres, au lieu d'écrire l'énoncé en toutes lettres.

1er CAS. *Écrire un nombre qui n'a pas plus de trois chiffres.*

EXEMPLE I. Écrire le nombre *quatre cent vingt-six.*

Les premiers mots de l'énoncé sont *quatre cents*, ce qui désigne quatre centaines ; j'écris donc le chiffre 4 à la troisième place, qui est celle des centaines,

4 ;

mais ce chiffre ne représentera réellement des centaines qu'à l'instant où les autres chiffres seront écrits.

Le mot suivant est *vingt*, ce qui désigne deux dizaines ; j'écris donc le chiffre 2 à la seconde place, qui est celle des dizaines,

42 ;

mais ce chiffre ne représentera réellement des dizaines qu'à l'instant où l'autre chiffre sera écrit.

Le mot suivant est *six*, ce qui désigne six unités (car le mot unité est sous-entendu); j'écris donc le chiffre 6 à la première place, qui est celle des unités,

426

et le nombre proposé est écrit.

EXEMPLE II. Écrire le nombre *deux cent cinq*.

Les premiers mots, *deux cents*, désignent deux centaines; je mets donc le chiffre 2 à la troisième place ; aucun mot n'indique les dizaines ; je mets donc le chiffre 0 à la deuxième place ; le mot *cinq* désigne cinq unités, j'écris donc le chiffre 5 à la première place, et j'ai finalement

205.

EXEMPLE III. Écrire le nombre *quatre-vingt-quatre*.

Aucun mot dans l'énoncé n'indique des centaines ; je ne mets donc aucun chiffre à la troisième place (un 0 mis à cette place n'apporterait aucun changement dans les autres chiffres) ; les mots *quatre-vingts* désignent huit dizaines ; j'écris donc le chiffre 8 à la deuxième place ; le mot *quatre* désigne quatre unités, j'écris donc le chiffre 4 à la première place, et j'ai

84.

EXEMPLE IV. Écrire le nombre *soixante-quinze*.

Il n'y a pas de centaines ; le premier mot *soixante* désigne six dizaines ; je devrais donc écrire le chiffre 6 à la deuxième place, mais le mot suivant *quinze* désigne une dizaine et cinq unités ; il y a donc en tout sept dizaines et cinq unités ; j'écris le chiffre 7 à la deuxième place, et le chiffre 5 à la première, en sorte que j'ai

75.

De ces divers exemples résulte la règle suivante :

17. *Pour écrire un nombre qui n'a pas plus de trois chiffres, on écrit successivement, de gauche à droite, un chiffre qui indique combien il y a de centaines, un chiffre qui indique combien il y a de dizaines, un chiffre qui indique combien il y a d'unités. Si le nombre ne renferme pas de dizaines ou d'unités, on en marque la place par un 0; on ne met rien si le nombre manque de centaines, ou, à la fois, de centaines et de dizaines.*

18. 2ᵉ CAS. *Écrire un nombre quelconque.*

EXEMPLE. Écrire le nombre *trois quatrillions , cinq cent quatre-*

*vingt-quatre trillions, six cent quatre-vingt-dix billions, huit mille,
soixante-sept.*

Les premiers mots de l'énoncé, *trois quatrillions,* font connaître
que la tranche la plus élevée sera celle des quatrillions et qu'elle
en contient 3 ; j'écris donc 3 pour remplir cette tranche,

$$3\ ;$$

mais elle ne sera réellement la tranche des quatrillions qu'à l'instant
où les autres tranches seront écrites.

. La tranche qui doit suivre est celle des trillions ; je lis dans
l'énoncé *cinq cent quatre-vingt-quatre trillions ;* j'écris donc 584
pour remplir cette tranche,

$$3\,584\ ;$$

mais elle ne sera réellement la tranche des trillions qu'à l'instant
où les autres tranches seront écrites.

La tranche qui doit suivre est celle des billions ; je lis dans
l'énoncé *six cent quatre-vingt-dix billions ;* j'écris donc 690 pour
remplir cette tranche,

$$3\,584\,690.$$

La tranche qui doit suivre est celle des millions ; comme le mot
millions ne se trouve pas dans l'énoncé, il n'y a pas de millions ;
j'écris donc 000 pour remplir cette tranche,

$$3\,584\,690\,000.$$

La tranche qui doit suivre est celle des mille ; je lis dans l'énoncé
huit mille ; comme il n'y a ni centaines de mille, ni dizaines de
mille, j'écris 00 à la place des centaines de mille et des dizaines de
mille, et 8 à la place des mille pour remplir cette tranche,

$$3\,584\,690\,000\,008.$$

La tranche qui doit suivre est celle des unités ; je lis dans l'énoncé
soixante-sept (le mot *unités* est sous-entendu); comme dans soixante-
sept unités il n'y a pas de centaines, j'écris d'abord 0 à la place des
centaines, puis 67 pour remplir cette tranche, en sorte que j'ai

$$3\,584\,690\,000\,008\,067$$

pour le nombre proposé.

De là résulte la règle suivante :

19. *Pour écrire un nombre quelconque, on le conçoit partagé en
tranches de trois chiffres ; on écrit successivement chaque tranche,*

en commençant par la plus élevée, comme un nombre qui n'aurait pas plus de trois chiffres ; on remplace par des zéros les tranches qui manquent, et on agit de même à l'égard des centaines, des dizaines ou des unités qui manquent dans une tranche.

20. REMARQUE. *Dans un nombre écrit en chiffres, une unité d'un ordre quelconque est plus grande que le nombre formé par les chiffres qui expriment des unités d'un ordre inférieur.*

EXEMPLE. L'unité du quatrième ordre, ou le nombre mille, est plus grande que 999 qui est le plus grand nombre formé par les chiffres qui expriment des unités d'un ordre inférieur à celui des mille.

21. Maintenant que nous avons exposé la manière de lire et d'écrire les nombres, occupons-nous de leurs *combinaisons*.

En arithmétique, on combine les nombres entre eux de quatre manières principales : par *addition*, par *soustraction*, par *multiplication* et par *division*.

L'addition, la soustraction, la multiplication et la division s'appellent communément les *quatre opérations* de l'arithmétique.

En général, une *opération d'arithmétique* est une certaine manière de combiner les nombres donnés pour parvenir à un résultat qui est le but de cette opération.

L'addition, la soustraction, la multiplication et la division portent plus particulièrement ce nom, parce que ces opérations servent de base à toutes les autres ; on les appelle même vulgairement les *quatre règles de l'arithmétique.*

La pratique des opérations constitue ce qu'on appelle le *calcul*. Ainsi, *calculer*, c'est trouver un résultat cherché à l'aide d'une ou de plusieurs opérations de l'arithmétique.

§ 2. Addition.

22. DÉFINITION. *L'addition est une opération par laquelle on trouve un nombrs qui renferme à lui seul toutes les unités que contiennent plusieurs nombres donnés.*

Le résultat s'appelle *somme* ou *total*.

REMARQUE. *Additionner, réunir, ajouter*, indiquent une seule et même chose.

23. 1ᵉʳ CAS. *Ajouter deux nombres d'un seul chiffre.*

EXEMPLE. Ajouter 5 à 7.

Pour ajouter 5 à 7, il suffit d'ajouter à 7 toutes les unités de 5.

Ajoutant la première unité, j'ai 8 ; ajoutant la seconde unité, j'ai 9 ; ajoutant la troisième unité, j'ai 10 ; ajoutant la quatrième unité, j'ai 11 ; enfin, ajoutant la cinquième unité, j'ai 12. Donc 12 est la somme cherchée.

De là résulte la règle suivante :

24. *Pour ajouter un nombre d'un seul chiffre à un nombre d'un seul chiffre, on ajoute successivement au second toutes les unités du premier.*

25. 2ᵉ CAS. *Ajouter un nombre d'un seul chiffre à un nombre quelconque.*

EXEMPLE. Ajouter 3 à 12.

Pour ajouter 3 à 12, il suffit d'ajouter successivement à 12 toutes les unités de 3. J'ajoute la première, et j'ai 13 ; j'ajoute la seconde, et j'ai 14 ; enfin j'ajoute la troisième, et j'ai 15. Ainsi 15 est la somme cherchée. Donc,

26. *Pour ajouter un nombre d'un seul chiffre à un nombre quelconque, on ajoute successivement à ce nombre toutes les unités du premier.*

27. 3ᵉ CAS. *Ajouter des nombres d'un seul chiffre.*

EXEMPLE. Ajouter les nombres 7, 5, 3, 4, 9.

J'ajoute 5 à 7, et j'ai 12 ; j'ajoute 3 à 12, et j'ai 15 ; j'ajoute de même 4 à 15, et j'ai 19 ; puis 9 à 19, et j'ai 28 pour la somme cherchée.

REMARQUE. Pour abréger, on dit : 7 et 5 font 12 ; 12 et 3 font 15 ; 15 et 4 font 19 ; 19 et 9 font 28.

Pour abréger encore, on dit : 7 et 5, 12 ; et 3, 15 ; et 4, 19 ; et 9, 28. Donc,

28. *Pour ajouter des nombres d'un seul chiffre, on ajoute le second au premier ; le troisième à la somme des deux premiers, le quatrième à la somme déjà faite, et ainsi de suite jusqu'au dernier.*

29. 4ᵉ CAS. *Ajouter des nombres quelconques.*

EXEMPLE I. Ajouter les nombres 124, 310, 423 et 40.

Pour ajouter tous ces nombres il suffit d'ajouter toutes leurs parties. Or, ces parties sont des unités, des dizaines, des centaines, etc. J'ajouterai donc les unités avec les unités, les dizaines avec les dizaines, les centaines avec les centaines, ce qui donnera lieu à des additions partielles de nombres d'un seul chiffre.

Pour opérer plus rapidement, j'écris les nombres proposés les uns sous les autres, de manière que les unités de même ordre se correspondent dans une même colonne.

$$124$$
$$310$$
$$423$$
$$40$$

Cette disposition est plus commode en ce que je trouve dans une même colonne les nombres d'un seul chiffre que je dois ajouter.

Après avoir souligné le dernier de ces nombres, pour les sépare du résultat,

$$124$$
$$310$$
$$423$$
$$\underline{40}$$
$$897$$

je commence l'opération par la colonne des unités, et je dis :

4 unités et 3 unités font 7 unités ; je pose donc le chiffre 7 à la place des unités dans la somme cherchée. Je passe à la colonne des dizaines, et je dis : 2 dizaines et une dizaine font 3 dizaines ; 3 dizaines et 2 dizaines font 5 dizaines ; 5 dizaines et 4 dizaines font 9 dizaines ; je pose le chiffre 9 à la place des dizaines. Je passe à la colonne des centaines, et je dis : 1 centaine et 3 centaines font 4 centaines ; 4 centaines et 4 centaines font 8 centaines ; je pose le chiffre 8 à la place des centaines, en sorte que la somme des nombres proposés est de 897.

EXEMPLE. II. Ajouter les nombres 5357, 698, 95, 6739.

En raisonnant comme dans l'exemple précédent, je suis conduit à disposer l'opération de la même manière.

$$5357$$
$$698$$
$$95$$
$$\underline{6739}$$
$$12889$$

et je dis :

7 unités et 8 unités font 15 unités ; 15 unités et 5 unités font 20 unités ; 20 unités et 9 unités font 29 unités ; je ne peux pas, comme dans l'exemple précédent, poser à la fois la somme partielle à la place des unités, parce que 29 excède 9 ; mais dans 29 unités il y a 9 unités que je pose à la place des unités ; il y a de plus 2 di-

zaines que je devrais poser dans la somme à la place des dizaines, mais comme je vais ajouter des dizaines, je *retiens* ces 2 dizaines pour les *reporter* à la colonne des dizaines dont l'addition n'est pas encore faite, et je dis :

2 dizaines de *retenue* et 5 dizaines font 7 dizaines; 7 dizaines et 9 dizaines font 16 dizaines; 16 dizaines et 9 dizaines font 25 dizaines; 25 dizaines et 3 dizaines font 28 dizaines; je ne puis poser à la fois 28 dizaines, parce que 28 excède 9; dans 28 dizaines, il y a 8 dizaines que je pose à la place des dizaines, et en outre 2 dizaines de dizaines ou 2 centaines que je devrais poser à la place des centaines, mais je les retiens pour les reporter à la colonne des centaines dont l'addition n'est pas encore faite, et je dis :

2 centaines de retenue et 3 centaines font 5 centaines; 5 centaines et 6 centaines font 11 centaines; 11 centaines et 7 centaines font 18 centaines; en 18 centaines il y a 8 centaines que je pose à la place des centaines; il y a de plus une dizaine de centaines qui fait 1 mille, que je retiens pour le reporter à la colonne des mille :

1 mille de retenue et 5 mille font 6 mille; 6 mille et 6 mille font 12 mille; en 12 mille il y a 2 mille, que je pose à la place des mille; il y a de plus une dizaine de mille que je ne retiens pas comme précédemment, parce qu'il n'y a pas de mille à ajouter *. La somme ou le total des nombres proposés est donc 12 889.

Remarque. Dans la pratique, on supprime les mots unités, dizaines, centaines, etc. Ainsi, dans l'exemple précédent, on dira simplement : 7 et 8 font 15; 15 et 5 font 20, etc. Plus brièvement encore, on dira 7 et 8, 15; et 5, 20; et 9, 29, etc. On pourrait même encore abréger en ne prononçant que les sommes partielles : 7; 15 ; 20; 29; etc.

Des raisonnements précédents résulte la règle suivante :

30. *Pour additionner des nombres quelconques, ont les écrit les uns sous les autres de manière que les unités de même ordre se correspondent dans une même colonne; on souligne le dernier ; on fait successivement l'addition des nombres d'un seul chiffre qui se trouvent dans chaque colonne en commençant par la droite; quand la somme n'excède pas 9, on la pose sous cette colonne ; quand elle excède 9, on pose seulement le chiffre des unités, ou un 0 s'il n'y a pas d'unités, et l'on retient le nombre des dizaines pour le reporter à la colonne suivante; parvenu à la dernière colonne, on écrit le résultat tel qu'il se présente.*

---

* On a l'habitude de dire qu'on *avance* le dernier chiffre qui ne correspond à aucune colonne, quoique dans la réalité on le mette seulement à sa place.

Remarque. En suivant la règle précédente, on pourrait arriver à un résultat inexact, si, par distraction, ou par inexpérience, on commettait quelque faute matérielle; il est donc bon de vérifier par une autre opération l'exactitude du résultat. C'est ce qu'on appelle en *faire la preuve*.

Preuve de l'addition.

31. Le moyen le plus simple de vérifier l'addition est de recommencer l'opération, mais dans un ordre différent. Si, la première fois, on a opéré de haut en bas, la seconde fois on opérera de bas en haut; on aura ainsi plus de chances de ne pas retomber sur les mêmes fautes.

Exemple. Vérifier l'addition suivante :

$$
\begin{array}{r}
5357 \\
698 \\
95 \\
6739 \\
\hline
12889
\end{array}
$$

je dis : 9 et 5, 14; et 8, 22; et 7, 29; je pose 9 et retiens 2; 2 et 3, 5; et 9, 14; et 9, 23; et 5, 28; je pose 8 et retiens 2; 2 et 7, 9; et 6, 15; et 3, 18 : je pose 8 et retiens 1; 1 et 6, 7; et 5, 12; je pose 2 et avance 1; j'obtiens 12889 comme précédemment : il est donc probable que l'opération a été bien faite.

32. Il y a un signe convenu pour *indiquer l'addition*, c'est le signe +, qui signifie *plus*. Ainsi 7 + 5 signifie 7 plus 5. D'autre part, on est convenu d'indiquer *l'égalité de deux nombres* par le signe =, qui signifie *égale*. On peut donc écrire 7 + 5 = 12 (7 plus 5 égale 12); 8 + 3 + 9 = 20, etc. Tout ce qui est écrit à la gauche du signe = est ce qu'on appelle le *premier membre* de l'égalité; tout ce qui est écrit à sa droite en est le *second membre*.

§ 3. Soustraction.

33. Définition. *La soustraction est une opération par laquelle on retranche un nombre donné d'un autre nombre donné.*

Le résultat de l'opération s'appelle *reste*, *excès* ou *différence*.

34. 1ᵉʳ Cas. *Soustraction où le nombre que l'on retranche n'a qu'un seul chiffre.*

EXEMPLE. Retrancher 5 de 12.

Pour retrancher 5 de 12, il suffit de retrancher successivement de 12 toutes les unités qui sont dans 5. Otant la première unité, j'ai 11 ; ôtant la seconde, j'ai 10 ; la troisième, j'ai 9 ; la quatrième, j'ai 8 ; ôtant la cinquième et dernière, j'ai 7 : donc 7 est le reste cherché. En conséquence :

35. *Pour retrancher un nombre d'un seul chiffre d'un nombre quelconque, on retranche successivement de ce nombre toutes les unités du nombre d'un seul chiffre.*

REMARQUE. On parvient encore au résultat de la soustraction précédente en cherchant combien il faut ajouter au plus petit des deux nombres donnés pour obtenir le plus grand. Ajoutant une unité à 5, j'ai 6 ; ajoutant une seconde unité, j'ai 7 ; une troisième, j'ai 8, etc. , et une septième, j'ai 12 : donc 7 est ce qu'il faut ajouter à 5 pour avoir 12.

Puisque 5 et 7 font 12, si de 12 j'ôte 5, il doit rester 7 ; c'est ce qui a lieu en effet.

On dit alors que 7 est l'*excès* de 12 sur 5.

On emploie le mot *différence* quand on ne distingue pas l'ordre de grandeur des deux nombres, et l'on dit : 7 est la différence entre 12 et 5, ou bien 7 est la différence entre 5 et 12.

36. 2ᵉ CAS. *Soustraction de nombres quelconques.*

EXEMPLE I. Retrancher 352 de 4987.

Pour retrancher 352 de 4987, il suffit de retrancher toutes les parties qui composent le premier nombre, des parties qui composent le second. Je retrancherai donc les unités des unités, les dizaines des dizaines, les centaines des centaines, etc., ce qui fait autant de soustractions partielles dans lesquelles le nombre que l'on retranche n'a qu'un seul chiffre.

Pour opérer plus rapidement, j'écris le nombre à retrancher sous le nombre dont je dois le retrancher, de manière que les unités de même ordre se correspondent :

$$
\begin{array}{r}
4987 \\
352 \\
\hline
4635
\end{array}
$$

Cette disposition est plus commode, en ce qu'il n'y a plus qu'à retrancher chaque chiffre inférieur du chiffre supérieur correspondant. Après avoir souligné le nombre inférieur pour le séparer du résultat, je commence par la droite, et je dis : ôter 2 unités de 7 unités, reste 5 unités ; j'écris donc le chiffre 5 à la place des unités.

du reste ; ôter 5 dizaines de 8 dizaines, reste 3 dizaines ; j'écris le chiffre 3 à la place des dizaines ; ôter 3 centaines de 9 centaines, reste 6 centaines ; j'écris le chiffre 6 à la place des centaines ; il n'y a pas de mille au nombre inférieur, c'est comme s'il y avait 0 à la place des mille ; je dis : ôter 0 de 4 mille, resté 4 mille, que j'écris à la place des mille, en sorte que le reste cherché est 4635.

Exemple II. Retrancher 658 de 5234.

En raisonnant comme dans l'exemple précédent, je suis conduit à disposer ainsi l'opération :

$$
\begin{array}{r}
5234 \\
658 \\
\hline
4576
\end{array}
$$

Oter 8 unités de 4 unités, cela ne se peut ; pour rendre la soustraction possible, j'ajoute 10 unités au chiffre trop faible, ce qui fait 14 unités ; ôter 8 unités de 14 unités, reste 6 unités. Mais en opérant de cette manière, j'ai mis de trop dans le nombre supérieur 10 unités, c'est-à-dire *une dizaine qui se trouverait de trop dans le reste ;* pour la détruire, je retrancherai une dizaine de plus en faisant la soustraction partielle suivante : ainsi, au lieu de retrancher 5 dizaines, je retrancherai 6 dizaines comme si le chiffre 5 comptait pour 6 ; ôter 6 dizaines de 3 dizaines, cela ne se peut ; j'ajoute dix dizaines au chiffre trop faible, ce qui fait 13 dizaines ; ôter 6 dizaines de 13 dizaines, reste 7 dizaines. J'ai mis de trop dans le nombre supérieur 10 dizaines, c'est-à-dire une centaine ; pour la détruire, je retrancherai une centaine de plus ; au lieu de retrancher 6 centaines, j'en retrancherai 7 ; ôter 7 centaines de 2 centaines, cela ne se peut ; j'ajoute 10 centaines au chiffre trop faible, ce qui fait 12 centaines ; ôter 7 centaines de 12 centaines, reste 5 centaines. J'ai mis de trop dans le nombre supérieur 10 centaines, c'est-à-dire 1 mille ; pour le détruire, je retrancherai 1 mille. Ainsi, quoiqu'il n'y ait pas de mille dans le nombre inférieur, j'opérerai comme s'il y en avait 1 : ôter 1 mille de 5 mille, reste 4 mille ; le reste est donc 4576.

Dans la pratique, on supprime les mots unités, dizaines, etc. ; pour abréger encore davantage, on sous-entend même le mot *ôter* et le mot *reste.*

Exemple III. Retrancher 30949 de 600708.

$$
\begin{array}{r}
600708 \\
30949 \\
\hline
569759
\end{array}
$$

9 de 8, cela ne se peut, j'ajoute 10 au chiffre 8 qui est trop faible, et je dis 9 de 18, reste 9 que j'écris; je compte 1 de plus au chiffre inférieur suivant, ce qui donne 5 au lieu de 4, et je dis : 5 de 0, cela ne se peut; 5 de 10, reste 5 que j'écris, 10 de 7, cela ne se peut; 10 de 17, reste 7; 1 de 0, cela ne se peut; 1 de 10, reste 9; 4 de 0, cela ne se peut; 4 de 10, reste 6. Pour détruire la dizaine qu'il y a de trop dans la soustraction précédente, je dis : 1 de 6, reste 5 que j'écris. Le reste est 569759.

Dans la pratique on abrége le discours en supprimant tous les mots qui ne sont pas rigoureusement indispensables. Ainsi , on dit : 9 de 18, 9: 5 de 10, 5; 10 de 17, 7; 1 de 10, 9; 4 de 10, 6; 1 de 6, 5.

Des exemples précédents résulte la règle suivante :

57. *Pour soustraire l'un de l'autre deux nombres quelconques, on écrit le plus petit au-dessous du plus grand, de manière que les unités de même ordre se correspondent ; on souligne le tout : on commence par la droite et l'on retranche chaque chiffre inférieur du chiffre supérieur correspondant ; on écrit le reste au-dessous. Si un chiffre du nombre supérieur est trop faible, on y ajoute 10 et l'on compte 1 de plus au chiffre inférieur suivant.*

REMARQUE. D'après cette règle on est certain de rendre possibles toutes les soustractions partielles, car chaque chiffre trop faible se trouve augmenté de dix, et le chiffre inférieur, même augmenté de 1, ne peut faire plus de 10.

Preuve de la soustraction.

  58. Puisque le reste d'une soustraction s'obtient en retranchant le plus petit nombre du plus grand, on peut dire que : le plus grand nombre est composé de deux parties, dont l'une est le plus petit nombre et l'autre le reste; donc, en ajoutant le reste au plus petit nombre, on doit trouver pour la somme le plus grand, si la soustraction a été bien faite.

EXEMPLE. Vérifier la soustraction suivante :

$$\begin{array}{r} 600708 \\ 30949 \\ \hline 569759 \end{array}$$

Preuve:.... 600708

59. Le signe abréviatif de la soustraction est — et se prononce *moins*. Ainsi 7 — 5 $=$ 2 s'énonce 7 *moins* 5 *égale* 2.

§ 4. Multiplication.

40. Définition. *La multiplication est une opération par laquelle on répète un nombre donné autant de fois qu'il y a d'unités dans un autre nombre donné.*

Le nombre que l'on répète prend le nom de *multiplicande;* le nombre qui indique combien de fois on le répète prend le nom de *multiplicateur;* le résultat de l'opération s'appelle *produit.*

Le multiplicande et le multiplicateur, qui servent à former le produit, s'appellent *facteurs* du produit.

41. Avant de chercher le moyen de multiplier deux nombres entre eux, nous démontrerons que *le produit d'un nombre par* 10 *s'obtient immédiatement en plaçant un zéro à la droite de ce nombre.*

Ainsi, 387 répété 10 fois donne 3870. En effet, dans ce produit, chaque chiffre a décuplé de valeur, puisque les 7 unités sont devenues 7 dizaines, que les 8 dizaines sont devenues 8 centaines, et ainsi de suite. En un mot, chaque chiffre du nombre proposé a monté d'un rang vers la gauche, et, par le principe de la numération écrite, a acquis une valeur dix fois plus grande.

Par un raisonnement semblable, on reconnaîtra qu'on répète un nombre 100 fois en mettant deux zéros à sa droite, qu'on le répète 1000 fois en y mettant trois zéros, et ainsi de suite.

42. 1er Cas. *Multiplication de deux nombres d'un seul chiffre.*

Exemple. Multiplier 6 par 4.

D'après la définition, il faut répéter 6, 4 fois; pour cela j'écris 4 fois le nombre 6 dans une même colonne, et je fais l'addition suivante :

$$
\begin{array}{r}
6 \\
6 \\
6 \\
6 \\
\hline
24
\end{array}
$$

La somme 24 vaut 4 fois 6, ou 6 répété 4 fois, c'est-à-dire le produit cherché; le multiplicande est 6; le multiplicateur est 4; les deux facteurs du produit sont 6 et 4. Donc,

43. *Pour multiplier un nombre d'un seul chiffre par un nombre d'un seul chiffre, on écrit le multiplicande dans une même colonne*

autant de fois qu'il y a d'unités dans le multiplicateur, et l'on fait la somme.

44. Afin de ne pas être obligé de recommencer chaque fois les multiplications de ce genre, on a fait une table, dite *table de multiplication*, qui renferme tous les produits de deux nombres d'un seul chiffre ; elle est attribuée à *Pythagore*.

Table de multiplication.

1	2	3	4	5	6	7	8	9
2	4	6	8	10	12	14	16	18
3	6	9	12	15	18	21	24	27
4	8	12	16	20	24	28	32	36
5	10	15	20	25	30	35	40	45
6	12	18	24	30	36	42	48	54
7	14	21	28	35	42	49	56	63
8	16	24	32	40	48	56	64	72
9	18	27	36	45	54	63	72	81

Pour la former, j'écris d'abord sur une même *ligne horizontale* tous les nombres, depuis 1 jusqu'à 9 inclusivement ; ces nombres représentent en même temps les multiplicandes et leurs produits par 1.

J'ajoute chacun de ces nombres à lui-même pour former la seconde ligne horizontale ; les nombres de cette ligne valent respectivement deux fois les nombres correspondants de la première, et sont, par conséquent, les produits de ces nombres par 2.

Pour former la troisième, j'ajoute aux nombres de la seconde les nombres correspondants de la première, et j'ai trois fois ces nombres, c'est-à-dire leurs produits par 3.

J'ajoute encore les nombres de la première, et j'ai les produits par 4 ; ainsi de suite jusqu'à la neuvième ligne, qui renferme les produits par 9.

Il résulte de là que chaque produit se trouve sous son multipli_ cande et vis-à-vis de son multiplicateur, qui se trouve placé dans la première *ligne verticale*.

45. *L'usage* de la table est la conséquence de sa loi de formation. Pour trouver, par exemple, le produit de 6 par 4, ou combien font 4 fois 6, je cherche sous le multiplicande 6 de la première ligne horizontale jusqu'à ce que je trouve le nombre qui est vis-à-vis du multiplicateur 4 de la première ligne verticale, et je trouve ainsi 24, qui est le produit de 6 par 4. Donc,

46. *Pour trouver, avec la table de multiplication, le produit de deux nombres d'un seul chiffre, on cherche le multiplicande dans la première ligne horizontale , le multiplicateur dans la première ligne verticale, et l'on trouve le produit sous le multiplicande, vis-à-vis de son multiplicateur.*

Remarque. Il est indispensable d'apprendre par cœur les multiplications que l'on peut faire avec la table ; sans cette précaution, on ne peut jamais être habile dans la pratique du calcul.

47. 2e Cas. *Multiplication d'un nombre quelconque par un nombre d'un seul chiffre.*

Exemple I. Multipliez 132 par 3.

D'après la définition, il faut répéter 132 3 fois. Pour obtenir le résultat, il suffirait donc d'écrire les uns au-dessous des autres 3 nombres égaux à 132 :

$$
\begin{array}{r}
132 \\
132 \\
132 \\
\hline
396
\end{array}
$$

et de faire l'addition ; la somme 396 serait le produit demandé : mais, dans cette addition, les 2 unités de 132 sont répétées 3 fois ; les 3 dizaines sont répétées 3 fois ; la centaine est répétée 3 fois ; je puis donc me dispenser de poser l'addition pourvu que je répète 3 fois les 2 unités, les 3 dizaines et la centaine du nombre 132. L'opération est ainsi ramenée à des multiplications de nombres d'un seul chiffre ; j'écrirai donc une seule fois le multiplicande, et, pour plus de commodité, je placerai le multiplicateur au-dessous du multiplicande ; je soulignerai afin de séparer des facteurs le produit que je vais trouver :

$$
\begin{array}{r}
132 \\
3 \\
\hline
396
\end{array}
$$

puis, je dirai : 3 fois 2 unités font 6 unités ; j'écris donc le chiffre 6 à la place des unités ; 3 fois 3 dizaines font 9 dizaines ; j'écris le chiffre 9 à la place des dizaines ; 3 fois 1 centaine font 3 centaines ; j'écris le chiffre 3 à la place des centaines, et j'obtiens 396 pour le produit cherché.

EXEMPLE II. Multiplier 2943 par 6.

Raisonnant comme précédemment, et disposant l'opération comme dans l'exemple ci-dessus :

$$\begin{array}{r} 2943 \\ 6 \\ \hline 17658 \end{array}$$

je dis : 6 fois 3 unités font 18 unités ; je ne puis, comme ci-dessus, poser à la fois ce produit à la place des unités, parce qu'il excède 9 ; imitant encore ici le procédé de l'addition, je pose seulement les 8 unités, et je retiens la dizaine pour l'ajouter au produit suivant ; puis, je dis : 6 fois 4 dizaines font 24 dizaines, et 1 dizaine de retenue font 25 dizaines ; je pose les 5 dizaines, et je retiens les 2 dizaines de dizaines, ou les 2 centaines pour les ajouter au produit suivant, et je dis : 6 fois 9 centaines font 54 centaines, et 2 centaines de retenue font 56 centaines ; je pose les 6 centaines, et je retiens 5 mille ; 6 fois 2 mille font 12 mille ; et 5 mille de retenue font 17 mille ; je pose les 7 mille, et j'avance la dizaine de mille à la place suivante ; j'ai ainsi 17658 pour le produit cherché.

REMARQUE. Dans la pratique, je dirai simplement : 6 fois 3, 18 (je pose 8 sous le 6), je retiens 1 ; 6 fois 4, 24, et 1, 25, je retiens 2 : 6 fois 9, 54, et 2, 56 ; je retiens 5 ; 6 fois 2, 12, et 5, 17 (j'écris 17).

Pour abréger davantage, je dirai : 6 fois 3, 18 ; 6 fois 4, 24, et 1, 25 ; 6 fois 9, 54, et 2, 56 ; 6 fois 2, 12, et 5, 17. Donc,

48. Pour multiplier un nombre quelconque par un nombre d'un seul chiffre, on écrit le multiplicateur sous le multiplicande, et l'on souligne le tout ; on multiplie chaque chiffre du multiplicande par le chiffre du multiplicateur en commençant par la droite ; si le produit obtenu n'excède pas 9, on le pose tout entier au-dessous du chiffre qu'on a multiplié ; s'il excède 9, on pose les unités et l'on retient les dizaines pour les ajouter comme unités au produit suivant ; parvenu au dernier produit, on le pose tel qu'il est.

49. 3ᵉ **Cas.** *Multiplication de deux nombres quelconques.*

Exemple I. Multiplier 3689 par 427:

$$
\begin{array}{r}
3689 \\
427 \\
\hline
25823 \\
73780 \\
1475600 \\
\hline
1575203
\end{array}
$$

Multiplier 3689 par 427, c'est répéter 3689, 427 fois, ou, ce qui revient au même, c'est répéter 3689, 400 fois, puis 20 fois, puis 7 fois, pour ajouter ensuite les résultats. La multiplication proposée se trouve ainsi ramenée à trois multiplications partielles.

Premièrement, pour répéter 3689, 7 fois, j'opère d'après la règle du n° 48, et j'obtiens 25823 pour premier produit partiel.

Secondement, pour répéter 20 fois 3689, j'observe que 20 n'est autre chose que 10 fois 2 (41); si donc je prends 10 sommes partielles formées chacune de deux nombres égaux à 3689, ces 10 sommes partielles vaudront en tout 10 fois deux nombres égaux à 3689, ou 20 nombres égaux à 3689. Pour avoir une de ces sommes partielles, il suffira de multiplier 3689 par 2, ce qui donne 7378, et, pour avoir la valeur des 10 sommes partielles, il n'y aura plus qu'à multiplier par 10 ce premier produit en mettant un zéro à sa droite. J'aurai ainsi 73780 pour second produit. Je l'écris au-dessous du précédent.

Troisièment, pour répéter 400 fois 3689, il suffirait de prendre 100 sommes partielles formées chacune de 4 nombres égaux à 3689; j'obtiendrai la valeur de l'une d'elles en répétant 4 fois 3689, ce qui donne 14756; en mettant deux zéros à la droite de ce nombre, je le rends 100 fois plus grand; j'ai ainsi 1475600 pour la valeur des 100 sommes partielles. Enfin, j'ajoute les trois produits partiels 25823; 73780; 1475600, et j'obtiens 1575203 pour le produit total cherché.

Remarque. Dans la pratique, on se dispense d'écrire les zéros à la droite des produits qui répondent aux chiffres des dizaines, centaines, mille,...; mais on a soin d'écrire le premier chiffre (significatif ou non) de chaque produit partiel sous le chiffre du produit partiel précédent qui est de même ordre que le chiffre multiplicateur, ainsi qu'on le voit ci-après :

$$
\begin{array}{r}
3689 \\
427 \\
\hline
25823 \\
7378 \\
14756 \\
\hline
1575203
\end{array}
$$

Exemple II. Multiplier 354 par 60000028.

$$
\begin{array}{r}
354 \\
60000028 \\
\hline
2832 \\
0000708 \\
2124 \\
\hline
21240009912
\end{array}
$$

Après avoir formé les deux premiers produits partiels, j'ai eu à multiplier par 6 dizaines de millions. D'après la remarque précédente, je dois écrire le premier chiffre 4 du troisième produit partiel au-dessous du chiffre, qui, dans le second produit partiel, exprime des dizaines de millions ; et comme dans ce produit il n'y a aucun chiffre à la place des dizaines de millions, j'ai écrit 4 zéros à sa gauche, afin que cette place y fût marquée.

Exemple III. Multiplier 297000 par 56.

$$
\begin{array}{r}
297000 \\
56 \\
\hline
1782 \\
1485 \\
\hline
16632000
\end{array}
$$

Si je voulais effectuer cette opération par l'addition, j'écrirais 56 nombres égaux à 297000, pour en faire la somme ; et comme l'addition des trois premières colonnes donnerait 000, je vois qu'il suffira de multiplier 297 par 56, et d'écrire 3 zéros à la droite du produit. On peut aussi dire : puisque 56 fois 297 unités donnent 16632 unités, 56 fois 297 mille donnent 16632 mille ou 16632000, absolument comme si je prenais le mille pour unité.

Exemple IV. Multiplier 297 par 5600.

$$
\begin{array}{r}
297 \\
5600 \\
\hline
1782 \\
1485 \\
\hline
1663200
\end{array}
$$

Comme 5600 est la même chose que 100 fois 56, je puis prendre 100 sommes partielles composées chacune de 56 nombres égaux à 297, ce qui conduit à multiplier d'abord 297 par 56, et à multiplier ensuite par 100 le produit obtenu, ou à mettre 2 zéros à sa droite ; j'obtiens ainsi 1663200.

Exemple V. Multiplier 297000 par 5600.

$$
\begin{array}{r}
297000 \\
5600 \\
\hline
1782 \\
1485 \\
\hline
1663200000
\end{array}
$$

Je puis d'abord multiplier le multiplicande par 56, ce qui donne 16632000 (exemple III), et écrire encore 2 zéros à la droite de ce produit, comme dans l'exemple IV, ce qui donne 1663200000.

Ces divers exemples conduisent à la règle suivante :

50. *Pour multiplier l'un par l'autre deux nombres quelconques, on écrit le multiplicateur sous le multiplicande, et l'on souligne le tout; on multiplie le multiplicande par chaque chiffre du multiplicateur en commençant par la droite; on pose le premier chiffre de chaque produit partiel à la place indiquée par le chiffre du multiplicateur qui sert à le former.*

Si cette place n'est pas déterminée par un des chiffres du produit partiel précédent, on la détermine par des 0 en partant du dernier chiffre de ce produit partiel; on souligne le tout, et l'on fait l'addition des produits partiels.

S'il y a des 0 à la droite du multiplicande ou du multiplicateur, ou bien des deux facteurs, on en fait abstraction dans la multiplication; puis, après l'opération, on met à la droite du produit autant de 0 qu'il y en a à la droite du multiplicande ou du multiplicateur, ou des deux facteurs.

51. Le signe abréviatif de la multiplication est $\times$, qui signifie *multiplié par;* on peut alors écrire, par exemple, $7 \times 5 = 35$ (7 multiplié par 5 égale 35).

Souvent on se contente d'un simple point interposé, et l'on écrit $7 . 5 = 35$.

La notation précédente peut s'étendre à plusieurs multiplications successives; $2 \times 4 \times 5 \times 7$ signifie 2 multiplié par 4, multiplié par 5, multiplié par 7; c'est une locution abrégée pour dire qu'on multipliera le premier produit par 5, et le deuxième produit par 7.

On dit aussi, pour abréger : le produit de 2 par 4, par 5, par 7, en y attachant le même sens.

Intervertissement des facteurs d'un produit.

52. La table de multiplication montre que 7×5 a la même valeur que 5×7, et, en général, que *le produit de deux nombres d'un seul chiffre reste le même, quel que soit l'ordre dans lequel on les multiplie.*

L'analogie porte à penser que cette propriété s'étend à tous les nombres : c'est, en effet, ce qui a lieu.

Pour démontrer, d'une manière générale, que 5 fois 7, et 7 fois 5 donnent le même produit 35, je dis : 5 fois le nombre 7 décomposé en ses unités, donne le tableau suivant :

$$
\begin{array}{ccccccc}
1 & 1 & 1 & 1 & 1 & 1 & 1 \\
1 & 1 & 1 & 1 & 1 & 1 & 1 \\
1 & 1 & 1 & 1 & 1 & 1 & 1 \\
1 & 1 & 1 & 1 & 1 & 1 & 1 \\
1 & 1 & 1 & 1 & 1 & 1 & 1
\end{array}
$$

où l'on voit 5 rangées horizontales de 7 unités chacune, ou 5 fois 7 ; et en même temps, 7 colonnes verticales de 5 unités chacune, ou 7 fois 5. Donc,

53. PRINCIPE I. *Le produit de deux nombres ne change pas lorsque l'on prend le multiplicande pour le multiplicateur, et vice versa* *.

54. PRINCIPE II. *Dans le produit de plusieurs nombres, on peut changer l'ordre des deux derniers, sans altérer la valeur du produit.*

Soit le produit $\qquad 2 \times 3 \times 4 \times 7 \times 5.$
Je dis que
$$2 \times 3 \times 4 \times 7 \times 5 = 2 \times 3 \times 4 \times 5 \times 7.$$

Cela revient à démontrer que
$$24 \times 7 \times 5 = 24 \times 5 \times 7.$$

C'est-à-dire que 5 fois 7 nombres égaux à 24 valent autant que 7 fois 5 nombres égaux à 24. Or, nous venons de voir que 5 fois 7

---

* Dans la multiplication des deux nombres 76 et 2895, on prendrait de préférence 2895 pour le multiplicande, pour avoir moins de produits partiels.

valent autant que 7 fois 5 ; donc, en prenant 24 pour unité, 5 fois 7 fois 24 donnent le même produit que 7 fois 5 fois 24.

D'ailleurs, le tableau suivant, analogue au précédent, rend, pour ainsi dire, la vérité palpable :

$$24, \quad 24, \quad 24, \quad 24, \quad 24, \quad 24, \quad 24,$$
$$24, \quad 24, \quad 24, \quad 24, \quad 24, \quad 24, \quad 24,$$
$$24, \quad 24, \quad 24, \quad 24, \quad 24, \quad 24, \quad 24,$$
$$24, \quad 24, \quad 24, \quad 24, \quad 24, \quad 24, \quad 24,$$
$$24, \quad 24, \quad 24, \quad 24, \quad 24, \quad 24, \quad 24.$$

Dans un sens, on lit 5 fois 7 fois 24, ou $24 \times 7 \times 5$; dans l'autre, 7 fois 5 fois 24, ou $24 \times 5 \times 7$; donc,

$$24 \times 7 \times 5 = 24 \times 5 \times 7.$$

55. PRINCIPE III. *Dans le produit de plusieurs nombres, on peut changer l'ordre de deux facteurs consécutifs quelconques, sans altérer la valeur du produit.*

Soit le produit $3 \times 5 \times 9 \times 12 \times 11$.

Je dis que

$$3 \times 5 \times 9 \times 12 \times 11 = 3 \times 5 \times 12 \times 9 \times 11.$$

En effet, d'après le n° précédent,

$$3 \times 5 \times 9 \times 12 = 3 \times 5 \times 12 \times 9,$$

multipliant par 11 les deux membres de cette égalité, ce qui, évidemment, ne l'altère pas, j'obtiens

$$3 \times 5 \times 9 \times 12 \times 11 = 3 \times 5 \times 12 \times 9 \times 11.$$

C. Q. F. D.

56. CONSÉQUENCE. Puisque tout facteur peut prendre la place de celui qui le suit ou le précède, tout facteur peut occuper telle place que l'on voudra, c'est-à-dire que le *produit d'autant de nombres qu'on voudra ne change pas, dans quelque ordre qu'on effectue leur multiplication.*

Pour ne laisser aucun doute à cet égard, je considère le produit

$$2 \times 3 \times 5 \times 7 \times 11.$$

Je fais, par exemple, la permutation suivante :

$$11 \times 5 \times 3 \times 7 \times 2,$$

et je dis que

$$2 \times 3 \times 5 \times 7 \times 11 = 11 \times 5 \times 3 \times 7 \times 2.$$

En effet, considérant le second produit, je puis écrire successivement :

$$5 \times 11 \times 3 \times 7 \times 2$$
$$5 \times 3 \times 11 \times 7 \times 2$$
$$5 \times 3 \times 7 \times 11 \times 2$$
$$5 \times 3 \times 7 \times 2 \times 11$$

Ainsi, déjà le facteur 11 occupe la dernière place.

J'ai encore, en partant du dernier de ces produits,

$$5 \times 3 \times 2 \times 7 \times 11$$
$$3 \times 5 \times 2 \times 7 \times 11$$
$$3 \times 2 \times 5 \times 7 \times 11$$

et enfin $\qquad 2 \times 3 \times 5 \times 7 \times 11 \qquad$ C. Q. F. D.

REMARQUE. Deux produits peuvent être égaux sans être composés des mêmes facteurs. Exemple :

$$2 \times 12 = 4 \times 6 = 3 \times 8 = 24.$$

Conséquences du principe de l'intervertissement des facteurs d'un produit.

57. 1° *Multiplier un nombre par le produit de plusieurs autres, revient à multiplier ce nombre, et successivement, par chacun des facteurs du produit.*

Je dis, par exemple, que pour multiplier 7 par 24, qui est le produit des facteurs 2, 3, 4, il suffit de multiplier 7 par 2; le produit obtenu par 3, et enfin ce second produit par 4.

En effet, $\qquad 7 \times 24 = 24 \times 7,$

or, par supposition, $\qquad 24 = 2 \times 3 \times 4.$

Je puis donc écrire :

$$7 \times 24 = 2 \times 3 \times 4 \times 7,$$

ou encore $\qquad 7 \times 24 = 7 \times 2 \times 3 \times 4. \qquad$ C. Q. F. D.

58. 2° *Dans un produit de plusieurs facteurs, on peut remplacer un nombre quelconque de facteurs par leur produit effectué.*

Dans le produit

$$2 \times 3 \times 5 \times 7 \times 13 \times 21 \times 35$$

je peux, par exemple, écrire :

$$(2 \times 5) \times (3 \times 21 \times 13) \times (7 \times 35),$$

les parenthèses servant à indiquer qu'il faut préalablement effectuer la multiplication des nombres qui y sont renfermés.

En effet, d'après le n° précédent, la dernière expression revient à

$$(2 \times 5 \times 3 \times 21 \times 13) \times (7 \times 35),$$

puis, d'après le même principe,

$$2 \times 5 \times 3 \times 21 \times 13 \times 7 \times 35,$$

produit qui, d'après le n° **56**, n'est autre que

$$2 \times 3 \times 5 \times 7 \times 13 \times 21 \times 35. \qquad \text{C. Q. F. D.}$$

REMARQUE. Si j'avais à effectuer le produit

$$8 \times 2 \times 7 \times 5 \times 125,$$

je grouperais de préférence les facteurs dans l'ordre suivant :

$$(2 \times 5) \times (8 \times 125) \times 7,$$

puis, en effectuant, je trouverais

$$10 \times 1000 \times 7 \text{ ou } 70000.$$

59. 3° *Pour multiplier un produit par un nombre, il suffit de multiplier l'un des facteurs par ce nombre.*

Soit le produit $\qquad 2 \times 5 \times 7,$

je multiplie par 4 l'un des facteurs, 5 par exemple ; et j'ai successivement,

$$2 \times (5 \times 4) \times 7$$
$$2 \times 5 \times 4 \times 7$$
$$2 \times 5 \times 7 \times 4$$

c'est-à-dire $\qquad (2 \times 5 \times 7) \times 4. \qquad \text{C. Q. F. D.}$

Preuve de la multiplication.

60. Puisque l'on peut, sans changer la valeur d'un produit, renverser l'ordre des facteurs de ce produit, on fera la preuve d'une multiplication en prenant le multiplicande pour le multiplicateur, et *vice versa*.

Vérifier la multiplication suivante :

<table>
<tr><td></td><td>Preuve.</td></tr>
<tr><td>2634</td><td>467</td></tr>
<tr><td>467</td><td>2634</td></tr>
<tr><td>18438</td><td>1868</td></tr>
<tr><td>15804</td><td>1401</td></tr>
<tr><td>10536</td><td>2802</td></tr>
<tr><td>1230078</td><td>934</td></tr>
<tr><td></td><td>1230078</td></tr>
</table>

61. REMARQUE I. Le produit d'un nombre par 2, 3, 4..., s'appelle le *double*, le *triple*, le *quadruple*..., un *multiple* de ce nombre. Ainsi, *doubler, tripler, quadrupler*..., multiplier un nombre, c'est le rendre 2, 3, 4..., fois plus grand. Lorsqu'un nombre est le double, le triple, le quadruple..., un multiple d'un autre, on dit que, réciproquement, cet autre est la moitié, le *tiers*, le *quart*, le *cinquième*, le *sixième*..., une *partie aliquote* du premier, c'est-à-dire que le second est contenu 2 fois, 3 fois, 4 fois, 5 fois, 6 fois..., un certain nombre de fois dans le premier, ou que le premier se compose de 2, 3, 4, 5, 6,... parties, d'un certain nombre de parties égales au second ; ainsi, *prendre la moitié, le tiers, le quart*..., d'un nombre, *c'est trouver l'une des parties de ce nombre partagé* en 2, 3, 4, 5, 6..., *parties égales*, ou encore *le rendre* 2, 3, 4, 5, 6 fois *plus petit*, et, en général, *un certain nombre de fois plus petit.*

REMARQUE II. Tous les multiples consécutifs d'un nombre ne sont pas des nombres consécutifs ; mais quand un nombre n'est pas un multiple d'un autre, et qu'il est plus grand que cet autre, il contient un ou plusieurs multiples de ce second nombre ; 7, par exemple, n'est pas un multiple de 2, mais il contient 2, 4, 6, qui sont chacun un multiple de 2.

§ 5. Division.

62. DÉFINITION. *La division est une opération par laquelle on partage un nombre donné en autant de parties égales qu'il y a d'unités dans un autre nombre donné.*

Diviser 12 par 3, par exemple, c'est partager 12 en 3 parties égales, autrement dit, c'est prendre le *tiers* de 12 ; ainsi, l'une des parties cherchées, prise 3 fois, donne 12 ; je n'ai donc qu'à *chercher quel est le nombre qui, pris 3 fois, donne* 12 ; pour le trouver directement, je dirai :

$$3 \text{ fois } 1 \text{ font } \quad 3,$$
$$3 \text{ fois } 2 \text{ font } \quad 6,$$
$$3 \text{ fois } 3 \text{ font } \quad 9,$$
$$3 \text{ fois } 4 \text{ font } 12.$$

Donc la partie cherchée est 4; donc le tiers de 12 est 4.

63. Au lieu de chercher quel est le nombre qui, multiplié par 3, donne 12, je puis essayer de former directement les trois parts :

Je conçois d'abord que l'on mette une unité pour chacune des trois parts, j'emploierai alors 3 unités; je mets encore une unité pour chacune des parts, et par suite, j'emploie encore 3 unités; je pourrai donc mettre autant d'unités dans chaque part que 12 contient de fois 3; la question est ainsi ramenée à *chercher combien de fois* 12 *contient* 3 :

$$1 \text{ fois } 3 \text{ donne } \quad 3,$$
$$2 \text{ fois } 3 \text{ donnent } \quad 6,$$
$$3 \text{ fois } 3 \text{ donnent } \quad 9,$$
$$4 \text{ fois } 3 \text{ donnent } 12.$$

C'est donc encore 4 qui est le résultat cherché.

Cette considération conduit immédiatement à une autre définition de la division :

La division est une opération par laquelle on cherche combien de fois un nombre en contient un autre.

REMARQUE. D'après le premier raisonnement,

$$12 = 4 \times 3,$$

d'après le second, $\qquad 12 = 3 \times 4.$

C'est-à-dire que la part cherchée est en multiplicande ou en multiplicateur, suivant que l'on part de *l'idée de partage* ou de *l'idée du combien de fois*; et comme on peut changer l'ordre des facteurs, les deux points de vue sont identiques *.

Idée que l'on doit d'abord se faire de la division de deux nombres qui ne se contiennent pas exactement.

64. Si l'on avait à diviser 14 par 3, il faudrait, au premier point de vue, partager 14 en 3 parties égales, ou prendre le tiers de 14;

---

* Pour être mieux compris, j'ai pris de très-petits nombres. Ici on voyait bien que le nombre cherché était 4; mais il en eût été tout autrement avec des nombres plus grands. C'est le cas de remarquer qu'*en arithmétique on fait un raisonnement général sur un exemple particulier.*

ainsi, l'une des parties cherchées, prise 3 fois, devrait donner 14 :

$$3 \text{ fois } 1 \text{ font } \ 3,$$
$$3 \text{ fois } 2 \text{ font } \ 6,$$
$$3 \text{ fois } 3 \text{ font } \ 9,$$
$$3 \text{ fois } 4 \text{ font } 12,$$
$$3 \text{ fois } 5 \text{ font } 15.$$

Je vois par là que ce n'est pas assez de 4 pour l'une des parties, et que c'est trop de 5 ; si je prends 4, je n'aurai réellement partagé en 3 parties égales que le nombre 12, et il y aura encore à partager 2, qui est l'*excès* de 14 sur 12.

Au second point de vue, il faudrait chercher combien de fois 14 contient 3 :

$$1 \text{ fois } 3 \text{ donne } \ \ \ 3,$$
$$2 \text{ fois } 3 \text{ donnent } \ 6,$$
$$3 \text{ fois } 3 \text{ donnent } \ \ 9,$$
$$4 \text{ fois } 3 \text{ donnent } 12,$$
$$5 \text{ fois } 3 \text{ donnent } 15.$$

C'est donc trop de 5 fois et trop peu de 4 fois ; si je prends 4 fois, qui est le plus grand nombre de fois que 14 contient 3, comme 4 fois 3 ne font que 12, je connaîtrai par là que 14 vaut 4 fois 3, plus 2 qui est encore l'excès de 14 sur 12.

On voit donc que, dans le cas où la division ne peut pas se faire exactement, on opère seulement sur le plus grand multiple du plus petit des deux nombres, contenu dans le plus grand, et qu'il y a un *reste* égal à la différence entre ce multiple et le plus grand nombre.

Nous sommes actuellement en état de poser les définitions suivantes :

Le nombre à partager s'appelle *dividende ;*

Le nombre qui indique en combien de parties égales on le partage, s'appelle *diviseur ;*

Le résultat de l'opération, c'est-à-dire l'une des parties, ou bien encore le nombre qui exprime combien de fois le dividende contient le diviseur, s'appelle *quotient* * ;

Le *reste* est l'excès du dividende sur le plus grand multiple du diviseur contenu dans ce dividende, c'est-à-dire sur le produit du diviseur par le quotient.

Il y a un reste toutes les fois que le dividende ne contient pas exactement le diviseur ; on dit alors que *la division est faite autant*

---

* Ainsi les dénominations de ividende et de *diviseur* sont tirées du premier point de vue ; la dénomination de *quotient* est tirée du second.

que possible ; on ne peut la faire plus complétement si les unités du reste ne sont pas de nature à être partagées. Il restera à examiner ce cas plus tard.

Actuellement que nous avons *précisé* l'idée qu'on doit se faire de la division, cherchons la manière la plus prompte d'exécuter cette opération.

65. 1ᵉʳ Cas. *Division dans laquelle le diviseur et le quotient n'ont chacun qu'un seul chiffre.*

Exemple I. Diviser 24 par 6.

En raisonnant comme au n° **62**, je trouve que cette division revient à chercher combien de fois 24 contient 6. Si je puis retrancher 6 de 24, 24 contiendra 6 au moins une fois; si je puis encore retrancher 6 du reste, 24 contiendra 6 au moins 2 fois, etc.; or, on voit ci-après que la soustraction est possible 4 fois de suite, et qu'il ne reste rien :

$$
\begin{array}{r}
24 \\
6 \\
\hline
18 \\
6 \\
\hline
12 \\
6 \\
\hline
6 \\
6 \\
\hline
0
\end{array}
$$

Donc 24 contient 6, 4 fois; le quotient est 4, et il n'y a pas de reste.

Au lieu d'opérer par des soustractions successives, il est plus simple de renverser l'usage de la table de multiplication pour trouver combien il faut prendre de fois 6 pour reproduire 24.

Je trouve 6, considéré comme multiplicande, dans la première ligne horizontale; au-dessous je trouve 24 considéré comme produit, et vis-à-vis je trouve le multiplicateur 4 dans la première colonne, d'où je conclus que 4 fois 6 font 24; 4 est donc le quotient cherché.

Exemple II. Diviser 29 par 6.

$$
\begin{array}{r}
29 \\
6 \\
\hline
23 \\
6 \\
\hline
17 \\
6 \\
\hline
11 \\
6 \\
\hline
5
\end{array}
$$

La soustraction peut se faire 4 fois; le dernier reste est 5, d'où je conclus que 29 contient 6, 4 fois avec un reste 5.

Pour faire ici usage de la table de multiplication, je cherche le diviseur 6 dans la première ligne horizontale; je cherche au-dessous le dividende 29; je ne le trouve pas, mais je trouve 24 et 30, produits consécutifs dont l'un est plus petit, et l'autre plus grand que 29. Je ne puis donc prendre pour quotient 5 qui est vis-à-vis de 30, puisque 5 fois 6 font 30, nombre plus grand que 29; je prends alors pour quotient 4, qui est vis-à-vis de 24; mais 4 fois 6 ne font que 24; pour connaître ce qui reste, je retranche 24 de 29, ce qui donne pour reste 5.

Des deux exemples précédents résulte la règle suivante :

66. *Pour faire avec la table de multiplication une division dans laquelle le diviseur et le quotient n'ont chacun qu'un seul chiffre, on cherche le diviseur dans la première ligne horizontale ; on cherche le dividende au-dessous; si on l'y trouve, on prend pour quotient le nombre qui est vis-à-vis dans la première colonne; si on ne l'y trouve pas, on cherche parmi les produits plus petits que le dividende celui qui en approche le plus, et l'on prend pour quotient le nombre qui se trouve dans la première colonne vis-à-vis de ce produit; pour avoir le reste, on retranche ce produit du dividende.*

Remarque. Dans la pratique il faut s'exercer à opérer ces divisions de tête, au lieu d'avoir la table sous les yeux.

Quel que soit le point de vue sous lequel on considère la division, on pourra dire dans l'exemple II du n° 65 : *le plus grand multiple de* 6 contenu dans 29 est 24, dont le 6ᵉ est 4, et il reste 5.

On dit aussi : le 6ᵉ de 29 est 4 pour 24, et il reste 5.

67. 2ᵉ Cas. *Division d'un nombre quelconque par un nombre d'un seul chiffre.*

Exemple I. Diviser 369 par 3 :

Pour effectuer cette division, il faut prendre le tiers de 369.

Pour y parvenir, je prends le tiers de chacune des parties de ce nombre, et je réunis tous les résultats.

Je dis donc : le tiers de 3 centaines est une centaine; le tiers de 6 dizaines est 2 dizaines; le tiers de 9 unités est 3 unités ; j'ai donc en tout 123 pour le quotient cherché.

Dans la pratique on dit simplement :

Le tiers de 3 est 1 ; le tiers de 6 est 2 ; le tiers de 9 est 3, et l'on écrit au fur et à mesure chacun de ces résultats partiels sous le chiffre correspondant du dividende qui l'a fourni.

EXEMPLE II. Diviser 5238 par 6.

Ici, je ne puis pas prendre immédiatement le 6° de 5; mais 5 mille valent 50 centaines, qui avec le chiffre 2 des centaines du nombre proposé font 52 centaines; or, le 6° de 52 est 8 pour 48, et il reste 4; donc, le 6° de 52 *centaines* est 8 centaines pour 48 centaines, et il reste 4 centaines; ces 4 centaines valent 40 dizaines, qui avec les 3 dizaines suivantes du dividende font 43 dizaines; or, le 6° de 43 est 7 pour 42, et il reste 1; donc, le 6° de 43 *dizaines* est 7 dizaines pour 42 dizaines, et il reste 1 dizaine; cette dizaine avec les 8 unités du dividende fait 18 unités; le 6° de 18 *unités* est exactement 3 unités; ainsi le quotient cherché est 873.

On peut disposer l'opération de la manière suivante :

$$\begin{array}{c|c} 5238 & 6 \\ 873 & \end{array}$$

et dire simplement : le 6° de 52 est 8 pour 48 ; le 6° de 43 est 7 pour 42 ; le 6° de 18 est 3.

REMARQUE. On peut se demander si, par cette méthode, on trouvera toujours avec certitude la nature et le nombre des unités des différents ordres du quotient. A cet effet, je dirai : si le quotient eût contenu 1 mille, le dividende en eût renfermé au moins 6, tandis qu'il n'en renferme que 5, et que, n° **20**, l'ensemble des chiffres suivants vaut moins qu'un mille, il n'y a donc pas de mille au quotient. Ces 5 mille avec les centaines du dividende font 52 centaines, nombre plus grand que 6 ; c'est pour cela que le quotient a renfermé des centaines. Quand les 8 centaines de ce quotient sont trouvées, le reste 4 centaines, avec les deux autres chiffres 3 et 8 du dividende, font moins de 6 centaines ; en prenant le sixième de ce reste, on ne trouvera donc pas d'autres centaines, en sorte qu'il n'est pas à craindre que le chiffre 8 déjà obtenu puisse être modifié ultérieurement.

Ce raisonnement étant général, nous ne le répéterons pas dans les cas suivants.

. EXEMPLE III. Diviser 4159 par 7.

$$\begin{array}{c|c} 4159 & 7 \\ 594 & 1 \end{array}$$

Le 7° de 41 est 5 pour 35 ; le 7° de 65 est 9 pour 63 ; le 7° de 29 est 4 pour 28 ; reste 1 que j'écris à côté sous le diviseur.

EXEMPLE IV. Diviser 2457 par 6.

$$\begin{array}{c|c} 2457 & 6 \\ 409 & 3 \end{array}$$

Après avoir pris le 6ᵉ de 24, j'ai à prendre le 6ᵉ de 5. Or, 5 ne contient pas 6, j'écris 0 au quotient afin que le chiffre 4 qui exprime des centaines occupe la troisième place; le 6ᵉ de 57 est 9, et il reste 3.

Des exemples précédents résulte la règle suivante :

68. *Pour diviser un nombre quelconque par 2, 3, 4,..., 9, on prend la moitié, le tiers, le quart,..., le neuvième du plus grand multiple du diviseur contenu dans le nombre exprimé par le premier chiffre, ou s'il est trop petit, dans le nombre exprimé par les deux premiers chiffres du dividende ; on compte par la pensée le reste de cette première division avec le chiffre suivant du dividende comme si ces deux chiffres étaient à côté l'un de l'autre ; on prend la moitié, le tiers, le quart..... de ce nombre; on compte encore le reste avec le chiffre suivant du dividende ; on prend la moitié, le tiers, le quart..... et l'on continue ainsi jusqu'à ce qu'on ait employé le chiffre des unités du dividende. (Le reste de cette dernière division est le reste de la division proposée; les quotients partiels écrits au fur et à mesure, les uns à la suite des autres, forment le quotient total.*

Division de deux nombres quelconques. — Méthode des neuf multiples
consécutifs du diviseur.

69. Soit proposé de diviser 2971353 par 627.

L'usage est d'écrire le diviseur à la droite du dividende, de les séparer par un trait vertical, et de souligner le diviseur pour écrire au-dessous le quotient cherché :

$$\begin{array}{c|c} 2971353 & \underline{627} \\ & \end{array}$$

Pour faire cette opération, il faut prendre le 627ᵉ du dividende. Pour y parvenir, il suffit de prendre le 627ᵉ de toutes les parties du dividende. Le nombre 2 des millions du dividende est plus petit que le diviseur 627, je ne peux donc pas en prendre immédiatement le 627ᵉ; les centaines de mille du dividende ne sont qu'au nombre de 29, nombre plus petit que 627; il en est encore de même du nombre 297 des dizaines de mille; mais, si je considère le nombre des mille du dividende, j'en trouve 2971, nombre plus grand que 627; il y a donc dans ce nombre un plus grand multiple de 627 (Rem. II du n° **64**) dont je pourrai, prendre le 627°.

Pour reconnaître ce plus grand multiple, je fais les produits consécutifs de 627 par 1, 2, 3,..., jusqu'à ce que je trouve un multiple plus grand que 2971 :

$$1\ldots\ldots\ 627$$
$$2\ldots\ldots\ 1254$$
$$3\ldots\ldots\ 1881$$
$$4\ldots\ldots\ 2508$$
$$5\ldots\ldots\ 3135$$

Le plus grand multiple de 627 contenu dans 2971 est donc 2508 qui contient 627, 4 fois, et dont, par conséquent, le 627° est 4 ; mais je n'ai pris ainsi que le 627° de 2508, au lieu du 627° de 2971 ; je retranche 2508 de 2971 :

$$
\begin{array}{r|l}
2971353 & 627 \\
2508 & \\ \hline
463 &
\end{array}
$$

et j'ai le reste 463.

Puisque le 627° de 2971 est 4 pour 2508, et qu'il reste 463, le 627° de 2971 *mille* est 4 mille pour 2508 mille, avec 463 mille qui sont encore à partager ; j'écris 4 au quotient, et ce chiffre doit exprimer des mille :

$$
\begin{array}{r|l}
2971353 & 627 \\
2508 & \overline{4} \\ \hline
463 &
\end{array}
$$

Les 463 mille qui restent valent 4630 centaines qui, avec les 3 centaines du dividende, font 4633 centaines :

$$
\begin{array}{r|l}
2971353 & 627 \\
2508 & \overline{4} \\ \hline
4633 &
\end{array}
$$

Comme 4633 est plus grand que le dernier des multiples considérés tout à l'heure, je continue à former les multiples consécutifs du diviseur jusqu'à ce que j'en trouve un qui soit plus grand que 4633 :

$$6\ldots\ldots\ 3762$$
$$7\ldots\ldots\ 4389$$
$$8\ldots\ldots\ 5016$$

Le plus grand multiple de 627 contenu dans 4633 est 4389, qui donne 7 pour quotient ; je retranche 4389 de 4633 :

$$
\begin{array}{r|l}
2971353 & 627 \\
2508 & \overline{4} \\
\hline
4633 \\
4389 \\
\hline
244
\end{array}
$$

et je trouve 244 pour reste ; donc le 627ᵉ de 4633 est 7 pour 4389, et il reste 244 ; donc aussi le 627ᵉ de 4633 *centaines* est 7 centaines, avec 244 centaines qui restent à partager ; j'écris 7 au quotient à la droite du chiffre 4, et ce chiffre doit exprimer des centaines.

$$
\begin{array}{r|l}
2971353 & 627 \\
2508 & \overline{47} \\
\hline
4633 \\
4389 \\
\hline
244
\end{array}
$$

Les 244 centaines qui restent, valent 2440 dizaines, qui, avec les 5 dizaines du dividende, font 2445 dizaines :

$$
\begin{array}{r|l}
2971353 & 627 \\
2508 & \overline{47} \\
\hline
4633 \\
4389 \\
\hline
2445
\end{array}
$$

Le plus grand multiplie de 627 contenu dans 2445 est 1881, qui donne 3 pour quotient ; je retranche 1881 de 2445 :

$$
\begin{array}{r|l}
2971353 & 627 \\
2508 & \overline{47} \\
\hline
4633 \\
4389 \\
\hline
2445 \\
1881 \\
\hline
564
\end{array}
$$

et il reste 564 ; ainsi, le 627ᵉ de 2445 *dizaines* est 3 dizaines pour 1881 dizaines, et il reste 564 dizaines à partager ; j'écris donc 3 au quotient, et ce chiffre exprime des dizaines :

```
2971353 | 627
2508    | 473
-------
 4633
 4389
-------
  2445
  1881
 -------
   564
```

Les 564 dizaines qui restent font avec les unités du dividende 5643 *unités* :

```
2971353 | 627
2508    | 473
-------
 4633
 4389
-------
  2445
  1881
 -------
   5643
```

Comme 5643 est plus grand que le dernier des multiples ci-dessus, je continue la table des multiples consécutifs du diviseur :

$$9\ldots\ldots 5643.$$

Or, je trouve que le 9e multiple est précisément 5643 ; j'écris 9 au quotient :

```
2971353 | 627
2508    | 4739
-------
 4633
 4389
-------
  2445
  1881
 -------
   5643
```

Je soustrais 5643 :

```
2971353 | 627
2508    | 4739
-------
 4633
 4389
-------
  2445
  1881
 -------
   5643
   5643
 -------
   0000
```

Je trouve 0 pour reste, ce qui est le caractère d'une division qui se fait exactement. Les chiffres placés sous le diviseur, les uns à la suite des autres, occupent naturellement la place qui convient à chacun d'eux, et forment par leur ensemble le quotient cherché, 4739.

REMARQUE I. Nous avons écrit l'opération à plusieurs reprises pour bien faire comprendre la *marche* et le *progrès* du calcul ; mais dans la pratique, elle ne se trouverait écrite qu'une seule fois, telle qu'elle est présentée en dernier lieu ; on aurait en outre, à côté, la table des multiples consécutifs du diviseur.

REMARQUE II. La division proposée s'est trouvée ramenée à une suite de *divisions partielles*. Le nombre 2971 des mille est le premier *dividende partiel ;* 463 est le premier *reste partiel ;* le nombre 4633 est le second dividende partiel ; 244 est le second reste partiel, et ainsi de suite.

REMARQUE III. Le premier dividende partiel se compose toujours d'autant de chiffres, ou d'autant de chiffres plus un, qu'il y a de chiffres dans le diviseur, puisque, d'après notre raisonnement, la division ne peut commencer à se faire que lorsqu'on a pris sur la gauche du dividende un nombre de chiffres nécessaire pour que le nombre ainsi formé contienne le diviseur au moins une fois. Le deuxième dividende partiel se forme en écrivant à la droite du premier reste le chiffre qui, dans le dividende proposé, suit immédiatement le dernier chiffre du premier dividende partiel. Le troisième dividende partiel se forme en écrivant à la droite du second reste le chiffre qui, dans le dividende proposé, suit de deux places le dernier chiffre du premier dividende partiel, et ainsi de suite.

Dans la pratique, on a l'habitude de dire que l'*on abaisse le chiffre suivant* chaque fois que l'on écrit à la droite du reste un nouveau chiffre du dividende.

REMARQUE IV. Le premier dividende partiel 2971 ne peut pas contenir plus de *dix* fois le diviseur 627, parce que 297, nombre des dizaines de ce dividende partiel, n'eût pas pu, par supposition, contenir 627. Il en est de même pour tous les dividendes partiels suivants, puisque dans chacun d'eux le nombre total des dizaines est exprimé par le reste de la division partielle précédente, reste essentiellement plus petit que le diviseur. Il n'y a donc jamais dans aucun dividende partiel assez de dizaines pour contenir un nombre de dizaines marqué par le diviseur. Il suit de là que *dans une division quelconque, on n'aura jamais à former au plus que la table des* NEUF *premiers multiples du diviseur.*

Exemple II. Diviser 955727 par 2354.

```
9 5 5 7.2 7 | 2 3 5 4
9 4 1 6  .  | 4 0 6
─────────
  1 4 1 2 7
  1 4 1 2 4
─────────
        3
```

1........	2354
2........	4708
3........	7062
4........	9416
5........	11770
6........	14124
7........	16478
8........	18832
9........	21186

Après avoir disposé l'opération et formé la table des 9 premiers multiples du diviseur, je suis obligé de séparer quatre chiffres sur la gauche du dividende (je l'indique par un point), pour avoir un nombre capable de contenir le diviseur, et comme ce nombre exprime des centaines, le premier chiffre du quotient sera de l'ordre des centaines.

Le plus grand multiple du diviseur contenu dans ce premier dividende partiel est 9416, qui donne 4 pour quotient et 141 pour reste. En abaissant le chiffre suivant 2 du dividende, j'ai 1412 pour second dividende partiel ; et comme ce nombre est plus petit que le diviseur, je ne peux le diviser immédiatement qu'en le convertissant en unités de l'ordre inférieur, et en y joignant un nouveau chiffre abaissé du dividende ; le chiffre du quotient exprimera aussi des unités dix fois plus petites ; il faudra donc le faire précéder d'un 0 afin qu'il occupe la place qui lui convient ; le dernier dividende partiel 14127 donne 6 pour quotient et 3 pour reste ; ainsi, le quotient cherché est 406 avec le reste 3.

70. Remarque I. Sans le reste, le quotient 406 serait exactement le 2354ᵉ du dividende ; donc, en multipliant ce quotient par le diviseur, je formerais le dividende diminué du reste, et en ajoutant le reste, j'aurais le dividende. Donc, *dans toute division, le dividende est le produit du diviseur par le quotient plus le reste.*

Remarque II. Comme le produit du quotient par le diviseur équivaut au produit du diviseur par le quotient (**52**), et qu'il faut y ajouter un nombre plus petit que le diviseur pour avoir le dividende, ce produit est le plus grand multiple du diviseur contenu dans le dividende ; donc, *dans une division qui ne se fait pas exactement, on ne divise réellement que le plus grand multiple du diviseur contenu dans le dividende.*

71. EXEMPLE III. Diviser 495000 par 2700.

Diviser 495000 par 2700 revient à diviser 4950 centaines par 27 centaines (comme si la centaine était prise pour unité), ou 4950 par 27; le quotient est 183 et il reste 9 ; puisque 4950 vaut 183 fois 27 plus 9, 4950 centaines valent 183 fois 27 centaines plus 9 centaines : d'où il suit que 4950 centaines contiennent 27 centaines 183 fois, et en outre 9 centaines, c'est-à-dire que le dividende 495000 vaut 183 fois le diviseur 2700 avec le reste 900. Voici le calcul :

$$
\begin{array}{r|l}
4\,9.5\,0\,0\,0 & 2\,7\,0\,0 \\
2\,7 & \overline{1\,8\,3} \\
\hline
2\,2\,5 & \\
2\,1\,6 & \\
\hline
\quad\ 9\,0 & \\
\quad\ 8\,1 & \\
\hline
\quad\quad 9 &
\end{array}
$$

Remarquons qu'en se bornant ainsi à la division simplifiée, le quotient ne change pas, mais que le reste est rendu *cent fois plus petit*.

Des exemples précédents résulte la règle suivante :

72. *Pour faire la division de deux nombres quelconques, on écrit le diviseur à la droite du dividende ; on les sépare par un trait vertical, et l'on souligne le diviseur au-dessous duquel on écrit le quotient ; on fait la table des neuf premiers multiples du diviseur ; on prend à gauche du dividende autant de chiffres qu'il en faut pour contenir le diviseur, ce qui détermine un premier dividende partiel ; on cherche dans la table le plus grand multiple qui y soit contenu ; on écrit au quotient le chiffre qui désigne le rang de ce multiple ; on soustrait ce même multiple du dividende partiel; on abaisse à côté du reste le chiffre suivant du dividende, ce qui forme le second dividende partiel ; on le traite comme le précédent, et l'on continue de même jusqu'à ce que tous les chiffres du dividende aient été successivement abaissés.*

Si un dividende partiel ne contient pas le diviseur, on met 0 au quotient, et l'on abaisse un autre chiffre pour continuer l'opération.

Si le dividende et le diviseur sont terminés par des zéros, on en supprime le même nombre de part et d'autre, puis on effectue la division des deux nouveaux nombres ; s'il y a un reste, il est un nombre de fois plus petit marqué par l'unité, suivie d'autant de zéros qu'on en a supprimé au dividende et au diviseur.

Deuxième méthode.

73. La règle précédente suffit pour faire telle division qu'on voudra ; *elle est même préférable lorsque le quotient doit renfermer un grand nombre de chiffres*, parce qu'il arrive ordinairement que la table des neuf multiples du diviseur est nécessaire dans sa totalité.

Mais, lorsque le quotient ne doit avoir qu'un petit nombre de chiffres, la plupart des multiples du diviseur ne servent pas. Dans ce cas, il est bon de ne pas les former. De là une deuxième méthode que nous allons faire connaître.

Dans les différentes divisions partielles, le quotient, avons-nous dit n'a qu'un seul chiffre, parce que le nombre total des dizaines du dividende partiel ne contient pas le diviseur.

Cela posé, soit l'une de ces divisions, celle qui, par exemple, s'est présentée au n° **69** :

$$\begin{array}{r|l} 2971 & \underline{627} \\ \end{array}$$

Si je m'attache au second point de vue de la division, je cherche combien de fois 627 est contenu dans 2971. Or, si je néglige les unités et les dizaines du diviseur, j'ai à chercher seulement combien de fois 600 est contenu dans 2971, et puisque le diviseur devient ainsi plus petit, le nombre de fois ne sera pas moindre ; donc, en opérant ainsi, je n'aurai pas un quotient trop petit ; j'aurai alors le véritable quotient ou un quotient trop fort.

Pour faire cette division de 2971 par 600, je cherche d'abord combien de fois les 29 centaines du dividende contiennent les 6 centaines du diviseur ; 29 contient 6, 4 fois avec le reste 5 : donc 29 centaines contiennent 6 centaines 4 fois avec le reste 5 centaines, et, comme il y a en outre 71 dans le dividende, on peut dire que 2971 contient 6 centaines 4 fois avec le reste 571 ; dans ce nombre 571, le chiffre 5 des centaines est le reste d'une division par 6, et par suite inférieur à 6 ; d'ailleurs le nombre 71 est inférieur à 100, donc 571 ne vaut pas 6 centaines : donc, en effet, le dividende total 2971 contient 600, 4 fois au plus ; mais comme le diviseur est 627, le quotient 4, comme je l'ai déjà remarqué, peut être *trop fort ;* or, il est facile de vérifier ce quotient présumé. Répétant 627, 4 fois, je trouve 2508, nombre plus petit que le dividende ; donc, en effet, le dividende contient 627, 4 fois ; puis je

retranche, comme à l'ordinaire, de ce dividende, le produit 2508,
afin d'avoir le reste.

$$\begin{array}{r|l} 2\,9.7\,1 & 6\,2\,7 \\ 2\,5\,0\,8 & \overline{4} \\ \hline 4\,6\,3 \end{array}$$

Exemple II. Soit proposé de diviser 23156 par 2987.

$$2\,3.1\,5\,6 \mid \underline{2\,9\,8\,7}$$

En opérant comme dans le cas précédent, je cherche combien
de fois les **23** mille du dividende contiennent les **2** mille du diviseur, et je trouve **11** fois ; mais je sais d'avance que le quotient ne
peut pas être plus grand que 9; j'écris donc **9** :

$$\begin{array}{r|l} 23156 & 2987 \\ 26883 & \overline{9} \end{array}$$

Je fais le produit de 2987 par **9**, et je trouve 26883, nombre plus
grand que le dividende; donc le quotient 9 est trop fort; je barre 9
ainsi que son produit 26883 par le diviseur, je pose **8** :

$$\begin{array}{r|l} 23156 & 2987 \\ 2\cancel{6883} & \cancel{9}8 \\ 23896 \end{array}$$

Je multiplie 2987 par **8** et je trouve 23896, qui est encore trop
fort; je barre 8 ainsi que 23896, et j'essaye **7** :

$$\begin{array}{r|l} 23156 & 2987 \\ 2\cancel{6883} & \cancel{7}\cancel{9}7 \\ 2\cancel{3896} \\ 20909 \\ \hline 2247 \end{array}$$

Le produit du diviseur par **7** est 20909, nombre plus petit que
le dividende; donc le véritable chiffre du quotient est **7** ; je retranche 20909 et j'obtiens 2247 pour reste.

74. Remarque. Si au lieu de diviser par **2** mille je divise par
3 mille, nombre plus grand que le diviseur, le quotient ne pourra
pas être trop grand, il ne pourra être qu'exact, ou trop petit :

$$\begin{array}{r|l} 2\,3.1\,5\,6 & 2\,9\,8\,7 \\ 2\,0\,9\,0\,9 & 7 \\ \hline 2\,2\,4\,7 \end{array}$$

Or 23 contient 3, 7 fois avec un reste 2 inférieur à 3, d'où il suit
que 23156 contient 3000, 7 fois; je fais le produit de 2987 par **7** et

je trouve 20909, nombre plus petit que le dividende : le reste 2247 est plus petit que le diviseur ; par conséquent, le chiffre 7 est exact.

Si j'applique le même procédé à l'exemple 1, je divise 29 par 7 et je trouve pour quotient 4, comme par le premier moyen. Ainsi, par la première méthode, le quotient 4 n'est pas trop petit ; par la seconde, il n'est pas trop grand ; on voit donc qu'il est exact sans avoir besoin de faire la vérification.

La combinaison de ces deux méthodes resserre, en général, les limites du quotient, et n'exige, par conséquent, qu'un très-petit nombre de multiplications pour le vérifier.

Abréviations.

75. Soit à diviser 36718 par 7954.

$$\begin{array}{r|l} 36718 & 7954 \\ 948 & 54 \\ \hline 4902 & \end{array}$$

Après avoir négligé trois chiffres de part et d'autre, je dis : 7 en 36 ? 5 fois. Pour vérifier le quotient présumé, il faudrait multiplier le diviseur par ce quotient, écrire le produit sous le dividende et opérer la soustraction.

Au lieu de cela, je puis soustraire successivement les différents produits partiels des parties correspondantes du dividende en usant ici, pour les soustractions partielles, d'un *artifice* analogue à celui qui a déjà été employé dans la soustraction.

Je dis : 5 fois 4 unités font 20 unités ; comme je ne puis retrancher 20 unités de 8 unités, j'ajoute 2 dizaines au chiffre trop faible ce qui fait 28 unités : 20 unités de 28 unités, restent 8 unités que j'écris ; on opérant ainsi, j'ai mis 2 dizaines de trop dans le dividende ; pour les détruire, j'augmente le produit partiel suivant de 2 dizaines avant de le soustraire ; je dis donc : 5 fois 5 dizaines font 25 dizaines ; 25 dizaines et 2 dizaines de plus à soustraire, font 27 dizaines ; je ne puis retrancher 27 dizaines de 1 dizaine ; j'ajoute à la dizaine du dividende 3 dizaines de dizaines, ce qui fait 31 dizaines ; 27 dizaines ôtées de 31 dizaines, restent 4 dizaines que j'écris. En opérant ainsi, j'ai mis de trop dans le dividende 3 dizaines de dizaines ou 3 centaines ; pour les détruire, j'augmente de 3 le produit partiel suivant avant de le soustraire : 5 fois 9 centaines font 45 centaines, et 3 centaines de plus font 48 centaines ; je ne puis ôter 48 centaines de 7 centaines, je retranche 48 centaines de 57 centaines et j'ai 9 centaines ; j'ai mis 5 mille de trop ; pour les détruire, je retranche 5 mille de plus ; 5 fois 7 : 35, et 5, 40 mille à retrancher ; mais il n'y en a que 36 dans le dividende, et je ne puis ici rendre possible la soustraction partielle par le même artifice, parce que je ne pourrais détruire l'erreur dans une soustraction partielle suivante ; je conclus de là que le produit du diviseur par le quotient présumé ne peut être soustrait du dividende ; je diminue le quotient d'une unité ; je recommence la vérification ; elle réussit et donne 4902 pour reste.

76. Dans la pratique, on abrége le discours, et l'on dit dans la première vérification : 5 fois 4, 20 ; de 28, 8, je retiens 2 ; 5 fois 5, 25, et 2, 27 ; de 31, 4, je retiens 3 ; 5 fois 9, 45, et 3, 48 ; de 57, 9, je retiens 5 ; 5 fois 7, 35, et 5, 40 ; de 36 ne se peut.

Si j'avais divisé par le premier chiffre plus un du diviseur pour avoir le quotient présumé, la vérification se serait faite de la même manière ; j'aurais reconnu que le chiffre mis au quotient était trop faible si le reste eût contenu le diviseur.

Des raisonnements précédents résulte la règle suivante :

77. *Pour trouver le quotient de la division de deux nombres, on dispose d'abord l'opération ; on forme le premier dividende partiel, en séparant sur la gauche du dividende autant de chiffres qu'il en faut pour contenir le diviseur; on cherche combien le premier chiffre à gauche du diviseur est contenu de fois dans le nombre des uuités du même ordre du dividende partiel ; on trouve par* TATONNEMENT *le chiffre exact du quotiént ; on l'écrit; à mesure que l'on multiplie chacun des chiffres du diviseur par le chiffre mis au quotient, on retranche chaque produit partiel du chiffre correspondant dans le dividende, et l'on écrit le reste au-dessous ; si un chiffre du dividende partiel est trop faible, on y ajoute autant de dizaines qu'il en faut pour rendre possible la soustraction partielle ; on retient le nombre des dizaines qu'on a ajoutées, et, avant de retrancher le produit partiel suivant, on y ajoute autant d'unités. Si la dernière soustraction ne réussit pas d'elle-même en prenant tous les chiffres du dividende sur lesquels on n'a pas encore opéré, on diminue le quotient et l'on recommence la vérification*[*].

78. Le signe abréviatif de la division est : , qui signifie *divisé par.* Ainsi, 24:6 = 4 signifie que 24 divisé par 6 égale 4. Souvent encore on écrit le dividende, on le souligne et l'on écrit au-dessous le diviseur : ainsi $\frac{24}{6}$ a le même sens que 24:6.

---

[*] Avec de l'habitude on parvient à écrire presqu'à coup sûr le vrai chiffre du quotient.

Preuve de la division.

79. Puisque *dans toute division le dividende est égal au produit du diviseur par le quotient* (ou du quotient par le diviseur) *plus le reste* (**70**), il suffira pour faire la preuve d'une division, d'effectuer le produit du diviseur et du quotient, et d'y ajouter le reste (nombre moindre que le diviseur). Si la division a été bien faite, on doit retrouver le dividende.

Exemple I.

```
5 7 9 8 6.1 3 | 8 3 4 6      Preuve :         8346
  7 9 1 0 1   | 6 9 4                          694
    3 9 8 7 3                                 33384
      6 4 8 9                                 75114
                                              50076
                                               6489
                                            5798613
```

Exemple II.

```
  495000 | 2700             Preuve :          183
    225  | 183                                2700
     90                                       1281
      9                                        366
                                            494100
                                               900
                                            495000
```

80. Remarque. *On peut encore faire la preuve de la multiplication en divisant le produit par l'un des facteurs,* car un produit contient le multiplicande autant de fois qu'il y a d'unités dans le multiplicateur; si donc on partage un produit en autant de parties égales qu'il y a d'unités dans le multiplicateur, chaque partie sera égale au multiplicande; par suite, si l'on divise le produit par le multiplicateur, on doit trouver pour quotient le multiplicande. Si, au contraire, on divise par le multiplicande, on doit trouver pour quotient le multiplicateur.

Exemple.

```
     3689
      427
    25823
     7378
    14756
  1575203
```

Preuves :

1 5 7 5 2.0 3	3 6 8 9		1 5 7 5.2 0 3	4 2 7	
9 9 6 0	4 2 7		2 9 4 2	3 6 8 9	
2 5 8 2 3			3 8 0 0		
0			3 8 4 3		
				0	

Remarque générale sur les preuves.

81. C'est ici le lieu d'apprécier la valeur des preuves des opérations de l'arithmétique.

On voit, par ce qui précède, que *la preuve d'une opération d'arithmétique n'est autre chose qu'une autre opération qui sert à vérifier l'exactitude de la première.*

On conçoit, d'après cela, qu'une preuve puisse réussir sans que l'opération soit exacte, dans le cas, par exemple, où *deux fautes se compenseraient.* Ainsi, quand la preuve réussit, elle indique seulement une forte probabilité d'exactitude. Si, au contraire, elle ne réussit pas, il y a une erreur dans l'opération ou dans la preuve; il faut alors les recommencer toutes deux jusqu'à ce que l'erreur disparaisse.

Propriétés diverses.

82. Nous avons démontré au n° **57** que *multiplier un nombre par un produit revient à le multiplier successivement par les facteurs de ce produit ;* le principe analogue dans la division est le suivant :

83. *Diviser un nombre par un produit revient à le diviser successivement par les facteurs de ce produit.*

En effet, soit 360 à diviser par le produit des trois nombres 3, 4, 6.

Si la division réussit, j'aurai un quotient 5, et 360 sera égal au produit de 5 par le diviseur 72. Mais pour multiplier 5 par 72, il suffit de multiplier par les facteurs 3, 4, 6 de 72. J'ai donc

$$360 = 5 \times 3 \times 4 \times 6.$$

Cette expression peut être considérée comme le produit de deux facteurs, dont l'un est $5 \times 3 \times 4$, et l'autre 6; si je divise par 6, j'aurai pour quotient l'autre facteur $5 \times 3 \times 4$; de même, si je divise par 4, j'aurai pour quotient 5×3; enfin, divisant par 3, j'aurai le même quotient que j'ai obtenu *par supposition* en divisant d'un seul coup par 72, ce qui démontre le principe énoncé.

84. **Remarque.** Quand une division réussit, le dividende renferme tous les facteurs du diviseur.

Réciproquement, *un nombre est divisible par un autre, lorsque tous les facteurs du second se trouvent parmi les facteurs du premier.*

En effet, si j'admets que 360 contienne les facteurs 3, 4, 6, en rapprochant ces facteurs, je trouverai que 360 est égal à leur produit par un certain nombre; il est, par conséquent, le produit de deux facteurs, dont l'un est $3 \times 4 \times 6$; 360 est donc divisible par le produit $3 \times 4 \times 6$.

De ce qui précède résulte le principe suivant :

85. *Pour qu'un nombre soit divisible par un autre, il faut et il suffit qu'il puisse se décomposer en un produit qui renferme parmi ses facteurs tous ceux du diviseur.*

Remarque sur la correspondance de certaines expressions.

86. D'après ce qui a été vu dans la multiplication et dans la division, les expressions : *doubler, tripler, quadrupler....* ou prendre *le double, le triple, le quadruple...*, ou encore, rendre 2, 3, 4 fois.... plus grand, ont le même sens que *multiplier par* 2, 3, 4....

Les expressions : prendre *la moitié, le tiers, le quart....* ou *rendre* 2 *fois plus petit*, 3 *fois plus petit*, 4 *fois plus petit....* ont le même sens que *diviser par* 2, 3, 4.... En sorte qu'il y a une espèce d'opposition directe entre les dernières et les premières de ces expressions.

Manière de compléter le quotient de la division de deux nombres qui ne se contiennent pas exactement.

87. Quand une division ne se fait pas exactement, *le reste* ne se trouve pas partagé, ainsi que nous l'avons déjà fait remarquer au n° **70.**

Mais si les unités sont elles-mêmes de nature à être partagées, on peut aller plus loin :

Dans la division de 16 par 3, par exemple, je trouve pour quotient 5, et pour reste 1. Si l'unité peut être partagée en 3 parties égales, j'en aurai le *tiers ;* je pourrai donc dire alors que le quotient est 5 *unités et un tiers.*

Dans la division de 43 par 5, j'ai pour quotient 8, et pour reste 3; si chaque unité peut être partagée en 5 parties égales, chacune des

4

parties s'appellera un *cinquième*, par analogie avec ce qui vient d'être dit, et si je partage les 3 unités, chacune d'elles donnera un cinquième, en sorte que les 3 unités donneront *trois cinquièmes*, pour le cinquième de 3 ; j'aurai donc en tout pour quotient 8 *unités et trois cinquièmes*, et ainsi de suite.

88. On peut donc avoir à considérer une ou plusieurs parties égales de l'unité, et l'on arrive ainsi à concevoir des *fractions*, ou, comme on dit, des *nombres fractionnaires*, par opposition aux *nombres entiers*, c'est-à-dire aux nombres qui ne renferment que des unités entières.

Avant de commencer l'étude des *fractions*, nous exposerons quelques principes pour lesquels la notion des *nombres entiers* est suffisante.

CHAPITRE II.

DIVISIBILITÉ. — NOMBRES PREMIERS.

§ 1. Propriétés des multiples et des diviseurs.

89. Soient 24, 12 et 8 des multiples de 4. Le premier de ces nombres vaut 6 fois 4, ou 6 nombres égaux à 4; le second vaut 3 fois 4, ou 3 nombres égaux à 4; le troisième vaut 2 fois 4, ou 2 nombres égaux à 4; si je les *ajoute*, j'aurai la somme de 6 nombres égaux à 4, de 3 nombres égaux à 4 et de 2 nombres égaux à 4; mais 6 plus 3 plus 2 font 11; donc 6 nombres égaux à 4, plus 3 nombres égaux à 4, plus 2 nombres égaux à 4, font 11 nombres égaux à 4, et, par conséquent, *un multiple de 4.* Donc,

La somme de plusieurs multiples d'un nombre est un multiple de ce nombre *.

90. Remarque. Quand un nombre est un multiple d'un autre nombre, réciproquement le second est un diviseur du premier ; on peut donc encore dire :

Tout nombre qui divise plusieurs nombres divise la somme de ces nombres.

91. Si plusieurs nombres divisibles par un même diviseur deviennent égaux , leur somme est un multiple de l'un d'eux ; donc aussi :

Tout diviseur d'un nombre divise un multiple de ce nombre.

92. Soient 36 et 8 deux multiples de 4. Le premier vaut 9 fois 4, ou 9 nombres égaux à 4; le second vaut 2 fois 4, ou 2 nombres égaux à 4; donc la *différence* de ces deux nombres vaut 9 nombres

---

* Ce qui précède revient aux égalités suivantes :

$$24 = 4 \times 6$$
$$12 = 4 \times 3$$
$$8 = 4 \times 2$$
$$24 + 12 + 8 = 4 \times (6 + 3 + 2) = 4 \times 11 ;$$

mais comme les élèves ne sauraient trop s'exercer à faire des raisonnements en langage ordinaire, nous les engageons à ne pas *abuser* de l'emploi des égalités écrites.

égaux à 4, moins 2 nombres égaux à 4, ou 7 nombres égaux à 4, c'est-à-dire *un multiple de* 4. Par conséquent,

La différence de deux multiples d'un nombre est un multiple de ce nombre, ou, ce qui revient au même,

Tout nombre qui divise deux nombres divise la différence de ces nombres.

93. Conséquence I. *Un nombre qui divise une somme composée de deux parties et l'une de ces parties, divise l'autre;* car cette dernière partie est la différence entre la somme et la première partie.

Conséquence II. *Un nombre qui divise l'une des deux parties d'une somme sans diviser l'autre partie, ne divise pas la somme;* car la seconde partie se compose d'un multiple du diviseur et d'un reste plus petit que ce diviseur; donc la somme sera aussi un multiple du diviseur plus un reste. Le nombre 30, par exemple, est la somme de deux nombres 18 et 12; 9 divise 18 sans diviser 12, aussi ne divise-t-il pas 30.

94. Remarque. Le reste de la division de 30 par 9 est le même que celui de 12 par 9, c'est-à-dire le même que celui de la partie non divisible, qui donne le reste, comme on l'a vu dans le raisonnement précédent.

§ 2. Caractères de divisibilité.

95. *Divisibilité par* 2, 5, 10.

Soit le nombre 4697.

Ce nombre peut être décomposé en deux parties : un nombre 469 de *dizaines*, et un nombre 7 *d'unités simples*. Or, les dizaines sont divisibles par 2, 5, 10; donc, le reste de la division sera donné par l'autre partie 7 (**94**); par conséquent,

Le reste de la division d'un nombre par 2, 5, 10, *est le même que celui qu'on obtient en divisant le premier chiffre à droite par* 2, 5, 10.

Les chiffres *pairs* (c'est-à-dire divisibles par 2) sont 0, 2, 4, 6, 8. Les chiffres *impairs* sont 1, 3, 5, 7, 9; donc,

96. *Le reste de la division d'un nombre par* 2 *est* 0 *ou* 1, *selon que le chiffre des unités simples est pair ou impair.*

Les seuls chiffres divisibles par 5 sont 0 et 5; par conséquent,

97. *Un nombre n'est un multiple de 5 qu'autant qu'il est terminé par un 0 ou par un 5.*

98. *Divisibilité par 4, 25, 100.*

100 est divisible par 4, 25 et 100; par suite, les centaines d'une nombre sont divisibles par 4, 25, 100. Or, si je décompose un nombre en deux parties, l'une formée des deux premiers chiffres, et l'autre formée de tous les autres chiffres, la dernière exprimera des centaines; donc, ce sera la première partie exprimée par les deux premiers chiffres à droite qui, divisée par 4, 25, 100, donnera seule le reste de la division.

De même, le reste de la division d'un nombre par 8, 125, 1000 est le même que celui qu'on obtient en divisant seulement l'ensemble des trois premiers chiffres à droite.

99. *Divisibilité par 9 et par 3.*

10 se compose de 9 plus 1 ; 100 se compose de 99 plus 1 ; 1000 se compose de 999 plus 1, et ainsi de suite. En général,

L'unité, suivie de tel nombre de zéros qu'on voudra, est un multiple de 9, plus 1.

Puisque 1000 vaut un multiple de 9, plus 1, en multipliant par 4, par exemple, j'aurai un multiple de 9, plus 4 fois 1, ou 4 ; donc 4000 est un multiple de 9, plus 4; d'où je conclus que :

100. *Tout nombre exprimé par un chiffre suivi de plusieurs zéros est égal à un multiple de 9 augmenté de la valeur absolue du chiffre significatif.*

101. Soit actuellement un nombre quelconque tel que 3248.
Je puis le décomposer de la manière suivante :

$$3000$$
$$200$$
$$40$$
$$8$$

Or,   3000 est un multiple de 9, plus 3
         200 est un multiple de 9, plus 2
         40 est un multiple de 9, plus 4

Donc, 3248 est une somme de multiples de 9, ou un multiple de 9, augmenté de la somme de ses chiffres 3, 2, 4 et 8. Si je divise cette somme de chiffres par 9, j'aurai le même reste que si je divisais par 9 le nombre proposé; conséquemment,

102. *Le reste de la division d'un nombre par 9 est le même que*

celui qu'on obtient en divisant par 9 la somme des valeurs absolues de ses chiffres *.

103. Puisque le nombre 3 est un diviseur de 9, un multiple de 9 est en même temps multiple de 3, d'où il suit que :

Le reste de la division d'un nombre par 3 est le même que celui qu'on obtient en divisant par 3 la somme des valeurs absolues de ses chiffres.

REMARQUE. On obtient très-rapidement le reste de la division d'un nombre par 9 en retranchant le nombre 9 à mesure que dans l'addition successive des chiffres on trouve plus de 9.

104. Considérons deux nombres quelconques 76 et 23.

On reconnaît que le premier est un multiple de 9 plus 4 , et que le second est un multiple de 9 plus 5 ; chacun de ces nombres se compose ainsi de deux parties.

Pour faire le produit de ces deux nombres, il suffit de multiplier les deux parties du premier par les deux parties du second ; mais le produit d'un multiple de 9 par un autre multiple de 9 est un multiple de 9 ; le produit d'un multiple de 9 par le reste 4, ou par le reste 5, est aussi un multiple de 9 ; donc j'aurai en tout un multiple de 9 plus le produit de 4 par 5 ; par suite, si je divise par 9 le produit de 4 par 5, le reste 2 sera le même que celui que j'obtiendrais en divisant par 9 le produit des nombres 76 et 23 **.

On tire de là une preuve de la multiplication, dite *preuve par* 9, d'une utilité commode dans la pratique.

EXEMPLE. Faire la preuve par 9 de la multiplication de 7394 par par 427.

$$
\begin{array}{r}
7394 \\
427 \\
\hline
51758 \\
14788 \\
29576 \\
\hline
3157238
\end{array}
\qquad
\begin{array}{c|c}
5 & 4 \\
\hline
2 & 2
\end{array}
$$

---

* Ce qui précède revient à

$$
\begin{aligned}
3000 &= 3 \times 1000 = 3 \times 999 + 3 \\
200 &= 2 \times 100 \ = 2 \times 99 \ + 2 \\
40 &= 4 \times 10 \ \ = 4 \times 9 \ \ + 4 \\
8 &= \dots\dots\dots\dots + 8 \\
\hline
3248 &= \text{un multiple de } 9 + (3 + 2 + 4 + 8).
\end{aligned}
$$

** Ce qui précède revient à

$$
\begin{aligned}
76 &= \text{un multiple de } 9 + 4 \\
23 &= \text{un multiple de } 9 + 5
\end{aligned}
$$

d'où en multipliant membre à membre : $76 \times 23 = $ un multiple de $9 + 4 \cdot 5$.

Les deux premiers restes 5 et 4 sont ceux de la division par 9 du multiplicande et du multiplicateur ; le troisième s'obtient en multipliant 5 par 4, ce qui donne 20, dont le reste est 2 ; le quatrième reste, qui est celui du produit, est aussi 2 ; il est donc probable que la multiplication est exacte; d'où l'on tire la règle suivante :

105. *Pour faire la preuve par 9 de la multiplication, on cherche le reste de la division par 9 du multiplicande et du multiplicateur ; on cherche le reste de la division par 9 du produit des deux restes ; enfin, on cherche le reste de la division du produit des deux nombres donnés ; ce quatrième reste doit être égal au troisième* *.

106. *Preuve par 9 de la division.*

Exemple. Vérifier le quotient de la division de 3157302 par 7394.

$$\begin{array}{c|c} & \begin{array}{c|c} 5 & 4 \\ \hline 2 & 2 \end{array} \\ \begin{array}{r|l} 3157302 & 7394 \\ 19970 & \overline{427} \\ 51822 & \\ 64 & \\ \hline 3157238 & \end{array} \end{array}$$

Le dividende est égal au produit du diviseur par le quotient, plus le reste (**70**) ; donc, si du dividende 3157302 je soustrais le reste 64, j'aurai un résultat 3157238, qui doit être le produit du diviseur 7934 par le quotient 427, et c'est à ce produit, ainsi qu'à ses facteurs, que j'applique la preuve par 9.

§ 3. Du plus grand commun diviseur de deux nombres.

107. Définitions. *Un diviseur commun à plusieurs nombres* est un nombre qui divise chacun d'eux exactement.

Remarque. Les nombres entiers étant multiples de l'unité, l'unité est un diviseur commun à tous les nombres.

Le plus grand commun diviseur de plusieurs nombres est le plus grand de tous les diviseurs communs à ces nombres.

---

* Cette preuve est sujette à plusieurs causes d'erreur. Il se peut que, soit dans les produits partiels, soit dans le produit total, l'on ait écrit un 0 pour un 9, ou réciproquement, ou bien d'une part, un chiffre trop fort ou trop faible d'un certain nombre d'unités, et d'autre part, un chiffre trop faible ou trop fort du même nombre d'unités.

Il se peut aussi, lorsqu'il y a des zéros dans le multiplicateur, que l'on n'ait pas avancé suffisamment à gauche les produits partiels.

Recherche du plus grand commun diviseur de deux nombres.

108. Proposons-nous de chercher le p. g. c. d. entre deux nombres, 48 et 18 par exemple.

Le p. g. c. d. entre 48 et 18 ne peut surpasser 18, puisqu'il doit diviser ce nombre ; comme 18 se divise lui-même, il serait le p. g. c. d. cherché s'il divisait 48. Il y a donc lieu d'essayer d'abord si 48 est divisible par 18 :

$$\begin{array}{c|c} 48 & 18 \\ \hline 12 & 2 \end{array}$$

La division ne réussit pas : 48 contient 18 deux fois avec un reste 12 ; donc 18 n'est pas le p. g. c. d. entre 48 et 18. Mais la division m'apprend que 48 peut être considéré comme une somme composée de deux parties, dont l'une est le produit de 18 par 2, et dont l'autre est le reste 12, ce que je peux écrire ainsi :

$$48 = 18.2 + 12.$$

Cela posé, tout diviseur commun à 48 et à 18 divise la somme 48 ; comme il divise 18, il divise aussi le produit de 18 par 2, multiple de 18 (**91**) ; donc, il divise l'autre partie 12 (**93**), et, puisqu'il divise 18 par supposition, il est diviseur commun à 18 et à 12.

Réciproquement, tout diviseur commun à 18 et à 12 divise le produit de 18 par 2, multiple de 18 ; et, comme il divise aussi 12, il divise les deux parties de la somme, et par conséquent cette somme (**90**) ; comme d'ailleurs il divise 18, il est diviseur commun à 48 et à 18.

En résumé, tout diviseur commun à 48 et à 18 est commun à 18 et à 12 ; tout diviseur commun à 18 et à 12 est commun à 48 et à 18. Si donc je fais, d'une part, le tableau des diviseurs communs à 48 et à 18 ; de l'autre, celui des diviseurs communs à 18 et à 12, tous les nombres du premier seront dans le second, tous les nombres du second seront dans le premier : les deux tableaux seront donc identiques ; par conséquent, le plus grand parmi les nombres du premier sera aussi le plus grand parmi les nombres du second, c'est-à-dire que le plus grand commun diviseur entre 48 et 18 est aussi le plus grand des diviseurs communs entre 18 et 12.

La question est alors ramenée à chercher le plus grand commun diviseur entre 18 et 12.

En raisonnant comme tout à l'heure, je serai conduit, pour commencer cette recherche, à diviser 18 par 12. Si la division réussissait, 12 serait le plus grand commun diviseur entre 18 et 12.

$$18 \mid \underline{12} \atop 6 \mid 1$$

Mais elle ne réussit pas : elle donne 6 pour reste. Je pourrai démontrer que le plus grand commun diviseur entre 18 et 12 est le même que le plus grand commun diviseur entre 12 et 6.

La question est donc ramenée à chercher le plus grand commun diviseur entre 12 et 6 :

$$12 \mid \underline{6} \atop 0 \mid 2$$

Or ici le plus petit nombre 6 divise exactement le plus grand 12 ; donc 6 est le plus grand commun diviseur entre 12 et 6, par suite entre 18 et 12, et aussi entre 48 et 18. Je conclus de là la règle suivante :

109. *Pour trouver le plus grand commun diviseur entre deux nombres, on divise le plus grand des deux nombres par le plus petit ; le plus petit par le reste de la première division ; le premier reste par le second reste ; le troisième par le quatrième, et ainsi de suite, jusqu'à ce qu'on arrive à un reste 0 : le diviseur de la dernière division est le plus grand commun diviseur cherché.*

Remarque. Dans la pratique, on ne sépare pas les divisions précédentes ; on les réunit comme il suit, en écrivant les quotients au-dessus des diviseurs au lieu de les écrire au-dessous :

		2		1		2
48		18		12		6
12		6		0		

Exemple. Chercher le plus grand commun diviseur des deux nombres 48 et 19 :

		2		1		1		9
48		19		10		9		1
10		9		1		0		

En appliquant la règle, je trouve que le plus grand commun diviseur de 48 et 19 est l'*unité* : ces nombres, à proprement parler, n'ont pas de plus grand commun diviseur, car l'unité est diviseur commun de tous les nombres. On dit alors que ces nombres sont *premiers entre eux*.

110. Dans l'application de la règle du plus grand commun diviseur, *on arrive toujours au reste* 0, parce que les nombres sur lesquels on opère sont *entiers*, et qu'ils vont continuellement en *décroissant*.

111. On peut appliquer à une division quelconque la démonstration faite au n° **108**; donc, *tout nombre qui divise le dividende et le diviseur d'une division divise le reste.*

112. Dans la recherche du p. g. c. d. tout nombre qui divise le dividende et le diviseur de la première division divise le reste; et, comme le premier reste devient à son tour diviseur pendant que le diviseur devient dividende, ce même nombre divise le second reste, et ainsi de suite, jusqu'à l'avant-dernier reste, qui est le p. g. c. d., donc,

113. *Tout diviseur commun à deux nombres divise leur plus grand commun diviseur.*

Réciproquement, comme deux nombres sont multiples de leur p. g. c. d. : *Tout nombre qui divise le plus grand commun diviseur de deux nombres divise aussi ces nombres.*

114. Examinons maintenant ce qui arrive lorsqu'avant d'appliquer la méthode du p. g. c. d., on divise les deux nombres proposés par un facteur commun.

Soient encore les deux nombres 48 et 18. Je puis les diviser par 3, ce qui donne 16 et 6; appliquant la méthode à 48 et à 18 d'une part, à 16 et à 6 d'autre part, on a les opérations ci-après :

$$
\begin{array}{c|c|c|c} & 2 & 1 & 2 \\ 48 & 18 & 12 & 6 \\ \hline 12 & 6 & 0 & \end{array}
\qquad
\begin{array}{c|c|c|c} & 2 & 1 & 2 \\ 16 & 6 & 4 & 2 \\ \hline 4 & 2 & 0 & \end{array}
$$

Tous les restes et le p. g. c. d. sont divisés par 3; les quotients ne changent pas.

Pour nous en rendre compte, comparons deux divisions telles que le dividende et le diviseur de l'une soient un même nombre de fois plus grands que le dividende et le diviseur de l'autre.

Soit, par exemple, d'une part la division de 62 par 19, et de l'autre la division de 496 par 152. Les deux nombres 496 et 152 étant 8 fois plus grands que 62 et 19 valent respectivement 8 fois 62, et 8 fois 19.

Si je fais la première division :

$$
\begin{array}{c|c} 62 & 19 \\ \hline 5 & 3 \end{array}
$$

trouve pour quotient 3, et pour reste 5.

Cela posé, le dividende 496 vaut 8 fois 62, ou 62 fois 8, ou encore 62 nombres égaux à 8 ; de même, le diviseur 152 vaut 19 nombres égaux à 8 ; mais la division précédente m'apprend que 62 unités valent 3 fois 19 unités, plus 5 unités ; donc 62 nombres égaux à 8 vaudront 3 fois 19 nombres égaux à 8, plus 5 nombres égaux à 8 ; comme 5 est plus petit que 19, 5 nombres égaux à 8 sont plus petits que 19 nombres égaux à 8 : ainsi, le dividende 496 contiendra 3 fois le diviseur 152, avec un reste composé de 5 nombres égaux à 8, ou de 5 fois 8, ou bien de 8 fois 5 ; donc enfin le quotient est le même, et le reste est 8 fois plus grand *.

Par conséquent,

115. *Si l'on multiplie le dividende et le diviseur d'une division par un certain nombre, le quotient ne change pas, et le reste est multiplié par ce nombre.*

Puisque le reste de la seconde division est 8 fois plus grand que celui de la première, le premier est 8 fois plus petit que le second. Donc,

116. RÉCIPROQUEMENT, *si l'on divise par un certain nombre le dividende et le diviseur d'une division, le quotient ne change pas, et le reste est divisé par ce nombre.*

Ce dernier principe rend compte des résultats obtenus au n° **114**, où l'on a appliqué la méthode du p. g. c. d. d'abord à 48 et 18, et ensuite à 16 et 6.

En effet, dans la première division de la seconde opération, le dividende et le diviseur sont trois fois moindres chacun que dans la première division de la première opération. C'est pour cela que le quotient 2 est le même, et que le reste 4 est 3 fois plus petit que le reste 12 ; comme les restes 4 et 12 deviennent respectivement diviseurs, on pourra raisonner de même pour la seconde

---

* Ce qui précède revient à

$$62 = 19 \times 3 + 5,$$

d'où $\qquad 62 \times 8 = 19 \times 3 \times 8 + 5 \times 8,$

ou $\qquad 62 \times 8 = (19 \times 8) \times 3 + 5 \times 8 ;$

or, $\qquad 5 < 19 \ (5 \text{ plus petit que } 19),$

d'où $\qquad 5 \times 8 < 19 \times 8.$

Donc, 62×8 contient 3 fois 19×8, avec un reste égal à 5×8. C. Q. F. D.

Mais comme étude, ainsi que nous l'avons déjà observé ailleurs, le raisonnement en langage ordinaire est préférable, en ce qu'il oblige à parler et à penser davantage.

division , et ainsi de suite , de proche en proche, jusqu'au p. g. c. d. lui-même.

Il s'ensuit qu'avant d'appliquer la méthode du p. g. c. d. à deux nombres, *on peut les diviser d'abord* par un facteur commun , sauf à multiplier ensuite le p. g. c. d. obtenu par le facteur supprimé.

Le premier principe trouve aussi son application dans la recherche du p. g. c. d. de deux nombres. Si je multiplie par 7, par exemple, les deux nombre 48 et 18, et si j'applique la méthode du p. g. c. d.,

	2	1	2
336	126	84	42
84	42	0	

comme le premier dividende et le premier diviseur sont 7 fois plus grands, le quotient de la première division est le même, mais le premier reste est 7 fois plus grand ; ce reste devient le second diviseur ; par suite, le second quotient reste le même, et le second reste est 7 fois plus grand ; et ainsi de suite, de proche en proche, jusqu'au p. g. c. d. lui-même. Donc,

117. *Si l'on multiplie deux nombres par un troisième, le p. g. c. d. des deux premiers sera multiplié par ce troisième nombre.*

118. CONSÉQUENCE. Si le p. g. c. d. des deux nombres proposés est 1 , le p. g. c. d. des nouveaux nombres sera le nombre même par lequel on aura multiplié.

REMARQUE. Nous avons vu que deux nombres peuvent n'avoir aucun diviseur commun autre que l'unité ; il est possible aussi qu'un nombre n'ait pas d'autre diviseur que lui-même et l'unité. De là l'étude des *nombres premiers*.

§ 4. Des nombres premiers.

119. DÉFINITIONS. Un nombre *premier absolu* , ou simplement un nombre *premier*, est un nombre qui n'est divisible que par lui-même et par l'unité.

EXEMPLES : 2, 3, 5, 7.

Deux nombres *premiers entre eux* sont deux nombres qui n'ont pas d'autre diviseur commun que l'unité.

EXEMPLES : 15 et 16, 62 et 57.

Tout nombre qui n'est pas premier s'appelle un nombre *composé.*

120. CONSÉQUENCE I. Un produit est divisible par chacun de ses facteurs, par conséquent, ce produit n'est pas un nombre premier; donc un nombre premier n'est pas un produit, et par suite ne peut être décomposé en facteurs.

121. Au contraire, un nombre *composé* renferme au moins deux facteurs ; si ces facteurs ne sont pas premiers, chacun d'eux peut se décomposer en deux autres, et ainsi de suite. Donc, *un nombre composé est décomposable en facteurs premiers.*

CONSÉQUENCE II. *Deux nombres, dont l'un est* PREMIER, *sont premiers entre eux, si le nombre premier ne divise pas l'autre exactement*, car il ne peut admettre d'autre diviseur que lui-même et l'unité.

CONSÉQUENCE III. *Si, dans la recherche du p. g. c. d. de deux nombres, on trouve pour* RESTE *un nombre* PREMIER *qui ne divise pas exactement le reste précédent, les deux nombres proposés sont premiers entre eux ;* car tout diviseur commun aux deux nombres devrait diviser ces deux restes consécutifs qui, d'après la conséquence II, n'admettent aucun diviseur commun.

CONSÉQUENCE IV. Par la même raison, on devra s'arrêter quand on reconnaîtra que deux restes consécutifs, ou même que deux restes quelconques, sont premiers entre eux (**112**).

122. *Quand on divise deux nombres par leur p. g. c. d., les quotients sont premiers entre eux.* En effet, si l'on divise les deux nombres proposés par leur p. g. c. d., ce p. g. c. d. se trouve divisé par le même nombre (**114**); il devient donc égal à l'unité. Ainsi, les deux quotients ont l'unité pour p. g. c. d., et sont, par conséquent, premiers entre eux.

RÉCIPROQUEMENT, *si deux nombres divisés par un troisième donnent des quotients premiers entre eux, ce troisième nombre est leur p. g. c. d.*, car, en multipliant les deux quotients par ce troisième nombre, leur p. g. c. d., qui est 1, se trouve aussi multiplié par le même nombre (**117**).

Manière de reconnaître les nombres premiers.

123. Comme un nombre ne peut être divisible par un nombre plus grand que lui-même, il suffit d'examiner si le nombre proposé n'est pas divisible par quelqu'un des nombres qui le précèdent.

On reconnaît ainsi très-promptement que 2, 3, 5, 7, 11, 13, 17, 19, 23, 29, 31 ..., sont des nombres premiers.

Mais il est inutile d'essayer les diviseurs qui ne sont pas premiers; car, si un nombre *composé* précédent divisait le nombre donné, un diviseur premier du nombre composé le diviserait aussi, et serait plus petit, à plus forte raison, que le nombre donné.

EXEMPLE. Reconnaître si le nombre 359 est premier.

A l'aspect de ce nombre, je vois qu'il n'est divisible, ni par 2, ni par 3, ni par 5. La division montre qu'il n'est pas divisible par 7, par 11, par 13, par 17, 19, etc. Je n'essaye pas les diviseurs composés tels que 6, car le nombre ne peut être divisible par 6 sans être divisible aussi par les facteurs 2 et 3, tandis que nous savons déjà que la division par 2 et par 3 a été essayée sans succès.

Il est même inutile d'essayer tous les nombres premiers supérieurs à 19, *parce que la division par* 19 *donne pour quotient un nombre* 18 *inférieur à* 19 *avec un reste.*

En effet, si j'essayais la division par un nombre plus grand que 19, elle donnerait, à plus forte raison, un quotient plus petit que 19. Si elle réussissait, ce quotient. diviserait le nombre proposé, et alors, qu'il fût premier ou non, il y aurait un nombre premier inférieur à 19 qui diviserait 359, ce qui n'a pas eu lieu; il est donc inutile d'essayer tout diviseur supérieur à 19.

Donc dans la méthode précédente, il suffit de s'arrêter dès qu'on trouve dans l'une des divisions d'essais un quotient plus petit que le nombre premier pris pour diviseur. Il suffirait même qu'il ne fût pas plus grand; le raisonnement précédent s'appliquerait encore *.

REMARQUE. Nous avons vu que, *pour qu'une division réussisse, il faut et il suffit que le dividende contienne tous les facteurs du diviseur* (85); si le dividende est lui-même le produit de deux nombres, les facteurs du diviseur peuvent être distribués entre ces nombres.

12, par exemple, qui est le produit des facteurs 3 et 4, divise 96, qui est le produit de 16 par 6; le facteur 4 de 12 divise le facteur 16 du dividende, tandis que le facteur 3 divise l'autre facteur 6.

---

* D'après cela, on reconnaîtra après 16 divisions que 4723 est un nombre premier, car 4723 divisé par 71 donne 66 pour quotient.

On démontre aisément que *la suite des nombres premiers est illimitée.*

Nota. Il n'est pas vrai de dire que le produit d'autant de nombres premiers consécutifs qu'on voudra à partir de 2, augmenté d'une unité, donne un nombre premier. Exemple : $2 \times 3 \times 5 \times 7 \times 11 \times 13 + 1 = 30031$, qui est divisible par 59. On ne connaît pas de *loi* qui donne la succession des nombres premiers.

En examinant ce qui arrive dans le cas où l'un des deux nombres dont le dividende est le produit ne contient aucun des facteurs du diviseur, on a été conduit au *principe fondamental* suivant.

124. *Tout nombre qui divise un produit de deux facteurs, et qui est premier avec l'un d'eux, divise l'autre.*

Soit pour exemple le produit 35×48 divisible par le nombre 12 qui est premier avec l'un des facteurs 35. Puisque les deux nombres 35 et 12 sont premiers entre eux, le p. g. c. d. entre

$$35 \quad \text{et} \quad 12 \quad \text{est} \quad 1.$$

Si je multiplie les deux nombres par 48, le p. g. c. d. sera aussi multiplié par 48 (**117**); donc le p. g. c. d. entre

$$35 \times 48 \quad \text{et} \quad 12 \times 48 \quad \text{est} \quad 48.$$

Mais 12 divise le produit 35×48, par supposition; il divise aussi le produit 12×48, dont il est un des facteurs; donc il doit diviser le p. g. c. d. 48 des deux nombres 35×48 et 12×48 (**113**); or 48 est l'autre facteur du produit proposé : donc le principe énoncé est démontré.

Conséquences immédiates du principe précédent.

125. 1° *Un nombre premier qui divise un produit de deux facteurs doit diviser l'un des facteurs;* car s'il ne divise pas l'un, il est premier avec lui, et doit, par conséquent, diviser l'autre.

2° *Un nombre premier qui divise un produit de tant de facteurs qu'on veut, doit diviser l'un des facteurs;* car on peut regarder le produit comme formé de deux facteurs, savoir : le dernier facteur et le produit de tous les autres. Si le diviseur ne divise pas le dernier, il doit diviser le produit des autres, et ainsi de suite.

Si 7, par exemple, divise $28 \times 12 \times 6 \times 8$, comme il ne divise pas 8, il doit diviser

$$28 \times 12 \times 6.$$

Ne divisant pas 6, il doit diviser

$$28 \times 12$$

Ne divisant pas 12, il doit diviser 28.   c. Q. F. D.

3° *Tout nombre premier avec deux ou plusieurs nombres est premier avec leur produit.*

EXEMPLE. Si 15 est premier avec 16 et avec 28, 15 est premier avec 16×28.

En effet, si 15 n'est pas premier avec 16×28, il y a entre 15 et

16×28, un diviseur commun autre que l'unité. Premièrement, si ce diviseur commun est premier, il divise 16 ou 28. S'il divise 16, par exemple, les nombres 15 et 16 ne sont pas premiers entre eux, ce qui est contraire à la supposition.

Secondement, si ce diviseur commun n'est pas premier, il admet un diviseur premier; alors 15 et le produit 16×28 l'admettent aussi, ce que l'on vient de prouver être impossible.

126. *Un nombre divisible séparément par des nombres premiers entre eux deux à deux, est divisible par leur produit.*

EXEMPLE. 360 divisible par 4, 3 et 5, qui sont premiers entre eux deux à deux, est divisible par le produit $4 \times 3 \times 5$.

En effet, par supposition, 4 divise 360; donc 360 est égal au produit de 4 par un nombre entier; ce nombre est 90; j'ai donc

[1] $$360 = 4 \times 90.$$

3 divise 360, par conséquent 4×90; or, 3 est premier avec 4, donc il divise 90 (**124**); par suite,

$$90 = 3 \times 30.$$

Substituant dans l'égalité [1] cette valeur de 90, il vient :

[2] $$360 = 4 \times 3 \times 30.$$

5 divise 360, et par conséquent $4 \times 3 \times 30$; or, 5 est premier avec 4 et avec 3, par suite avec leur produit 4×3, donc 5 divise 30; par suite,

$$30 = 5 \times 6.$$

Mettant cette valeur dans [2], il vient finalement :

$$360 = 4 \times 3 \times 5 \times 6.$$

donc, si l'on divise 360 par le produit des nombres 4, 3, 5, on aura 6 pour quotient et zéro pour reste, ce qui prouve le principe énoncé *.

REMARQUE. Pour multiplier ou pour diviser par un nombre, il suffit de multiplier ou de diviser par tous ses facteurs (**57**) et (**83**). On conçoit, d'après cela, qu'il puisse être utile de décomposer un nombre en ses facteurs premiers.

---

* Un nombre est divisible par 6 lorsqu'il l'est par 2 et par 3; par 15, lorsqu'il l'est par 3 et par 5; par 72, lorsqu'il l'est par 8 et par 9, etc.

Décomposition d'un nombre en facteurs premiers.

127. Définition. *Décomposer un nombre en ses facteurs premiers,* c'est trouver des nombres premiers dont le produit soit égal au nombre donné.

Exemple. Décomposer 360 en ses facteurs premiers.

Je vois d'abord que le nombre proposé est divisible par 2 ; le quotient est 180. Donc,

$$360 = 2 \times 180.$$

Divisant 180 par 2, j'ai

$$180 = 2 \times 90.$$

Substituant, et observant que pour multiplier par un produit, il suffit de multiplier par chacun des facteurs du produit, j'aurai

$$360 = 2 \times 2 \times 90.$$

De même, $\qquad 90 = 2 \times 45 ;$

et, par suite, $\qquad 360 = 2 \times 2 \times 2 \times 45.$

45 n'est pas divisible par 2, mais il est divisible par 3 :

$$45 = 3 \times 15 ;$$

donc, $\qquad 360 = 2 \times 2 \times 2 \times 3 \times 15.$

De même, $\qquad 15 = 3 \times 5 ;$

donc, enfin, $\qquad 360 = 2 \times 2 \times 2 \times 3 \times 3 \times 5.$

De là résulte la règle suivante :

128. *Pour décomposer, s'il est possible, un nombre donné en facteurs premiers, on essaye la division de ce nombre successivement par les nombres premiers 2, 3, 5, 7, 11, 13, 17..., rangés par ordre de grandeur ; si la division par 2 réussit, on l'effectue autant de fois que possible jusqu'à ce qu'on arrive à un quotient qui ne soit plus divisible par 2 ; on essaye de le diviser par 3 autant de fois que possible ; on agit de même à l'égard des nombres premiers suivants : 5, 7, 11, 13, 17..., jusqu'à ce que l'on trouve l'unité pour quotient. Le nombre proposé est égal au produit de tous les facteurs premiers pour lesquels la division a réussi.*

L'opération se termine toujours, parce que les nombres entiers sur lesquels on opère vont sans cesse en diminuant.

On dispose ordinairement le calcul de la manière suivante :

$$
\begin{array}{r|l}
360 & 2 \\
180 & 2 \\
90 & 2 \\
45 & 3 \\
15 & 3 \\
5 & 5 \\
1 &
\end{array}
$$

A côté du nombre proposé 360, on met un trait vertical et le premier diviseur 2 ; on écrit au-dessous de 360 le quotient 180, qui en est la moitié ; comme le facteur 2 divise encore, on l'écrit à côté de 180, et l'on continue de la même manière en écrivant chaque diviseur pour lequel la division réussit, à la droite du nombre obtenu précédemment, et en mettant le quotient au-dessous jusqu'à ce que l'on trouve 1 pour quotient. On voit ainsi d'un simple coup d'œil quels sont les facteurs premiers du nombre proposé, et combien chacun d'eux y entre de fois.

129. La décomposition s'est présentée pour ainsi dire d'elle-même ; mais *on peut se demander, si, en procédant autrement, dans un autre ordre, par exemple, on ne pourrait pas avoir une autre décomposition.*

D'abord, quelle que soit celle que l'on imagine, tout facteur premier qui y entrerait devrait diviser 360, et par conséquent $2 \times 2 \times 2 \times 3 \times 3 \times 5$ qui en est la valeur ; donc il devrait diviser l'un des facteurs 2, 3 ou 5 (**125**) qui ne sont divisibles que par eux-mêmes et l'unité ; il devra donc être égal à l'un d'eux.

Il ne reste plus qu'à examiner si le même facteur premier peut entrer plus ou moins de fois dans deux décompositions différentes. Mais alors en le supprimant un même nombre de fois de part et d'autre, on aurait divisé par un même nombre, et il pourrait rester d'un côté sans rester de l'autre. On aurait ainsi deux expressions qui auraient la même valeur et dont l'une renfermerait un facteur premier qui ne serait pas dans l'autre, ce qui rentrerait dans le cas précédent. Donc enfin,

Quel que soit le mode de décomposition d'un nombre en facteurs premiers, on ne peut trouver que les mêmes facteurs, et en même nombre ; c'est ce que l'on exprime lorsqu'on dit qu'*un nombre n'est décomposable qu'en un seul système de facteurs premiers.*

Des puissances.

130. Le même facteur peut, comme on le voit, se présenter plusieurs fois dans la décomposition d'un nombre en facteurs premiers.

Pour *abréger l'écriture*, on n'écrit ce facteur qu'une seule fois ; mais on indique combien il entre de fois comme facteur au moyen d'un autre nombre placé un peu plus haut et à sa droite. On obtient ainsi

$$360 = 2^3 \times 3^2 \times 5.$$

131. DÉFINITIONS. Le produit de deux facteurs égaux à un nombre donné s'appelle le *carré* de ce nombre.

Le produit de trois facteurs égaux est le *cube* de l'un de ces facteurs.

Le produit de quatre, cinq, six.... facteurs égaux est la 4e, la 5e, la 6e.... *puissance* de l'un d'eux.

Le *degré de la puissance* est le nombre des facteurs égaux. Il prend le nom d'*exposant* quand on l'écrit comme nous l'avons dit précédemment. Ainsi, par exemple, l'expression 3^5 est la 5e puissance de 3 : elle représente $3 \times 3 \times 3 \times 3 \times 3$; 5 est l'exposant qui marque le degré de la puissance. On l'énonce en disant 3 *puissance* 5.

132. Quand un nombre est décomposé en facteurs premiers, on voit immédiatement s'il est divisible par un autre nombre aussi décomposé en facteurs premiers : *il faut et il suffit que le premier de ces nombres renferme tous les facteurs premiers du second, et au moins autant de fois chacun*, car pour que la division réussisse, il faut et il suffit que l'on puisse diviser successivement le premier par chacun des facteurs du second.

133. Le plus petit nombre divisible par un nombre donné est ce nombre lui-même. On peut se proposer aussi de trouver le plus petit nombre divisible par plusieurs nombres donnés ; ou, en d'autres termes, *le plus petit multiple* de ces nombres.

Recherche du plus petit multiple de plusieurs nombres donnés.

134. EXEMPLE. Trouver le plus petit multiple des nombres 720, 1080 et 6468.

Je décompose chacun de ces nombres en facteurs premiers, et je trouve :

$$2^4 \times 3^2 \times 5 \qquad 2^3 \times 3^3 \times 5, \qquad 2^2 \times 3 \times 7^2 \times 11.$$

Le facteur 2 entre dans tous ces nombres et doit entrer dans le nombre cherché, au moins 4 fois, pour qu'il soit divisible par le premier nombre. De même, le facteur 3 doit être pris au moins 3 fois, pour que le nombre cherché soit divisible par le second nombre ; le facteur 5 doit être pris une fois à cause des deux premiers nombres ; le facteur 7 doit être pris 2 fois à cause du 3ᵉ, et le facteur 11 une fois ; j'aurai ainsi

$$2^4 \times 3^3 \times 5 \times 7^2 \times 11,$$

ce qui donne 1164240 pour le plus petit multiple des nombres proposés. Donc,

135. *Pour trouver le plus petit multiple de plusieurs nombres donnés, on les décompose en facteurs premiers ; puis on prend chacun des facteurs premiers autant de fois qu'il entre dans celui des nombres qui le contient le plus de fois.*

136. La décomposition des nombres en facteurs premiers permet aussi de trouver le *plus grand commun diviseur* de plusieurs nombres, c'est-à-dire le plus grand nombre qui puisse les diviser tous.

EXEMPLE. Les trois nombres 360, 120, 5292 valent respectivement :

$$2^3 \times 3^2 \times 5, \qquad 2^3 \times 3 \times 5, \qquad 2^2 \times 3^3 \times 7^2.$$

Un nombre ne peut diviser tous ces nombres qu'autant qu'il ne renferme que des facteurs de chacun d'eux ; il ne pourra donc renfermer que les facteurs premiers 2 et 3. Le facteur 2 ne pourra y entrer au plus que 2 fois, sans quoi le troisième nombre ne serait pas divisible par le nombre que l'on veut former. Le facteur 3 ne pourra y entrer qu'une fois à cause du second nombre. Ainsi, le plus grand commun diviseur sera $2^2 \times 3$ ou 12, d'où je conclus que *le plus grand commun diviseur de plusieurs nombres est le produit de tous leurs facteurs premiers communs, affectés chacun du plus petit exposant qu'il a dans ces nombres.*

Ceci permet de trouver facilement, dans certains cas, le p. g. c. d. entre deux nombres.

EXEMPLE, Le p. g. c. d. entre 48 et 18 est 2×3 ou 6.

CHAPITRE III.

FRACTIONS.

§ 1. Notions préliminaires.

137. La division nous a conduits à l'idée des fractions (87); mais on peut aussi, comme nous allons le faire, les considérer en elles-mêmes.

138. DÉFINITIONS. On appelle *parties aliquotes* de l'unité, les parties que l'on obtient quand on divise l'unité en un certain nombre de parties égales.

Pour désigner l'espèce des parties aliquotes de l'unité, on ajoute la terminaison *ième* à l'énoncé du nombre qui exprime en combien de parties égales on a divisé l'unité pour les former, excepté si ce nombre est 2, 3 ou 4; on dit, par exemple, un *demi* (ou, une *demie*), un *tiers*, un *quart*, au lieu de un *deuxième*, un *troisième*, un *quatrième*.

139. Une *fraction* est un certain nombre de parties aliquotes de l'unité.

Le *dénominateur* est le nombre qui indique en combien de parties égales l'unité a été partagée. Ainsi, c'est le dénominateur qui détermine l'espèce des parties.

Le *numérateur* est le nombre qui indique combien on prend de ces parties pour former la fraction. Le numérateur indique donc le nombre des parties.

Le numérateur et le dénominateur s'appellent les deux *termes* de la fraction.

140. Pour *écrire une fraction, on écrit le numérateur ; on le souligne, et l'on écrit au-dessous le dénominateur.*

EXEMPLES. Les fractions *sept huitièmes, deux tiers*, sont respectivement représentées par $\frac{7}{8}$, $\frac{2}{3}$.

141. Pour *énoncer une fraction, on énonce le numérateur, puis le dénominateur, en ajoutant la terminaison* ième, *sauf les trois cas d'exceptions signalés plus haut.*

EXEMPLES. Les fractions $\frac{4}{5}$, $\frac{2}{7}$, $\frac{3}{4}$, $\frac{1}{2}$ s'énoncent respectivement : quatre cinquièmes; deux septièmes; trois quarts; un demi.

REMARQUE. Après avoir partagé l'unité en un certain nombre de parties égales, il est naturel, au premier abord, de ne pas prendre autant de parties qu'il y en a dans l'unité; on a alors une *fraction proprement dite.*

Si le nombre des parties de la fraction était au contraire plus grand que le nombre des parties de l'unité, on lui donnerait le nom de *nombre fractionnaire.* On peut concevoir alors que pour avoir un nombre de parties suffisant pour former le nombre fractionnaire, on ait divisé en parties égales plusieurs unités au lieu d'une seule. Le plus souvent, on confond sous la dénomination générale de *fractions*, les *nombres fractionnaires* et les *fractions proprement dites.*

142. D'après ce que nous avons vu au n° **87**, le quotient *complet* de la division de 43 par 5,

$$\begin{array}{c|c} 43 & 5 \\ \hline 3 & 8 \end{array}$$

est 8 plus 3 cinquièmes; à l'aide des conventions précédentes, on pourra écrire pour quotient $8 + \frac{3}{5}$, ou simplement $8\,\frac{3}{5}$.

$$\begin{array}{c|c} 43 & 5 \\ \hline 3 & 8\frac{3}{5} \end{array}$$

Ainsi, *pour compléter le quotient d'une division qui laisse un reste*, il suffit d'y joindre une fraction qui a pour numérateur le reste, et pour dénominateur le diviseur.

143. La fraction $\frac{3}{5}$ exprime donc le quotient de la division de 3 par 5. On peut facilement étendre cette idée aux nombres fractionnaires. La fraction $\frac{12}{5}$, par exemple, exprime le quotient de 12 par 5. En effet, pour diviser 12 par 5, il faut prendre le 5° de 12, ou, ce qui revient au même, le 5° de chacune des unités de 12; et, comme chaque unité divisée ainsi en 5 parties égales donne *un cinquième*, les 12 unités donneront *douze cinquièmes*, ou $\frac{12}{5}$. On voit donc qu'*une fraction peut être considérée comme le quotient de la division du numérateur par le dénominateur.*

§ 2. Principes sur les fractions.

144. La signification du numérateur et du dénominateur conduit immédiatement à reconnaître dans les fractions les propriétés suivantes :

Soit la fraction $\frac{6}{8}$.

1° Si je rends le numérateur 2 fois plus grand, sans changer le dénominateur, j'ai la fraction $\frac{12}{8}$, qui contient 2 fois plus des mêmes parties de l'unité, et qui, par conséquent, est 2 fois plus grande.

2° Si je rends le numérateur 2 fois plus petit, j'ai $\frac{3}{8}$, qui contient 2 fois moins des mêmes parties de l'unité, et qui, par conséquent, est 2 fois plus petite.

3° Si je rends le dénominateur 2 fois plus grand, sans changer le numérateur, j'ai la fraction $\frac{6}{16}$. D'après la définition du dénominateur, l'unité est partagée en 2 fois plus de parties égales ; donc, les parties sont 2 fois plus petites, et, comme on en prend le même nombre, la fraction est 2 fois plus petite.

4° Si je rends le dénominateur 2 fois plus petit, j'ai la fraction $\frac{6}{4}$; elle est 2 fois plus grande. En effet, les parties sont 2 fois plus grandes, puisque l'unité est divisée en 2 fois moins de parties.

5° Si je rends en même temps le numérateur et le dénominateur 2 fois plus grands, *la fraction ne change pas de valeur.*

En effet, si je rendais le numérateur seul 2 fois plus grand, j'aurais la fraction $\frac{12}{8}$, qui est 2 fois plus grande que $\frac{6}{8}$; mais en rendant aussi le dénominateur 2 fois plus grand, j'ai la fraction $\frac{12}{16}$, qui est 2 fois plus petite que la fraction $\frac{12}{8}$, et, par conséquent, équivalente à la fraction $\frac{6}{8}$.

6° Si je rends en même temps le numérateur et le dénominateur 2 fois plus petits, *la fraction ne change pas de valeur.*

En effet, des trois fractions $\frac{6}{8}$, $\frac{3}{8}$ et $\frac{3}{4}$, la seconde est la moitié de la première ; la troisième est le double de la seconde, et par suite équivalente à la première.

La généralité de ces raisonnements permet de poser les principes suivants :

145. *Quand on rend le numérateur d'une fraction 2, 3, 4, ..., fois plus grand sans changer le dénominateur, on rend la fraction 2, 3, 4, ..., fois plus grande.*

Quand on rend le numérateur d'une fraction 2, 3, 4, ..., fois plus petit, on rend la fraction 2, 3, 4, ..., plus petite.

Quand on rend le dénominateur 2, 3, 4, ..., fois plus grand, on rend la fraction 2, 3, 4, ..., fois plus petite.

Quand on rend le dénominateur 2, 3, 4, ..., plus petit, on rend la fraction 2, 3, 4, ..., fois plus grande.

Quand on rend en même temps 2, 3, 4, ..., fois plus grands les deux termes d'une fraction, on ne change pas la valeur de cette fraction.

Quand on rend en même temps 2, 3, 4, ..., fois plus petits les deux termes d'une fraction, on ne change pas la valeur de cette fraction.

146. Conséquence. D'après le quatrième principe, *une fraction dont le* DÉNOMINATEUR *est* 2, 3, 4, ..., *devient* 2, 3, 4, ..., *fois plus grande par la suppression de son dénominateur,* puisque cette suppression revient à diviser le dénominateur par 2, 3, 4, ..., ce qui le ramène à l'unité, et que la division par 1 donne pour quotient le dividende lui-même.

147. SIMPLIFICATION DES FRACTIONS. Soit la fraction $\frac{18}{48}$.

Les deux termes sont divisibles par 2; je puis donc les rendre 2 fois plus petits, et j'ai la fraction $\frac{9}{24}$, qui est équivalente à la fraction proposée. Les deux termes de $\frac{9}{24}$ sont divisibles par 3, ce qui conduit à la fraction $\frac{3}{8}$, et comme il n'y a plus de facteurs communs, je ne puis plus simplifier par ce moyen.

Soit pour le deuxième exemple, la fraction $\frac{3150}{11400}$.

Je divise haut et bas par 10, et j'ai $\frac{315}{1140}$; je supprime le facteur premier 3, et j'ai $\frac{105}{380}$; je divise par 5, et j'ai $\frac{21}{76}$. Le numérateur de cette fraction n'est divisible que par les facteurs premiers 3 et 7 qui ne divisent pas 76, en sorte que je ne peux plus simplifier par la suppression des facteurs communs.

Si je divisais d'un seul coup par le produit des facteurs premiers que j'ai supprimés un à un, je diviserais par le p. g. c d. des deux termes de la fraction (**136**); j'obtiendrais alors immédiatement les fractions $\frac{3}{8}$, $\frac{21}{76}$, et les termes de chacune de ces fractions seraient *premiers entre eux* (**122**), en sorte que je ne pourrais plus simplifier ces fractions en divisant les termes de chacune par un même nombre. Donc,

Une fraction étant donnée, on peut toujours, par la suppression des facteurs communs aux deux termes, trouver une autre fraction équivalente à la première, et dont les termes soient premiers entre eux *.

Supposons maintenant que, *par un moyen quelconque*, on ait trouvé une fraction dont les deux termes soient premiers entre eux, et que cette fraction soit équivalente à une fraction donnée; cherchons si les termes de la fraction donnée seront encore des *équimultiples* des deux termes de l'autre, c'est-à-dire s'ils contiendront respectivement le même nombre de fois ces deux termes.

148. Soit la fraction $\frac{15}{18}$ équivalente à la fraction $\frac{5}{6}$ dont les deux termes soient premiers entre eux.

Je puis écrire

$$[1] \qquad\qquad \frac{15}{18} = \frac{5}{6}.$$

---

* Les commençants tombent parfois dans une grave erreur; cette erreur consiste à croire qu'une fraction ne change pas de valeur, soit que l'on augmente, soit que l'on diminue ses deux termes d'un même nombre.

Je multiplie par 18 les deux membres de cette égalité, et j'ai

[2] $$15 = \frac{5 \times 18}{6}.$$

Par conséquent, 6 divise exactement le produit 5×18; or, par supposition, 6 est premier avec l'un des facteurs 5, donc il doit diviser l'autre facteur (**124**). Faisant la division, je trouve un quotient entier 3; j'ai donc

$$18 = 6 \times 3,$$

mettant ce produit à la place de 18 dans l'égalité [2], j'obtiens successivement

$$15 = \frac{5 \times (3 \times 6)}{6},$$

$$= \frac{5 \times 3 \times 6}{6},$$

ou, divisant haut et bas par 6,

$$15 = 5 \times 3.$$

Je trouve ainsi que les deux termes 15 et 18 sont des *équimultiples* des deux termes de la fraction $\frac{5}{6}$; d'où je conclus le principe suivant :

149. *Lorsqu'une fraction est équivalente à une autre fraction dont les termes sont premiers entre eux, les termes de la première sont des équimultiples des termes de la seconde*.*

Par conséquent, *une fraction dont les deux termes sont premiers entre eux, ne peut pas être équivalente à une autre dont les termes soient moindres*, puisque ces derniers ne pourraient être des équimultiples des termes de la première.

Cela posé, on appelle fraction *irréductible* une fraction qui ne peut pas être exprimée en termes moindres. Nous pouvons donc dire que :

150. *Une fraction dont les deux termes sont premiers entre eux, est irréductible.*

Réciproquement, *si une fraction est irréductible, ses deux termes sont premiers entre eux;* autrement, on pourrait les diviser par un

---

* Les deux fractions $\frac{18}{48}$ et $\frac{15}{40}$ sont équivalentes sans que les deux termes de l'une soient des équimultiples des termes de l'autre; c'est que aussi ni l'une ni l'autre de ces fractions n'a ses deux termes premiers entre eux; on voit par là que parfois on peut simplifier une fraction $\frac{18}{48}$ en retranchant certains nombres (3 et 8) de ses deux termes.

facteur commun, ce qui donnerait, contrairement à la supposition, une fraction équivalente dont les termes seraient plus simples.

On peut actuellement établir la règle suivante :

151. *Pour réduire une fraction à sa plus simple expression, on divisera ses deux termes par leur plus grand commun diviseur.*

APPLICATION. Réduire la fraction $\frac{2016}{5796}$ à sa plus simple expression. Je cherche le plus grand commun diviseur entre 5796 et 2016, et je trouve 252 ; je divise 2016 et 5796 par 252 ; les quotients sont 8 et 23, en sorte que la fraction demandée est $\frac{8}{23}$.

REMARQUE. *Si deux fractions irréductibles sont équivalentes, elles ont les mêmes termes et sont identiques;* car le seul facteur commun possible aux deux termes de l'une ou de l'autre, est l'*unité.*

§ 3. Comparaison des fractions.

152. La seule inspection des nombres *entiers* permet de ranger ces nombres par *ordre de grandeur;* mais il n'en est pas de même des fractions, qui peuvent être formées de parties différentes.

Soient les fractions $\frac{5}{7}$ et $\frac{4}{7}$.

Je vois immédiatement que la première est plus grande que la seconde, puisqu'elle renferme plus des mêmes parties de l'unité.

Soient les fractions $\frac{5}{7}$ et $\frac{5}{9}$.

Je vois encore que la première est plus grande que la seconde, puisqu'elle se compose du même nombre de parties plus grandes.

Soient les fractions $\frac{5}{7}$ et $\frac{2}{9}$.

La première est plus grande que la seconde, parce qu'elle renferme un plus grand nombre de parties plus grandes.

Soient enfin les deux fractions $\frac{5}{7}$ et $\frac{3}{4}$.

Il y a plus de parties dans la première que dans la seconde, mais ces parties sont plus petites, en sorte que je ne puis rien conclure. Toute incertitude disparaîtra par l'opération suivante.

Réduction des fractions au même dénominateur.

153. DÉFINITION. *Réduire* des fractions au même dénominateur, c'est former des fractions qui soient respectivement équivalentes aux fractions proposées, et qui aient toutes un même dénominateur.

1er CAS. *Réduire au même dénominateur deux fractions données.*
Soient les fractions $\frac{5}{7}$ et $\frac{3}{4}$.
Si je multiplie les deux termes 5 et 7 de la première fraction par

le dénominateur 4 de la seconde, je trouve la fraction $\frac{20}{28}$ équivalente à $\frac{5}{7}$.

De même, si je multiplie les deux termes 3 et 4 de la seconde par
le dénominateur 7 de la première, j'ai la fraction $\frac{21}{28}$ équivalente
à $\frac{3}{4}$. Ces deux nouvelles fractions ne pouvaient manquer d'avoir le
même dénominateur; en effet, le dénominateur de la première est
le produit de 7 par 4, tandis que le dénominateur de la seconde est
le produit de 4 par 7, qui ne diffère du précédent que par l'ordre
des facteurs (53). Donc,

154. *Pour réduire deux fractions au même dénominateur, on
multiplie les deux termes de chacune par le dénominateur de
l'autre.*

2ᵉ **Cas.** *Réduire au même dénominateur des fractions données.*
Soient les fractions $\frac{5}{7}$, $\frac{2}{3}$, $\frac{4}{5}$, $\frac{3}{4}$.

Par analogie, je multiplie les deux termes 5 et 7 de la première
par le produit des dénominateurs 3, 5, 4 des autres fractions, c'est-
à-dire par 60, et j'ai $\frac{300}{420}$, équivalente à la première.

De même, je multiplie les deux termes 2 et 3 de la seconde par
le produit des dénominateurs 7, 5, 4 des autres, c'est-à-dire par 140,
et j'ai $\frac{280}{420}$ au lieu de la seconde.

Je multiplie les deux termes 4 et 5 par le produit des dénominateurs 7, 3, 4, ou par 84, et j'ai $\frac{336}{420}$.

Enfin, je multiplie les deux termes 3 et 4 par le produit 105 des
dénominateurs 7, 3, 5, et j'ai $\frac{315}{420}$.

Après cette opération, le dénominateur ne pouvait être que le
même pour toutes les fractions, puisque, pour chacune, il est le
produit des mêmes nombres 7, 3, 5, 4, multipliés seulement dans
un ordre différent (56). Donc,

155. *Pour réduire au même dénominateur tant de fractions qu'on
voudra, on multipliera les deux termes de chacune par le produit
des dénominateurs de toutes les autres.*

Remarque. On peut arriver, dans certains cas, à des résultats plus
simples que par la règle générale.

Exemple I. Soient les fractions $\frac{1}{2}$, $\frac{4}{5}$, $\frac{11}{4}$.
Je remarque que le dénominateur 20 contient exactement tous
les autres. Il contient 10 fois le dénominateur de la première, d'où
il suit que si je multiplie les deux termes 1 et 2 par 10, j'aurai la
fraction équivalente $\frac{10}{20}$, qui est ramenée au dénominateur 20. Le
dénominateur 5 est contenu 4 fois dans 20; en multipliant les deux

termes de la seconde fraction par 4, j'aurai la fraction équivalente $\frac{16}{20}$; de même, en multipliant par 5 les deux termes de la troisième, j'aurai $\frac{15}{20}$. Ainsi, les fractions $\frac{10}{20}$, $\frac{16}{20}$, $\frac{15}{20}$, $\frac{11}{20}$ sont respectivement équivalentes aux fractions proposées.

EXEMPLE II. Réduire au même dénominateur les fractions $\frac{2}{3}$, $\frac{4}{9}$, $\frac{5}{16}$, $\frac{7}{8}$, $\frac{11}{24}$.

Dans cet exemple, le plus grand dénominateur 24 contient exactement les dénominateurs 3 et 8, mais il ne contient pas exactement 9 et 16. Le *double* de 24 contient exactement 16, mais il ne contient pas exactement 9; 48 contient tous les dénominateurs, excepté 9; le double de 48 ou 96 ne contient pas exactement 9; mais le *triple* de 48, ou 144, contient exactement tous les dénominateurs; comme il contient 48 fois le premier, 16 fois le second, 9 fois le troisième, 18 fois le quatrième et 6 fois le cinquième, je multiplie respectivement les numérateurs correspondants par les nombres 48, 16, 9, 18 et 6; j'obtiens ainsi les fractions :

$$\frac{96}{144}, \quad \frac{64}{144}, \quad \frac{45}{144}, \quad \frac{126}{144}, \quad \frac{66}{144}.$$

Le calcul peut être disposé ainsi qu'il suit :

$$
\begin{array}{ccccc}
\frac{2}{3} & \frac{4}{9} & \frac{5}{16} & \frac{7}{8} & \frac{11}{24} \\
48 & 16 & 9 & 18 & 6 \\
\hline
\frac{96}{144} & \frac{64}{144} & \frac{45}{144} & \frac{126}{144} & \frac{66}{144}.
\end{array}
$$

On voit par là que tout consiste à découvrir un nombre à la fois multiple de tous les dénominateurs. Souvent il sera avantageux de prendre le *plus petit multiple* de ces dénominateurs, d'autant plus qu'on peut y parvenir par une méthode régulière (**135**).

Soient, par exemple, les fractions $\frac{5}{8}$, $\frac{11}{12}$, $\frac{17}{20}$, $\frac{1}{9}$, $\frac{4}{15}$.

Je décompose chaque dénominateur en ses facteurs premiers, et je trouve successivement : $8 = 2^3$; $12 = 2^2 \times 3$; $20 = 2^2 \times 5$; $9 = 3^2$; $15 = 3 \times 5$; le plus petit multiple est, par conséquent, $2^3 \times 3^2 \times 5$, ou 360. Je divise successivement 360 par chaque dénominateur, et je trouve les quotients 45, 30, 18, 40 et 24; je multiplie respectivement les numérateurs par ces quotients, et je trouve $\frac{225}{360}$, $\frac{330}{360}$, $\frac{306}{360}$, $\frac{40}{360}$, $\frac{96}{360}$, qui sont les fractions cherchées.

REMARQUE 1. Au lieu d'effectuer le produit $2^3 \times 3^2 \times 5$ et de le diviser par chaque dénominateur, je peux trouver les quotients en profitant de la décomposition en facteurs premiers.

Pour diviser, par exemple, $2^3 \times 3^2 \times 5$ par $2^2 \times 3$, je vois immédiatement qu'il suffit de multiplier $2^2 \times 3$ par $2 \times 3 \times 5$, pour reproduire $2^3 \times 3^2 \times 5$; le quotient de la division du dénominateur commun par le dénominateur de la seconde fraction est donc exprimé par $2 \times 3 \times 5$. En opérant ainsi, je trouve $3^2 \times 5$, $3^2 \times 2$, $2^3 \times 5$, $2^3 \times 3$, pour les autres quotients.

Les opérations peuvent être disposées comme il suit :

$$
\frac{5}{8} \quad \frac{11}{12} \quad \frac{17}{20} \quad \frac{1}{9} \quad \frac{4}{15}
$$
$$
45 \quad\quad 30 \quad\quad 18 \quad\quad 40 \quad\quad 24
$$
$$
\frac{225}{360} \quad \frac{330}{360} \quad \frac{306}{360} \quad \frac{40}{360} \quad \frac{96}{360}
$$

$$
\left.
\begin{array}{l}
8 = 2^3 \\
12 = 2^2 \times 3 \\
20 = 2^2 \times 5 \\
9 = 3^2 \\
15 = 3 \times 5
\end{array}
\right\} \quad \text{p. p. m.} = 2^3 \times 3^2 \times 5
$$

REMARQUE II. Les fractions $\frac{7}{14}$, $\frac{8}{16}$, $\frac{18}{30}$ seraient réduites en 1680es si l'on opérait comme dans le cas précédent, tandis qu'en commençant d'abord par les simplifier le plus possible, on pourrait les réduires en 10es. Il est donc essentiel de rendre les fractions irréductibles avant d'appliquer la méthode du plus petit multiple.

REMARQUE III. *Quand les fractions sont irréductibles, on ne peut pas avoir un dénominateur plus simple que le plus petit multiple de ces dénominateurs.* En effet, les fractions cherchées devant être respectivement équivalentes aux fractions irréductibles proposées, jouissent de cette propriété, que les deux termes de chacune sont respectivement des équimultiples des deux termes des fractions données (149); donc le dénominateur commun doit être multiple de tous les dénominateurs : d'où il suit que l'on ne peut pas en avoir un plus simple que leur plus petit multiple. Donc,

156. *Pour réduire au plus petit dénominateur commun des fractions irréductibles, on cherche le plus petit multiple des dénominateurs; on le divise par chaque dénominateur, et l'on multiplie les numérateurs de chaque fraction par le quotient qui correspond à son dénominateur.*

Si les dénominateurs sont premiers entre eux, on rentre dans la règle du n° 155.

REMARQUE. Les fractions peuvent être combinées comme les nombres entiers par voie d'addition, de soustraction, de multiplication et de division.

§ 4. Addition.

157. 1er CAS. *Les fractions ont le même dénominateur.*

EXEMPLE. Ajouter les fractions $\frac{2}{7}$, $\frac{4}{7}$ et $\frac{6}{7}$.

Ces fractions représentent respectivement : 2 *septièmes*, 4 *sep-*

tièmes, 6 *septièmes;* or 2 plus 4 plus 6 font 12, donc 2 *septièmes*,
plus 4 *septièmes*, plus 6 *septièmes* font 12 *septièmes* ou $\frac{12}{7}$. On voit
que le raisonnement consiste à *compter par septièmes* , comme si
l'on prenait le septième pour *unité.* Donc,

*Pour ajouter des fractions de même dénominateur, on fait l'addi-
tion des numérateurs, et l'on prend pour dénominateur le dénominateur commun.*

158. 2ᵉ Cas. *Les fractions n'ont pas le même dénominateur.*

Exemple. Ajouter les fractions $\frac{5}{7}$, $\frac{2}{3}$, $\frac{4}{6}$, $\frac{3}{4}$.
Comme je ne puis pas réunir des parties de l'unité d'espèces
différentes, je commence par réduire les fractions au même dénominateur, ce qui donne

$$\frac{300}{420}, \quad \frac{280}{420}, \quad \frac{336}{420}, \quad \frac{315}{420}.$$

Appliquant la règle précédente, je trouve $\frac{1231}{420}$. Donc,

159. *Pour ajouter des fractions quelconques , on les réduit au
même dénominateur, on ajoute les numérateurs des nouvelles fractions et l'on prend pour dénominateur le dénominateur commun.*

§ 5. Soustraction.

160. 1ᵉʳ Cas. *Les fractions ont le même dénominateur.*
Exemple. Retrancher $\frac{2}{7}$ de $\frac{5}{7}$.
J'ai à soustraire 2 *septièmes* de 5 *septièmes;* or 5 moins 2 donnent 3 ; donc 5 septièmes moins 2 septièmes donnent 3 septièmes
ou $\frac{3}{7}$. Donc,

*Pour soustraire une fraction d'une autre, le dénominateur étant
le même, on fait la soustraction des numérateurs, et l'on prend pour
dénominateur le dénominateur commun.*

161. 2ᵉ Cas. *Les fractions n'ont pas le même dénominateur.*

Exemple. Soustraire $\frac{2}{3}$ de $\frac{5}{7}$.
Comme je ne puis soustraire d'une fraction des parties d'une
autre espèce que celle des parties de cette fraction, je réduis d'abord
les deux fractions au même dénominateur, ce qui donne $\frac{14}{21}$ et $\frac{15}{21}$,
dont la différence est $\frac{1}{21}$. Donc,

162. *Pour soustraire une fraction d'une autre, on les réduit
d'abord au même dénominateur, et l'on rentre dans la règle précédente.*

§ 6. Multiplication.

163. 1ᵉʳ Cas. *Multiplication d'une fraction par un nombre entier.*

EXEMPLE I. Multiplier $\frac{5}{7}$ par 3.

Multiplier $\frac{5}{7}$ par 3, c'est rendre la fraction $\frac{5}{7}$ 3 fois plus grande ; il suffit donc de multiplier le numérateur par 3 (**144**), ce qui donne $\frac{15}{7}$ pour le produit cherché.

EXEMPLE II. Multiplier $\frac{5}{21}$ par 3.

Ici le dénominateur est un multiple de 3 ; si donc je divise 21 par 3, j'aurai rendu la fraction 3 fois plus grande, ce qui donne $\frac{5}{7}$. Donc,

Pour multiplier une fraction par un nombre entier, on multiplie le numérateur de la fraction par le nombre entier, et l'on prend pour dénominateur le dénominateur de la fraction, ou bien, s'il est possible, on divise le dénominateur par le nombre entier, et on laisse le numérateur tel qu'il est.

164. 2ᵉ Cas. *Multiplication d'un nombre entier par une fraction.*

Si l'on entreprend de multiplier 5 par $\frac{3}{4}$, on ne peut pas dire qu'il faut prendre le multiplicande 5 autant de fois qu'il y a d'unités dans $\frac{3}{4}$, puisque $\frac{3}{4}$ est moindre que l'unité, et lors même que le multiplicateur serait un nombre fractionnaire, $\frac{7}{4}$ par exemple, on ne pourrait pas dire qu'il faut prendre le multiplicande 5 autant de fois qu'il y a d'unités dans $\frac{7}{4}$, puisque $\frac{7}{4}$ ne renferme pas un nombre exact d'unités. Il faut donc établir une définition de la multiplication qui convienne au cas où le multiplicateur est une fraction.

Pour y parvenir, considérons quelques-unes des questions qui peuvent conduire à une multiplication.

1° *1 mètre d'ouvrage coûte 12 francs ; combien coûteront 3 mètres du même ouvrage* * *?*

Puisque chaque mètre coûte 12 francs, les 3 mètres coûteront 3 fois 12 francs, ce qui conduit à multiplier 12 par 3 et à dire que le résultat exprime des francs.

2° *1 mètre d'ouvrage coûte 12 francs ; combien coûtera $\frac{1}{4}$ de mètre du même d'ouvrage ?*

Puisque 1 mètre coûte 12 francs, un quart de mètre coûtera le

---

* Nous parlons ici du mètre comme d'une mesure connue de tout le monde : il sera défini plus tard.

quart de 12 francs; on est donc conduit à chercher le quart de 12 et à faire exprimer des francs au résultat.

3° *1 mètre d'ouvrage coûte 12 fr.; combien coûteront $\frac{3}{4}$ de mètre ?*

Puisque 1 mètre coûte 12 francs, 1 quart de mètre coûtera le quart de 12 francs, et 3 quarts de mètre coûteront 3 fois le quart, ou les $\frac{3}{4}$ de 12 francs. On est donc conduit à prendre les $\frac{3}{4}$ de 12, et à dire que le résultat exprime des francs.

La première opération est certainement une multiplication; par analogie, les deux autres ont pris le même nom : ainsi, prendre le quart de 12, c'est multiplier 12 par $\frac{1}{4}$: prendre les 3 quarts de 12 , c'est multiplier 12 par $\frac{3}{4}$. Dès lors nous pouvons dire que

165. *La multiplication d'un nombre quelconque par une fraction, est une opération par laquelle on prend une fraction du multiplicande exprimée par la fraction multiplicateur.*

EXEMPLE I. Multiplier 12 par $\frac{1}{4}$.

D'après la définition, la question revient à prendre une fraction de 12 exprimée par la fraction $\frac{1}{4}$, c'est-à-dire à prendre le quart de 12; or le quart de 12 est 3 ; donc le produit cherché est 3.

EXEMPLE II. Multiplier 12 par $\frac{2}{3}$.

Multiplier 12 par $\frac{2}{3}$, c'est prendre les $\frac{2}{3}$ de 12 ; si je prends d'abord le tiers de 12, j'aurai 4; donc pour avoir les $\frac{2}{3}$ de 12, il faut prendre 4 deux fois, ce qui fait 8.

EXEMPLE III. Multiplier 5 par $\frac{1}{4}$.

Puisque le multiplicateur est le quart de l'unité, le produit doit être le quart de 5.

Ici le quart de 5 ne peut pas se prendre exactement en nombre entier; mais, pour prendre le quart de 5, il suffit de prendre le quart de chacune des unités de 5; or le quart de 1 est $\frac{1}{4}$, donc le quart de 5 sera 5 fois un quart, ou $\frac{5}{4}$; par conséquent, $\frac{5}{4}$ est le produit cherché.

EXEMPLE IV. Multiplier 5 par $\frac{3}{4}$.

Le multiplicateur est les $\frac{3}{4}$ de l'unité, donc le produit doit être les $\frac{3}{4}$ de 5; or le quart de 5 est $\frac{5}{4}$; donc les $\frac{3}{4}$ de 5 seront 3 fois 5 quarts, ou 15 quarts, ou $\frac{15}{4}$.

Les exemples I, II, III présentent des particularités propres à *éclairer la question ;* mais l'exemple IV conduit à la règle suivante :

166. *Pour multiplier un nombre entier par une fraction, on multiplie le nombre entier par le numérateur de la fraction, et l'on donne au produit pour dénominateur, le dénominateur de la fraction.*

167. 3ᵉ Cas. *Multiplication d'une fraction par une fraction.*

Exemple I. Multiplier $\frac{8}{9}$ par $\frac{3}{4}$.

Multiplier $\frac{8}{9}$ par $\frac{3}{4}$, c'est prendre du multiplicande $\frac{8}{9}$ une fraction exprimée par $\frac{3}{4}$; autrement dit, c'est prendre les $\frac{3}{4}$ de $\frac{8}{9}$; je prends d'abord le quart de $\frac{8}{9}$; or le quart de 8 est 2, donc le quart de 8 neuvièmes est 2 neuvièmes ou $\frac{2}{9}$; pour avoir les 3 quarts de $\frac{8}{9}$, il suffit de prendre 3 fois la fraction $\frac{2}{9}$, ou, ce qui revient au même, de la rendre 3 fois plus grande, en rendant son dénominateur 3 fois plus petit, ce qui donne $\frac{2}{3}$ pour le produit cherché.

Exemple II. Multiplier $\frac{8}{11}$ par $\frac{3}{4}$.

La question consiste à *prendre les trois quarts* de $\frac{8}{11}$. Or le quart de $\frac{8}{11}$ est $\frac{2}{11}$; les 3 quarts de $\frac{8}{11}$ seront donc 3 fois $\frac{2}{11}$, ou $\frac{6}{11}$.

Exemple III. Multiplier $\frac{5}{7}$ par $\frac{3}{4}$.

D'après la définition générale de la multiplication, multiplier $\frac{5}{7}$ par $\frac{3}{4}$, c'est prendre les $\frac{3}{4}$ de $\frac{5}{7}$. Le quart de $\frac{5}{7}$, ou une fraction 4 fois plus petite, est exprimée par $\dfrac{5}{7\times 4}$; 3 fois le quart sera donc une fraction 3 fois plus grande que $\dfrac{5}{7\times 4}$, c'est-à-dire $\dfrac{5\times 3}{7\times 4}$, ou, en effectuant, $\frac{15}{28}$; donc

168. *Pour multiplier une fraction par une fraction, on divise le produit des numérateurs par le produit des dénominateurs.*

Remarque I. L'application de cette règle aux cas particuliers que nous avons examinés d'abord, conduirait aux mêmes produits que précédemment si l'on réduisait chacun des résultats obtenus à sa plus simple expression.

Remarque II. Dans la multiplication des nombres entiers, le produit est plus grand que le multiplicande; mais si le multiplicateur est une *fraction proprement dite*, le produit n'est qu'une fraction du multiplicande, et par conséquent plus petit.

§ 7. Fractions de fractions.

169. Lorsqu'on multiplie une fraction par une fraction, on prend une *fraction de fraction.*

Lorsque, par exemple, on multiplie $\frac{5}{7}$ par $\frac{8}{9}$, on *prend les $\frac{8}{9}$* de $\frac{5}{7}$.

Si on avait à multiplier plusieurs fractions entre elles, on multiplierait d'abord la première par la deuxième, le produit par la troisième, et ainsi de suite; de telle sorte que, d'après la règle du n° 168, l'opération se réduirait à faire le produit des numérateurs et le produit des dénominateurs.

EXEMPLE. Multiplier entre elles les fractions $\frac{2}{3}$, $\frac{4}{5}$, $\frac{6}{7}$, $\frac{2}{11}$.

Le produit des deux premières est $\frac{8}{15}$,; le produit de cette dernière par $\frac{6}{7}$ est $\frac{48}{105}$; enfin, le produit de $\frac{48}{105}$ par $\frac{2}{11}$ est $\frac{96}{1155}$. Cette multiplication revient à prendre les $\frac{2}{11}$ des $\frac{6}{7}$, des $\frac{4}{5}$ de $\frac{2}{3}$.

Dans la pratique, il y a souvent avantage à indiquer le produit, parce qu'alors on commence par supprimer les facteurs communs. C'est ainsi que l'expression

$$20 \times \tfrac{2}{5} \times \tfrac{3}{4} \times \tfrac{5}{6} \times \tfrac{3}{11}$$

qui revient à

$$\frac{20 \times 2 \times 3 \times 5 \times 3}{5 \times 4 \times 6 \times 11}$$

se réduit à la fraction $\frac{5 \times 3}{11}$, ou à $\frac{15}{11}$.

170. Puisque dans la multiplication des fractions on multiplie les numérateurs entre eux d'une part, et les dénominateurs entre eux d'autre part, et que *le produit des nombres entiers reste le même quand on change l'ordre des facteurs*, on en conclut que ce principe est également vrai pour les multiplications où il y a des facteurs fractionnaires.

L'extension du principe de l'intervertissement des facteurs *entiers* d'un produit s'étend donc aux conséquences développées au n° 57.

§ 8. Division.

171. 1ᵉʳ CAS. *Division d'une fraction par un nombre entier.*

EXEMPLE I. Diviser $\frac{5}{7}$ par 3.

Diviser $\frac{5}{7}$ par 3, c'est partager $\frac{5}{7}$ en 3 parties égales, ou prendre le tiers de $\frac{5}{7}$, ou encore rendre la fraction $\frac{5}{7}$, 3 fois plus petite, ce que je fais en rendant le dénominateur 7, 3 fois plus grand, ce qui donne $\frac{5}{21}$.

EXEMPLE II. Diviser $\frac{6}{7}$ par 3.

Ici, pour rendre la fraction 3 fois plus petite, je puis rendre le numérateur 3 fois plus petit, ce qui donne $\frac{2}{7}$. Donc,

172. *Pour diviser une fraction par un nombre entier, on multiplie le dénominateur de la fraction par le nombre entier, et on laisse le*

numérateur tel qu'il est, ou, s'il est possible, on divise le numéra-
teur par le nombre entier en conservant le même dénominateur.

173. 2ᵉ Cas. *Division d'un nombre entier par une fraction.* Si
l'on entreprend de diviser 5 par $\frac{3}{4}$, on ne peut pas dire qu'il faut
partager 5 en autant de parties égales qu'il y a d'unités dans $\frac{3}{4}$; il
en serait de même si le diviseur était un nombre fractionnaire, $\frac{7}{4}$;
il faut donc trouver une définition de la division qui convienne à
la fois au cas où le diviseur est une fraction, et au cas où il est un
nombre entier.

Pour y parvenir, considérons les questions suivantes :

1° 3 *mètres d'ouvrage coûtent* 12 *fr.; quel est le prix d'un*
mètre ?

Puisque 3 mètres coûtent 12 francs, 1 seul mètre coûtera 3 fois
moins, ce qui conduit à diviser 12 par 3, et à dire que le quotient
indique des francs. Ce quotient multiplié par 3 donne 12; 12 est
donc un produit de deux facteurs; 3 est l'un de ces facteurs, et le
nombre cherché, indiquant le prix demandé, est l'autre facteur.

2° $\frac{3}{4}$ *de mètre coûtent* 12 *francs ; combien coûte un mètre ?*

Si je connaissais le prix d'un mètre, je prendrais les $\frac{3}{4}$ du nombre qui exprime ce prix, et j'aurais 12 ; ce nombre 12 désignerait
des francs ; ainsi 12 est un produit de deux facteurs; $\frac{3}{4}$ est l'un de
ces facteurs; le nombre cherché indiquant le prix du mètre est
donc l'autre facteur.

Nous sommes ainsi amené à poser la définition générale suivante :

174. *La division est une opération par laquelle, connaissant le*
produit de deux nombres et l'un d'eux, on trouve l'autre.

Le produit donné prend le nom de *dividende ;* le facteur donné
est le *diviseur ;* le facteur cherché est le *quotient.*

Conséquence. En multipliant le quotient par le diviseur, ou le
diviseur par le quotient (**170**), on devra trouver le dividende*.

Occupons-nous maintenant de la division d'un nombre par une
fraction.

---

* Ainsi, trois idées bien distinctes se rattachent à la division de deux nombres *entiers :* celle du partage, du combien de fois, de la décomposition d'un
nombre en deux facteurs connaissant l'un de ces facteurs.

Si les deux nombres qu'on divise l'un par l'autre se contiennent exactement,
le quotient est représenté par le même nombre dans les trois cas. S'ils ne se
contiennent pas exactement, le quotient n'est *entier* que dans le second cas.

Exemple I. Diviser 6 par $\frac{1}{4}$.

D'après la définition précédente de la division, le quotient multiplié par $\frac{1}{4}$ donne 6 ; mais multiplier un nombre par $\frac{1}{4}$, c'est en prendre le quart ; donc, en prenant le quart du quotient, j'aurai 6 ; ainsi, *le dividende 6 vaut le quart du quotient ;* puisque 6 est le quart du quotient, le quotient tout entier est 4 fois 6 ou 24.

Exemple II. Diviser 6 par $\frac{3}{4}$.

En multipliant le quotient par $\frac{3}{4}$, c'est-à-dire en prenant les $\frac{3}{4}$ du quotient, j'aurai 6 ; ainsi, *le dividende 6 vaut les $\frac{3}{4}$ du quotient ;* un seul quart de ce quotient est le *tiers* de 6 ou 2 ; puisque 2 est le quart du quotient, le quotient tout entier esi 4 fois 2 ou 8.

Exemple III. Diviser 5 par $\frac{3}{4}$.

Les $\frac{3}{4}$ du quotient valent 5 ; un seul quart vaut le tiers de 5, ou $\frac{5}{3}$; le quotient lui-même vaut 4 fois plus, c'est-à-dire $\dfrac{5\times4}{3}$ ou $\frac{20}{3}$.

Comme d'après la multiplication, $\dfrac{5\times4}{3}$ revient à $5\times\frac{4}{3}$, nous pouvons dire que :

175. *Pour diviser un nombre entier par une fraction, on multiplie le dividende par la fraction diviseur renversée.*

REMARQUE. Les deux premiers exemples ont offert des particularités. Si on leur appliquait la règle précédente, on trouverait, simplification faite, les mêmes résultats qu'auparavant.

176. 3ᵉ CAS. *Division d'une fraction par une fraction.*

Examinons d'abord quelques *cas particuliers.*

Exemple I. Diviser $\frac{14}{15}$ par $\frac{2}{5}$.

Puisque, par définition, en multipliant le quotient par $\frac{2}{5}$, ou en prenant les $\frac{2}{5}$ du quotient, je reproduirais $\frac{14}{15}$, c'est que le dividende vaut les $\frac{2}{5}$ du quotient ; puisque le dividende *vaut les $\frac{2}{5}$ du quotient,* j'aurai le 5ᵉ du quotient en prenant la moitié de $\frac{14}{15}$, ce qui donne $\frac{7}{15}$; puisque $\frac{7}{15}$ valent le 5ᵉ du quotient, le quotient tout entier, qui est 5 fois plus grand que son 5ᵉ, vaudra 5 fois $\frac{7}{15}$; or ici je peux multiplier la fraction $\frac{7}{15}$ par 5 en divisant le dénominateur par 5 ; j'ai donc $\frac{7}{3}$ pour le quotient cherché.

Exemple II. Diviser $\frac{14}{15}$ par $\frac{2}{13}$.

Les $\frac{2}{13}$ du quotient valent $\frac{14}{15}$; $\frac{1}{13}$ du quotient vaut la moitié de $\frac{14}{15}$, ou $\frac{7}{15}$; le quotient tout entier vaut 13 fois $\frac{7}{15}$, ou $\frac{91}{15}$.

Exemple III. Diviser $\frac{14}{15}$ par $\frac{3}{5}$.

Les $\frac{3}{5}$ du quotient valent $\frac{14}{15}$; le 5ᵉ du quotient vaut le tiers de $\frac{14}{15}$ ou $\frac{14}{45}$; le quotient tout entier vaut 5 fois $\frac{14}{45}$ ou $\frac{14}{9}$.

Exemple IV. Soit actuellement proposé de diviser $\frac{5}{7}$ par $\frac{3}{4}$.

D'après la définition générale de la division, diviser $\frac{5}{7}$ par $\frac{3}{4}$, c'est chercher un nombre qui multiplié par $\frac{3}{4}$ reproduise $\frac{5}{7}$; donc, d'après la multiplication, les $\frac{3}{4}$ du quotient valent $\frac{5}{7}$; un seul quart vaut 3 fois moins, ou $\dfrac{5}{7\times 3}$; le quotient tout entier vaut 4 fois plus ou $\dfrac{5\times 4}{7\times 3}$, ce qui revient à $\frac{5}{7}\times\frac{4}{3}$. Donc,

177. *Pour diviser une fraction par une fraction, on multiplie la fraction dividende par la fraction diviseur renversée*.*

178. Nous avons vu qu'une division donne en général un *reste*, et, par conséquent, pour quotient un nombre entier accompagné d'une fraction. Pour appliquer le calcul à ces sortes de nombres, il faut savoir *convertir les unités en fractions*, et, réciproquement, *extraire les entiers* d'une fraction.

§ 9. Conversion des entiers en fractions.

179. Exemple I. Soit proposé de convertir 6 en huitièmes.

Puisqu'une unité vaut 8 huitièmes, 6 unités valent 6 fois 8 huitièmes; et, comme 6 fois 8 font 48, 6 fois 8 huitièmes font 48 huitièmes ou $\frac{48}{8}$. Donc,

180. *Pour convertir un nombre entier en parties d'une espèce donnée, on multiplie le nombre entier par le dénominateur qui indique l'espèce des parties, et l'on prend le produit pour numérateur de la fraction.*

Exemple II. *Convertir* 6 $\frac{5}{8}$ *en une fraction.* Les 6 unités valent 48 huitièmes, donc 6 unités $\frac{5}{8}$ valent en tout $\frac{53}{8}$. Donc,

181. *Pour convertir en fraction un nombre entier accompagné d'une fraction, on multiplie le nombre entier par le dénominateur*

---

de la fraction; on ajoute au produit le numérateur, et l'on prend pour dénominateur le dénominateur de la fraction.

182. Réciproquement, on peut avoir *à extraire les entiers d'une fraction* (plus grande que l'unité), $\frac{27}{4}$ par exemple.

Une unité vaut 4 quarts; donc autant de fois 27 quarts contiendront 4 quarts, autant la fraction proposée contiendra d'unités. Or, en divisant 27 par 4, je trouve pour quotient 6, et pour reste 3; donc 27 vaut 6 fois 4 plus 3; et, par conséquent, 27 quarts valent 6 fois 4 quarts plus 3 quarts, ou 6 unités plus $\frac{3}{4}$, ou encore 6 $\frac{3}{4}$. Donc,

183. *Pour extraire les entiers d'une fraction, on divise le numérateur par le dénominateur; le quotient exprime les entiers, et le reste est le numérateur de la fraction qu'il faut y joindre en gardant le même dénominateur.*

REMARQUE. Comme $\frac{27}{4}$ exprime aussi le quart de 27, ou le quotient de 27 par 4, on aurait pu parvenir au résultat 6 $\frac{3}{4}$, comme au n° **142.**

Les nombres entiers accompagnés de fractions peuvent être soumis aux opérations de l'arithmétique.

§ 10. Calcul des nombres entiers accompagnés de fractions.

184. Une première méthode générale se présente : on peut convertir en une fraction chaque nombre entier accompagné de fractions, puis opérer d'après les règles du calcul des fractions, et enfin extraire les entiers des résultats. Mais, dans la pratique, on peut souvent arriver plus vite, selon la nature des opérations.

185. ADDITION. Faire l'addition suivante :

$$
\begin{array}{lll}
 & 420 & \\
43\ \tfrac{5}{7}\dots\dots\dots & 60 & \dots\dots\ 300 \\
26\ \tfrac{2}{3}\dots\dots\dots & 140 & \dots\dots\ 280 \\
59\ \tfrac{4}{5}\dots\dots\dots & 84 & \dots\dots\ 336 \\
68\ \tfrac{3}{4}\dots\dots\dots & 105 & \dots\dots\ 315 \\
\hline
198\ \tfrac{391}{420} & & \begin{array}{l|l} 1231 & 420 \\ 391 & 2 \end{array}
\end{array}
$$

J'ajoute les fractions après les avoir réduites au même dénominateur; j'extrais les entiers; je trouve 2 $\frac{391}{420}$; je pose $\frac{391}{420}$ sous la colonne des fractions; je reporte les 2 unités à la colonne des unités; je fais l'addition des nombres entiers, ce qui donne en tout 198 $\frac{391}{420}$.

Pour plus de commodité, j'écris le dénominateur commun 420 ; en regard de chaque fraction, j'écris le quotient de la division de ce nombre par chaque dénominateur ; en regard de ces nombres, j'écris le produit du numérateur de chaque fraction par le quotient correspondant ; je fais la somme de ces produits ; je divise le résultat 1231 par 420 pour extraire les entiers et les reporter comme une retenue, etc.

186. Soustraction. Exemple I. Retrancher $63 \frac{2}{5}$ de $98 \frac{7}{8}$.

$$
\begin{array}{ccc}
 & \overline{40} & \\
98 \frac{7}{8} \ldots\ldots\ldots & 5 & \ldots\ldots 35 \\
63 \frac{2}{5} \ldots\ldots\ldots & 8 & \ldots\ldots \underline{16} \\
\hline
35 \frac{19}{40} & & 19
\end{array}
$$

Je fais la soustraction des fractions ; j'obtiens $\frac{19}{40}$ que j'écris sous la colonne des fractions. Je fais la soustraction des entiers, et j'ai pour reste 35, en sorte que le reste total est $35 \frac{19}{40}$. Quant à la disposition des calculs, elle est analogue à la précédente.

Exemple II. Retrancher $63 \frac{7}{8}$ de $98 \frac{2}{5}$.

$$
\begin{array}{ccc}
\overline{40} & & 40 \\
98 \frac{2}{5} \ldots\ldots\ldots 8 & \ldots\ldots & 16 \\
63 \frac{7}{8} \ldots\ldots\ldots 5 & \ldots\ldots & \underline{35} \\
\hline
34 \frac{21}{40} & & 21
\end{array}
$$

Après avoir réduit les fractions au même dénominateur, je vois que la fraction $\frac{35}{40}$, équivalente à $\frac{7}{8}$, est plus grande que la fraction $\frac{16}{40}$, équivalente à $\frac{2}{5}$; j'ajoute à $\frac{16}{40}$, $\frac{40}{40}$ qui valent l'unité ; j'ai $\frac{56}{40}$; je retranche $\frac{35}{40}$ de $\frac{56}{40}$; j'ai pour reste $\frac{21}{40}$; enfin je fais la soustraction des entiers en comptant 1 de plus au nombre inférieur.

Exemple III. Retrancher $25 \frac{6}{7}$ de 49.

$$
\begin{array}{c}
49 \\
25 \frac{6}{7} \\
\hline
23 \frac{1}{7}
\end{array}
$$

Je retranche $\frac{6}{7}$ de $\frac{7}{7}$, et je compte 1 de plus au nombre 25.

187. Multiplication. Exemple I. Multiplier $5 \frac{3}{8}$ par 9.

Je convertis le multiplicande $5 \frac{3}{8}$ en fraction, et j'obtiens $\frac{43}{8}$; je multiplie $\frac{43}{8}$ par 9, et j'ai $\frac{387}{8}$; j'extrais les entiers, et j'ai $48 \frac{3}{8}$ pour le produit cherché.

Autrement. Je multiplie $\frac{3}{8}$ par 9, et j'obtiens $\frac{27}{8}$; j'extrais les entiers, et j'ai $3 \frac{3}{8}$; je multiplie 5 par 9, j'ai 45 ; à 45, j'ajoute les 3 unités entières, et j'obtiens finalement $48 \frac{3}{8}$.

EXEMPLE II. Multiplier 12 par $5\frac{6}{7}$. (Rép., $70\frac{2}{7}$.)

EXEMPLE III. Multiplier $5\frac{2}{3}$ par $6\frac{4}{7}$. (Rép., $37\frac{5}{21}$.)

Dans ce dernier cas, on peut aussi multiplier $5\frac{2}{3}$ par 6 ; $5\frac{2}{3}$ par $\frac{4}{7}$, ajouter les deux produits, et extraire les entiers.

188. DIVISION. EXEMPLE I. Diviser $8\frac{3}{4}$ par 7.

Je convertis en fraction le dividende $8\frac{3}{4}$, ce qui donne $\frac{35}{4}$; je divise $\frac{35}{4}$ par 7 ; le quotient est $\frac{35}{28}$; j'extrais les entiers.et j'ai $1\frac{7}{28}$.

Je puis aussi diviser le nombre entier 8 par 7, ce qui donne $\frac{8}{7}$; diviser $\frac{3}{4}$ par 7, ce qui donne $\frac{3}{28}$, et ajouter les deux résultats; j'obtiens ainsi $\frac{35}{28}$ ou $1\frac{7}{28}$.

EXEMPLE II. Diviser 29 par $7\frac{3}{5}$. (Rép., $3\frac{31}{38}$.)

EXEMPLE III. Diviser $27\frac{3}{8}$ par $9\frac{2}{3}$. (Rép., $2\frac{193}{232}$.)

REMARQUE I. Comme un nombre entier peut être assimilé à une fraction dont le dénominateur est 1, on peut comprendre, dans le cas général de la multiplication d'une fraction par une fraction, tous les cas où l'un des facteurs est un nombre entier ; la même observation s'applique à la division.

EXEMPLES. Multiplier 3 par $\frac{5}{7}$ revient à multiplier $\frac{3}{1}$ par $\frac{5}{7}$, ce qui donne $2\frac{1}{7}$.

De même, diviser 3 par $\frac{5}{7}$ revient à diviser $\frac{3}{1}$ par $\frac{5}{7}$, ce qui donne $4\frac{1}{5}$.

REMARQUE II. L'embarras d'employer deux nombres pour exprimer une fraction, et, par suite, la complication qui en résulte dans le calcul, ont suggéré l'idée d'introduire d'autres fractions susceptibles d'êtres présentées sous une forme à très-peu près aussi simple que celle des nombres entiers. L'étude des fractions, envisagées sous ce nouveau point de vue, est l'objet du chapitre suivant.

CHAPITRE IV.

FRACTIONS DÉCIMALES.

§ 1. Origine et formation des parties décimales.

189. Le principe fondamental de la numération consiste en ce qu'un chiffre représente des unités de 10 en 10 fois plus grandes à mesure qu'on avance ce chiffre d'une place vers la gauche ; d'où il suit que, réciproquement, *les unités* * *deviennent de dix en dix fois plus petites en allant de gauche à droite.* C'est ainsi, par exemple, que l'on passe des mille aux centaines, des centaines aux dizaines et dès dizaines aux unités. Arrivé là, rien n'oblige à s'arrêter. Si nous écrivons des chiffres à la suite du chiffre des unités, en ayant soin, pour éviter la confusion, de mettre un signe quelconque, une *virgule* par exemple, à la droite du chiffre des unités, ces nouveaux chiffres devront avoir une valeur de 10 en 10 fois plus petite.

Soit, par exemple, 348,57692....

Le chiffre 5 devant avoir une valeur dix fois plus petite que s'il occupait la place des unités, exprimera des *dixièmes ;* le chiffre 7 devra représenter des parties dix fois plus petites que les dixièmes, c'est-à-dire des *centièmes ;* de même, le chiffre 6 représentera des parties dix fois plus petites que les centièmes, c'est-à-dire des *mil-lièmes ;* le chiffre 9 représentera des *dix-millièmes ;* le chiffre 2 des *cent-millièmes*, et ainsi de suite.

Définitions. On appelle *fractions décimales* des fractions compo-sées de parties de l'unité de 10 en 10 fois plus petites.

Les chiffres qui représentent les parties décimales s'appellent *dé-cimales* ou *chiffres décimaux.*

Un nombre qui renferme des décimales s'appelle *nombre décimal.*

La virgule qui sépare les décimales du chiffre des unités s'appelle *virgule décimale.*

L'ensemble des chiffres à gauche de la virgule décimale s'appelle la *partie entière* du nombre décimal.

L'ensemble des chiffres à droite s'appelle la *partie décimale.*

Le nombre prend plus particulièrement le nom de *fraction déci-male*, quand il y a *zéro* à la partie entière. Par opposition, on

---

* Exprimées par des chiffres significatifs.

appelle *fraction ordinaire*.* une fraction qui se forme autrement qu'en divisant l'unité en 10, 100, 1000 parties égales; pour abréger, on sous-entend souvent le mot *ordinaire*.

190. Les conventions précédentes conduiraient immédiatement à une manière de lire un nombre décimal : il suffirait d'énoncer successivement chaque chiffre significatif, et de désigner l'espèce des unités décimales qu'il représente; mais, comme on va le voir, on peut se rapprocher davantage. de la manière d'énoncer les nombres entiers.

§ 2. Manière de lire et d'écrire un nombre décimal.

191. Exemple I. Lire le nombre 74,253.

Outre les 74 unités, le nombre renferme 2 dixièmes, 5 centièmes et 3 millièmes. Or un dixième vaut *dix* centièmes, donc 2 dixièmes valent 2 fois dix centièmes, ou 20 centièmes; ces 20 centièmes avec les 5 centièmes qui occupent la place des centièmes font 25 centièmes; or un centième vaut *dix* millièmes, donc 25 centièmes valent 25 fois 10 millièmes, ou 250 millièmes; ces 250 millièmes avec 3 millièmes font 253 millièmes. Je lirai donc : 74 unités 253 millièmes.

Exemple II. Lire 0,253.

Je passe la partie entière, et je lis simplement : 253 millièmes.

Remarque. On peut confondre dans un même énoncé la partie entière et la partie décimale.

Soit 74,253. Une unité vaut 1000 millièmes, donc 74 unités valent 74 fois 1000 millièmes, ou 74000 millièmes, qui, ajoutés aux 253 millièmes, font en tout 74253 millièmes. Donc,

192. *Pour lire un nombre décimal, on énonce d'abord la partie entière (d'après la règle ordinaire); on énonce ensuite la partie décimale comme un nombre entier, en faisant suivre ce second énoncé du nom des parties qu'exprime la dernière décimale.*

On peut lire aussi le nombre tout entier comme s'il n'y avait pas de virgule, et faire suivre l'énoncé du nom des parties qu'exprime la dernière décimale.

Occupons-nous maintenant de la question inverse : *Écrire un nombre décimal.*

193. Exemple I. Écrire quarante-sept unités, cinq mille trois cent soixante-deux dix-millièmes.

---

* Ou fraction à deux termes.

J'écris d'abord la partie entière 47 ; je mets une virgule à la droite du chiffre des unités ; puis j'écris à la suite le nombre 5362, et j'obtiens le nombre

$$47,5362,$$

qui, d'après la règle précédente, répond à l'énoncé.

EXEMPLE II. Écrire cinquante-huit unités, vingt-cinq cent-millièmes.

J'écris 58 ; je mets une virgule à la droite du chiffre des unités ; j'écris à la suite le nombre 25, de manière que le dernier chiffre 5 exprime des *cent-millièmes ;* il doit donc occuper la 5ᵉ place à la droite de la virgule ; et comme il n'y a que 2 chiffres dans le nombre 25, j'écris trois zéros entre la virgule et la première décimale significative, ce qui donne

$$58,00025 ;$$

en effet, si on lit ce nombre, on trouve l'énoncé proposé.

EXEMPLE III. Écrire deux cent quatre millionièmes.

J'écris 0, puis le nombre 204 précédé de trois zéros, afin que le chiffre 4 occupe la 6ᵉ place, qui est celle des millionièmes ;

j'obtiens ainsi   0,000204.

EXEMPLE IV. Écrire deux mille trois cent cinquante-six centièmes.

J'écris 2356 ; puis, comme le chiffre 6 doit exprimer des centièmes, je mets la virgule de manière que ce chiffre occupe la 2ᵉ place, qui est celle des centièmes, et j'ai

$$23,56.$$

194. Par conséquent, *pour écrire un nombre décimal, on écrit d'abord la partie entière d'après la règle ordinaire ; on met une virgule à droite du chiffre des unités, puis on écrit à la suite le nombre des parties décimales comme un nombre entier, en ayant soin que la dernière décimale à droite représente des parties de l'espèce indiquée par l'énoncé.*

Si le nombre des décimales ne suffit pas pour que cette dernière condition se trouve remplie d'elle-même, on y supplée par des zéros interposés entre la virgule et la première des décimales significatives.

195. DÉFINITION. *Deux nombres de même figure* sont deux nombres exprimés par les mêmes chiffres significatifs avec les mêmes zéros intermédiaires, et qui ne diffèrent que par la position de la virgule décimale, ou des zéros mis à droite ou à gauche de ces nombres.

§ 3. Comparaison des nombres de même figure.

196. 1° Soient les deux nombres 0,43 et 0,430.

Le premier de ces nombres exprime 43 *centièmes;* le second, 430 *millièmes;* ainsi, dans le nombre lu de cette dernière manière, les parties sont 10 fois plus petites, mais on en prend 10 fois plus, c'est-à-dire 10 pour une : donc la valeur est la même. En conséquence,

197. *Un nombre décimal conserve la même valeur quand on met ou quand on supprime un zéro à sa droite.*

198. 2° Soient les deux nombres 37,458 et 374,58.

Avancer la virgule d'*une place* vers la droite pour passer du premier nombre au second, revient à avancer tous les chiffres d'une place vers la gauche, ce qui fait prendre à chaque chiffre une valeur relative *dix fois plus grande :* les millièmes sont devenus des centièmes; les centièmes, des dixièmes,... : puisque toutes les parties du nombre deviennent 10 fois plus grandes, le nombre devient lui-même 10 fois plus grand.

On peut encore dire : 37,458 vaut 37458 *millièmes* (**192**); 374,58 vaut 37458 *centièmes :* or un centième est 10 fois plus grand qu'un millième; donc 37458 centièmes sont 10 fois plus grands que 37458 millièmes.

On prouverait de même que le nombre décimal 3745,8, qui n'a qu'une décimale, devient 10 fois plus grand par la suppression de la virgule. Donc,

199. *Un nombre décimal devient* 10 *fois plus grand quand on avance la virgule d'une place vers la* DROITE, *et un nombre qui n'a qu'une seule décimale devient* 10 *plus grand par la suppression de la virgule.*

3° Soient les deux nombres 374,58 et 37,458.

En raisonnant comme ci-dessus, on reconnaît que le nombre 37,458, qu'on obtient en avançant la virgule d'une place vers la gauche dans le nombre 374,58, a une valeur 10 fois moindre que 374,58. On verrait de même que le nombre entier 37458 devient 10 fois plus petit quand on sépare une décimale à sa droite. Donc,

200. *Un nombre décimal devient* 10 *fois plus petit quand on avance la virgule d'une place vers la* GAUCHE, *et un nombre en-*

tier devient 10 *fois plus petit quand on sépare une décimale à sa droite.*

4° Soient les deux nombres 3,47895 et 3478,95.

Pour les comparer, j'écris les nombres suivants :

$$3,4\ 7\ 8\ 9\ 5$$
$$3\ 4,7\ 8\ 9\ 5$$
$$3\ 4\ 7,8\ 9\ 5$$
$$3\ 4\ 7\ 8,9\ 5$$

Le second est 10 fois plus grand que le premier, ou, ce qui revient au même, le second vaut 10 nombres égaux au premier ; le troisième vaut 10 fois le second, et, par conséquent, 10 fois 10 nombres égaux au premier, ou 100 nombres égaux au premier ; le quatrième vaut 10 fois le troisième, et, par conséquent, 10 fois 100 nombres égaux au premier, ou 1000 nombres égaux au premier ; donc 3478,95 est 1000 fois plus grand que 3,47895. Ainsi,

201. *Un nombre décimal devient* 100, 1000, 10000,... *fois plus grand quand on avance la virgule de* 2, 3, 4,... *places vers la* DROITE.

REMARQUE. On peut avancer la virgule d'autant de places qu'on voudra, en mettant d'abord un ou plusieurs zéros à la droite du nombre décimal ; de cette manière, on peut le rendre à volonté 100, 1000, 10000,... fois plus grand, quel que soit le nombre primitif de ses décimales. Pour rendre, par exemple, 10000 fois plus grand le nombre 3,47, j'écris d'abord 3,4700 ; j'avance la virgule de 4 places vers la droite, ce qui revient à la supprimer, et j'obtiens 34700.

Puisque, d'après la démonstration précédente, des deux nombres 3478,95 et 3,47895, le premier est 1000 fois plus grand que le second, réciproquement le second est 1000 fois plus petit que le premier, d'où l'on conclut que :

202. *Un nombre décimal devient* 100, 1000, 10000,... *fois plus petit quand on avance la virgule de* 2, 3, 4,... *places vers la* GAUCHE.

D'après cela, on peut avancer la virgule d'autant de places qu'on voudra vers la gauche, en mettant d'abord un ou plusieurs zéros à la gauche du nombre décimal ; de cette manière, on peut le rendre à volonté 100, 1000, 10000,... fois plus petit. Pour rendre, par exemple, 1000 fois plus petit le nombre 37,849, nous écrirons d'abord 0037,849, puis 0,037849.

REMARQUE. Puisque rendre un nombre un certain nombre de fois plus grand ou plus petit, signifie la même chose que le multiplier ou le diviser par ce même nombre; nous pouvons conclure de ce qui précède que :

203. 1° *Pour multiplier un nombre décimal par* 10, 100, 1000,... *il suffit d'avancer la virgule de* 1, 2, 3,... *places vers la droite;* 2° *pour diviser un nombre décimal par* 10, 100, 1000,... *il suffit d'avancer la virgule de* 1, 2, 3,... *placés vers la gauche.*

204. D'après ce que nous avons dit au n° **191**, un nombre décimal, 23,54 par exemple, vaut 2354 *centièmes;* donc, d'après la notation des fractions ordinaires, nous pouvons écrire $\frac{2354}{100}$. Pour le voir directement, j'écris $23,54 = 23 + \frac{5}{10} + \frac{4}{100}$. Réduisant tout en centièmes, j'ai $\frac{2300}{100} + \frac{50}{100} + \frac{4}{100}$ ou $\frac{2354}{100}$. Donc,

205. *Pour écrire un nombre décimal sous forme de fraction ordinaire, on prend pour numérateur le nombre lui-même, abstraction faite de la virgule, et pour dénominateur l'unité suivie d'autant de zéros qu'il y a de décimales* *.

Réciproquement, soit proposé de remettre la fraction $\frac{2354}{100}$ sous la forme primitive d'un nombre décimal.

J'ai successivement $\frac{2354}{100} = \frac{2000}{100} + \frac{300}{100} + \frac{50}{100} + \frac{4}{100}$, ou, en simplifiant, $20 + 3 + \frac{5}{10} + \frac{4}{100}$, ou 23,54. Donc,

206. *Pour mettre sous forme décimale une fraction dont le dénominateur est une puissance de* 10, *on supprime le dénominateur, et l'on sépare à la droite du numérateur autant de décimales qu'il y a d'unités dans le degré de la puissance.*

Remarque. L'omission du dénominateur rend le calcul des nombres décimaux aussi simple que celui des nombres entiers, ainsi qu'on va le reconnaître par ce qui suit.

§ 4. Addition.

207. Exemple. Ajouter les nombres 45,637 ; 238,84 ; 9,6 ; 24,769; 0,08 ; 536.

Pour ajouter les nombres donnés, il suffit d'ajouter toutes les parties décimales et les unités des différents ordres dont se compose chacun des nombres donnés. Comme il y a entre les parties décimales la même subordination qu'entre les unités des différents or-

---

* Voilà pourquoi on peut encore dire qu'*une fraction décimale est une fraction dont le dénominateur est une puissance de* 10.

drés dans les nombres entiers, je dispose les nombres les uns sous
les autres, de manière que les virgules se correspondent, afin que
les unités de même ordre et que les parties décimales de même
espèce se trouvent dans une même colonne :

$$
\begin{array}{r}
4\ 5,6\ 3\ 7 \\
2\ 3\ 8,8\ 4 \\
9,6 \\
2\ 4,7\ 6\ 9 \\
0,0\ 8 \\
5\ 3\ 6 \\
\hline
8\ 5\ 4,9\ 2\ 6
\end{array}
$$

et je.dis : 7 millièmes et 9 millièmes font 16 millièmes ; je pose
6 millièmes et je retiens 10 millièmes qui valent 1 centième que
je reporte à la colonne des centièmes ; 1 centième et 3. centièmes
font 4 centièmes ; 4 centièmes et 4 centièmes font 8 centièmes ;
8 centièmes et 6 centièmes font 14 centièmes ; 14 centièmes et 8
centièmes font 22 centièmes ; je pose 2 centièmes et je retiens les
2 dizaines de centièmes qui font 2 dixièmes ; 2 dixièmes et 6 dixièmes,
8 dixièmes ; et 8 dixièmes 16 dixièmes ; et 6 dixièmes 22 dixièmes ;
et 7 dixièmes 29 dixièmes ; je pose 9 dixièmes et je retiens 2 unités , j'achève comme à l'ordinaire, et je trouve 854,926.

Dans la pratique, on sous-entend les mots *dixièmes, centièmes,
millièmes*, etc. Donc,

208. *Pour faire une addition de nombres décimaux, on écrit les
nombres proposés les uns sous les autres, de manière que les virgules
se correspondent ; on opère comme pour les nombres entiers, en ayant
soin de mettre une virgule dans la somme à la place marquée par
les virgules des nombres donnés.*

§ 5. Soustraction.

209. EXEMPLE I. Retrancher 45,69 de 170,48.

Comme il faut retrancher toutes les parties du second nombre
des parties correspondantes du premier, je dispose les nombres l'un
sous l'autre, de manière que les virgules se correspondent,

$$
\begin{array}{r}
170,48 \\
45,69 \\
\hline
124,79
\end{array}
$$

et comme la subordination des parties décimales est la même que
celle des unités des différents ordres, je puis opérer de la manière

suivante : 9 centièmes de 18 centièmes, reste 9 centièmes, et je retiens 1 dixième ; 7 dixièmes de 14 dixièmes, reste 7 dixièmes, et je retiens une unité ; je continue de même, et je trouve 124,79.

Dans la pratique, on dit : 9 de 18 : 9 ; 7 de 14 : 7 ; 6 de 10 : 4 ; et ainsi de suite.

EXEMPLE II. Retrancher 7,3548 de 69,2

Puisque des zéros mis à la droite des décimales n'en changent pas la valeur (**197**), j'opère comme s'il y avait dans le nombre supérieur trois zéros à la droite du chiffre 2 ; et j'obtiens 61,8452 :

$$\begin{array}{r} 69,2 \\ 7,3548 \\ \hline 61,8452 \end{array}$$

210. Donc, *pour soustraire un nombre décimal d'un autre, on opère comme pour les nombres entiers, en ayant soin de mettre une virgule dans le reste à la place qui correspond aux virgules des nombres proposés.*

Si les deux nombres ne renferment pas autant de décimales l'un que l'autre, on suppose un 0 à la place de chaque décimale qui manque.

211. Avant de terminer la soustraction, nous ferons connaître le moyen expéditif de retrancher de 10 unités un nombre décimal dont la partie entière est au plus égale à 9.

EXEMPLE. Soustraire 7,5693278 de 10 unités.

$$\begin{array}{r} 10 \\ 7,5693278 \\ \hline 2,4306722 \end{array}$$

Je devrais, d'après la règle précédente, retrancher le dernier chiffre significatif 8 de 10, et retrancher aussi de 10 tous les autres chiffres augmentés chacun de 1 ; mais retrancher de 10 un chiffre augmenté de 1, c'est la même chose que retrancher de 9 le chiffre tel qu'il est ; donc *l'opération revient à retrancher tous les chiffres de 9, à partir de la gauche, et le dernier à droite de 10.* J'obtiens ainsi, *à vue d'œil,* 2,4306722.

REMARQUE. S'il y avait des zéros à la droite du nombre décimal, ce serait toujours le dernier chiffre significatif à droite qui serait retranché de 10, et les zéros suivants resteraient.

§ 6. Multiplication.

212. 1er Cas. *Multiplication d'uu nombre décimal par un nombre entier.*

EXEMPLE. Multiplier 23,596 par 47.

Multiplier par 47, c'est répéter 47 fois le multiplicande. Or ce multiplicande vaut 23596 *millièmes;* si je multiplie 23596 par 47, j'ai pour produit 1109012; donc, en multipliant 13596 millièmes par 47, j'aurai 1109012 millièmes *, ou le nombre décimal 1109,012. Voici l'opération :

$$
\begin{array}{r}
2\,3,5\,9\,6 \\
4\,7 \\
\hline
1\,6\,5\,1\,7\,2 \\
9\,4\,3\,8\,4 \\
\hline
1\,1\,0\,9,0\,1\,2
\end{array}
$$

213. 2e Cas. *Multiplication d'un nombre décimal par un nombre décimal.*

EXEMPLE. Multiplier 17,243 par 6,89.

Puisque le multiplicateur 6,89 équivaut à $\frac{689}{100}$, l'opération revient à multiplier 17,243 par $\frac{689}{100}$, ou à prendre les 689 centièmes du multiplicande; j'en prends d'abord le 100e, ce qui se fait en avançant la virgule de deux rangs vers la gauche, et j'ai 0,17243 ; puis, je répète ce nombre 689 fois, comme dans l'exemple précédent, et j'obtiens 118,80427.

L'opération consiste, comme on le voit, à multiplier 17243 par 689, et à séparer 5 décimales sur la droite du produit, c'est-à-dire autant de décimales qu'il y en a dans les deux facteurs, ce qui donne lieu à l'opération suivante :

$$
\begin{array}{r}
1\,7,2\,4\,3 \\
6,8\,9 \\
\hline
1\,5\,5\,1\,8\,7 \\
1\,3\,7\,9\,4\,4 \\
1\,0\,3\,4\,5\,8 \\
\hline
1\,1\,8,8\,0\,4\,2\,7
\end{array}
$$

214. RÈGLE. *Pour multiplier deux nombres décimaux l'un par l'autre, on opère comme s'il n'y avait pas de virgules, et l'on sépare*

---

* Absolument comme si je prenais le millième pour unité.

7 *

à la droite du produit autant de décimales qu'il y en a dans les deux facteurs *.

REMARQUE I. Le cas où le multiplicateur seul est décimal est aussi compris dans la même règle ; on pourrait d'ailleurs le traiter directement par le même raisonnement.

REMARQUE II. Si le produit ne renferme pas un nombre de chiffres suffisant pour placer immédiatement la virgule, on y supplée par un nombre convenable de zéros écrits à la gauche du produit.

EXEMPLE. Multiplier 0,00243 par 0,0057.

$$
\begin{array}{r}
0,0\,0\,2\,4\,3 \\
0,0\,0\,5\,7 \\
\hline
1\,7\,0\,1 \\
1\,2\,1\,5 \\
\hline
0,0\,0\,0\,0\,1\,3\,8\,5\,1
\end{array}
$$

§ 7. Division.

215. 1ᵉʳ CAS. *Division d'un nombre décimal par un nombre entier.*

EXEMPLE I. Diviser 495,604 par 23.

Le diviseur se compose de 495604 *millièmes*. Si donc je divise le nombre entier 495604 par 23, j'obtiendrai pour quotient 21548, qui représente le 23ᵉ de 495604 ; donc le 23ᵉ de 495604 millièmes sera 21548 *millièmes*, ou 21,548. Voici l'opération :

$$
\begin{array}{r|l}
4\,9\,5,6\,0\,4 & 2\,3 \\
\;\;3\,5 & \overline{2\,1,5\,4\,8} \\
\;\;\;1\,2\,6 & \\
\;\;\;\;1\,1\,0 & \\
\;\;\;\;\;1\,8\,4 & \\
\;\;\;\;\;\;\;0 &
\end{array}
$$

---

* Quelquefois on raisonne ainsi qu'il suit : Supposons trois décimales dans chaque facteur ; en supprimant la virgule au multiplicande, je le rends 1000 fois plus grand ; par conséquent, le produit cherché est lui-même 1000 fois plus grand ; en supprimant la virgule au multiplicateur, je le rends 1000 fois plus grand ; le produit cherché est donc 1000 fois plus grand. Ainsi, d'une part, le produit est 1000 fois trop fort ; d'autre part, il est encore 1000 fois trop fort ; il est donc en tout 1000 fois 1000 fois, ou 1000000 de fois trop fort ; par suite, etc.

D'après ce raisonnement, on serait tenté de croire que le produit est 2000 fois trop fort, car le *mille fois mille fois* sur lequel on s'appuie, et qui est la partie essentielle de la démonstration, n'est pas suffisamment justifié.

EXEMPLE II. Diviser 495,618 par 23.

Le dividende est la même chose que 495618 *millièmes ;* la question est donc ramenée à trouver le 23e de 495618 millièmes ; or si je divise 495618 unités par 23 unités, je trouve que le 23e de 495618 unités est 21548 unités et $\frac{14}{23}$ d'unité ; donc, si je prends le *millième pour unité*, je pourrai dire que le 23e de 495618 millièmes est 21548 millièmes et $\frac{14}{23}$ de millième, ou 21,548 $\frac{14}{23}$, en observant que la fraction est rapportée à l'unité du dernier ordre décimal :

$$
\begin{array}{r|l}
4\ 9\ 5{,}6\ 1\ 8 & 23 \\ \hline
3\ 5 & 21{,}548\ \frac{14}{23} \\
1\ 2\ 6 & \\
1\ 1\ 1 & \\
1\ 9\ 8 & \\
1\ 4 &
\end{array}
$$

216. RÈGLE. *Pour diviser un nombre décimal par un nombre entier, on fait la division comme à l'ordinaire, en ayant soin de placer une virgule au quotient avant d'abaisser la première décimale du dividende. Quant à la fraction qui complète le quotient, elle est rapportée à l'unité du dernier ordre décimal.*

REMARQUE. On pourrait raisonner ce 1er cas de la division en prenant le 23e des unités des différents ordres du dividende, comme on l'a fait pour les nombres entiers.

217. 2e CAS. *Division d'un nombre décimal par un nombre décimal.*

EXEMPLE. Diviser 58,51804 par 2,36.

Le diviseur équivaut à $\frac{236}{100}$; or diviser un nombre, quel qu'il soit, par une fraction, revient à multiplier ce nombre par la fraction diviseur renversée. Donc diviser 58,51804 par $\frac{236}{100}$ revient à multiplier le dividende par $\frac{100}{236}$, ou à en prendre 100 fois le 236e ; mais, comme 100 fois le 236e de l'*unité* sont la même chose que le 236e de 100 fois l'*unité*, j'en conclus que 100 fois le 236e d'un nombre égal au dividende, sont la même chose que le 236e de 100 nombres égaux au dividende il faut donc prendre 100 fois le dividende et diviser le résultat par 236 ; 100 fois le dividende donnent 5851,804 : ainsi, la question est ramenée à diviser 5851,804 par 236, ce qui rentre dans le 1er cas. Effectuant la division, je trouve pour quotient 24,795 $\frac{184}{236}$, ainsi qu'on le voit ci-après :

$$
\begin{array}{r|l}
5\,8\,5.1,8\,0\,4 & 2\,3\,6 \\ \hline
1\,1\,3\,1 & 2\,4,7\,9\,5\,\frac{184}{236} \\
1\,8\,7\,8 & \\
2\,2\,6\,0 & \\
1\,3\,6\,4 & \\
1\,8\,4 &
\end{array}
$$

218. Règle. *Pour diviser un nombre décimal par un nombre dé-cimal, on supprime la virgule du diviseur ; on multiplie le dividende par l'unité suivie d'autant de zéros qu'il y avait de décimales dans le diviseur, et l'on fait la division comme dans le cas où le diviseur est un nombre entier* *.

Remarque I. Si le dividende renferme plus de décimales que le diviseur, il en restera encore au dividende après la préparation prescrite ;

Si le dividende renferme autant de décimales que le diviseur, il n'en restera pas, et la division sera ramenée à une division de nombres entiers ;

Si le dividende renferme moins de décimales que le diviseur, on complétera le nombre de décimales par des 0 mis à sa droite avant de supprimer les virgules, et l'on retombera encore sur une division de nombres entiers.

Il est bon d'observer que les raisonnements précédents supposent que l'on considérera les quotients comme complétement exprimés à l'aide des fractions, car on y fait intervenir les principes du calcul relatif à ces fractions.

Remarque II. La simplicité des calculs de nombres décimaux conduit à chercher s'il ne serait pas possible de transformer les fractions ordinaires en fractions décimales.

§ 8. Conversion des fractions ordinaires en fractions décimales.

219. Définition. *Convertir une fraction ordinaire en fraction dé-cimale*, c'est trouver, s'il est possible, une fraction décimale équivalente à la fraction proposée.

---

* Au lieu de cette règle, on donne quelquefois la suivante : Si le dividende et le diviseur n'ont pas le même nombre de décimales, rendez-le égal de part et d'autre ; supprimez les virgules et divisez les deux nombres entiers l'un par l'autre. Soit à diviser 3,1415926 par 0,2. J'applique la règle, et j'ai à diviser 31415926 par 2000000, tandis que, d'après ce que nous avons dit, nous diviserons 31,415926 par 2, ce qui, *à vue d'œil*, donne 15,707963.

EXEMPLE. Convertir $\frac{37}{8}$ en décimales.

Je sais que la fraction $\frac{37}{8}$ exprime le 8ᵉ de 37 unités ; la question est donc ramenée à évaluer en décimales le 8ᵉ de ces 37 unités, ou à trouver en décimales le quotient de la division de 37 par 8. Or le 8ᵉ de 37 unités est 4 unités pour 32 unités, et il reste 5 unités dont il faut prendre le 8ᵉ ; mais une unité vaut 10 dixièmes, donc 5 unités valent 5 fois 10 dixièmes, ou 50 dixièmes ; or le 8ᵉ de 50 est 6 pour 48 avec un reste 2 ; donc le 8ᵉ de 50 dixièmes est 6 dixièmes avec 2 dixièmes qui restent encore à partager ; mais un dixième vaut 10 centièmes, par conséquent 2 dixièmes valent 2 fois 10 centièmes, ou 20 centièmes ; or le 8ᵉ de 20 centièmes est de 2 centièmes avec le reste 4 centièmes ; mais ces 4 centièmes valent 40 millièmes, dont le 8ᵉ est 5 millièmes exactement. Ainsi, le 8ᵉ de 37 se compose de 4 unités, 6 dixièmes, 2 centièmes et 5 millièmes, ou de 4,625. C'est précisément ce qu'on obtient en divisant le numérateur par le dénominateur, en mettant un 0 à la droite de chaque reste, et une virgule au quotient avant de mettre le premier zéro.

Voici la disposition du calcul :

$$\begin{array}{r|l} 37 & 8 \\ 50 & \overline{4,625} \\ 20 & \\ 40 & \\ 0 & \end{array}$$

Si la fraction proposée était une fraction proprement dite, l'évaluation de cette fraction ne donnerait pas de partie entière ; on mettrait donc d'abord au quotient un 0 suivi d'une virgule, et l'on continuerait l'opération comme ci-dessus.

220. RÈGLE. *Pour convertir une fraction ordinaire en décimales, on effectue la division du numérateur par le dénominateur ; on met une virgule à la suite du quotient, un 0 à la droite du reste, et l'on continue ainsi la division en mettant un 0 à la droite de chaque reste.*

Si le numérateur est plus petit que le dénominateur, la division ne donne pas d'entier : on met un 0 pour en tenir la place.

REMARQUE. On voit par là que l'on peut *prolonger* la division des nombres entiers à l'aide des décimales, en convertissant le reste en dixièmes, et en continuant comme dans l'exemple précédent.

La même méthode s'applique lorsqu'une division décimale a déjà donné par elle-même des décimales au quotient. On convertit le reste décimal en parties décimales de l'espèce suivante, et l'on continue de la même manière.

Soit proposé, par exemple, de diviser 0,675 par 0,08.

$$
\begin{array}{r|l}
6\,7,5 & 8 \\ \hline
3\,5 & 8,4\,3\,7\,5 \\
3\,0 & \\
6\,0 & \\
4\,0 & \\
0 &
\end{array}
$$

Je divise 67,5 par 8 ; j'obtiens 8,4 pour quotient, et 3 dixièmes pour reste ; je convertis 3 dixièmes en 30 centièmes ; je fais la division ; j'ai 3 centièmes pour quotient, et 6 centièmes pour reste ; je convertis les 6 centièmes en 60 millièmes ; j'ai 7 millièmes pour quotient et 4 millièmes pour reste ; je convertis les 4 millièmes en 40 dix-millièmes, j'ai 5 dix-millièmes pour quotient et 0 pour reste.

Remarque. La division ne s'arrête pas toujours d'elle-même.

Exemple I. Diviser 45 par 7.

$$
\begin{array}{r|l}
45 & 7 \\ \hline
30 & 6,428571.... \\
20 & \\
60 & \\
40 & \\
50 & \\
10 & \\
3 & \\
.... &
\end{array}
$$

Avant d'effectuer la huitième division, j'observe que je retombe sur le reste 3 fourni par la première ; mettant un 0 à sa droite, j'ai le même dividende que dans la seconde ; comme d'ailleurs le diviseur ne change pas, c'est comme si je recommençais l'opération à partir de l'instant où ce dividende s'est présenté pour la première fois. Je trouve donc successivement les mêmes restes, les mêmes dividendes, les mêmes chiffres au quotient, et ainsi de suite indéfiniment. Ainsi, dans le cas actuel, *il est impossible d'évaluer la fraction en décimales par la division.*

221. Si, m'arrêtant aux trois premières décimales par exemple, je prends 6,428 pour la valeur de $\frac{45}{7}$, je commets une *erreur ;* mais si je complétais le quotient par une fraction comme au n° **215,**

j'écrirais 6,428 $\frac{4}{7}$ pour le quotient exact : l'erreur commise en écrivant simplement 6,428 n'est donc que de $\frac{4}{7}$ de millième, c'est-à-dire de *moins d'un millième*. Si, au lieu de cela, je m'arrêtais, soit aux centièmes, soit aux dix-millièmes, l'erreur serait moindre qu'un centième dans le premier cas, et moindre qu'un dix-millième dans le second.

En général, l'erreur est moindre qu'une unité décimale de l'ordre du dernier chiffre trouvé au quotient.

Il résulte de là que si l'on ne peut pas avoir exactement la valeur de $\frac{45}{7}$, on peut du moins en avoir une expression tellement approchée, que l'erreur commise soit négligeable sans inconvénient dans la pratique.

EXEMPLE II. Diviser 33 par 28.

$$\begin{array}{r|l} 33 & 28 \\ 50 & \overline{\rule{0pt}{1em}1,17857142,\dots} \\ 220 & \\ 240 & \\ 160 & \\ 200 & \\ 40 & \\ 120 & \\ 80 & \\ 240 & \\ \dots & \end{array}$$

Je trouve qu'immédiatement après la neuvième division, le reste 24 est le même qu'après la troisième ; mettant un 0 à sa droite, j'ai le même dividende 240 qu'à la quatrième, en sorte que l'opération recommence, mais à partir seulement de la quatrième division partielle; je n'aurai donc jamais 0 pour reste, et le quotient de la division de 33 par 28 sera approximativement 1,1 *à moins d'un dixième;* 1,17 *à moins d'un centième;* 1,178 *à moins d'un millième,* et ainsi de suite.

REMARQUE. Les deux premiers chiffres décimaux ne se sont pas répétés, parce que les mêmes calculs ne se reproduisent qu'à partir de la quatrième division décimale.

Dans ces sortes de nombres décimaux où l'on peut prendre autant de chiffres que l'on veut à la suite de la virgule, parce qu'ils peuvent se prolonger ainsi indéfiniment par la répétition d'un certain nombre de chiffres, la partie décimale se nomme fraction décimale *périodique*.

§ 9. Des fractions décimales périodiques.

222. DÉFINITIONS. Une fraction décimale *périodique* est une fraction décimale dans laquelle un certain nombre de chiffres consécutifs se reproduisent dans le même ordre et indéfiniment.

Une *période*, en valeur absolue, est l'ensemble des chiffres consécutifs qui se reproduisent indéfiniment.

Il y a une suite indéfinie de périodes consécutives.

Une fraction décimale périodique *simple* est une fraction décimale périodique dans laquelle la période commence immédiatement après la virgule.

La fraction décimale 0,428571 428571.... trouvée précédemment est une fraction décimale périodique simple dont la période en valeur absolue est 428571.

Une fraction décimale périodique *mixte* est une fraction décimale périodique dans laquelle la période ne commence pas immédiatement après la virgule.

La *partie non-périodique* est, en valeur absolue, l'ensemble des chiffres consécutifs compris entre la virgule et la première période.

La fraction décimale 0,17 857142 857142.... est une fraction décimale périodique mixte dont la période est 857142, et la partie non périodique, en valeur absolue, 17.

223. Puisque la réduction d'une fraction ordinaire en décimales réussit dans certains cas, et ne réussit pas dans d'autres, il y a lieu de rechercher à quoi tient la possibilité ou l'impossibilité de cette transformation.

A cet effet, je reprends la fraction $\frac{37}{8}$, qui donne

$$
\begin{array}{r|l}
37 & 8 \\
\cline{2-2}
50 & 4,625 \\
20 & \\
40 & \\
0 &
\end{array}
$$

exactement 4,625.

D'après l'opération même, je vois qu'au lieu de mettre un 0 à la droite de chaque reste pour diviser par le diviseur 8, il reviendrait au même de les mettre de suite à la droite du dividende 37 pour les abaisser au fur et à mesure afin de former les dividendes partiels successifs. J'aurais alors à diviser 37000 par 8. Or, toutes les divisions partielles se font, abstraction faite de la virgule ; le quotient est donc obtenu absolument comme si j'avais à diviser le nombre entier 37000 par le nombre entier 8. Quand l'opération s'arrête, c'est que cette division de nombres entiers réussit. Réciproquement, quand cette division de nombres entiers réussit exactement, la division décimale s'arrête d'elle-même, puisque, sauf la virgule, les divisions partielles sont toutes les mêmes.

Si la fraction qu'il s'agit de réduire en décimales est *irréductible*, le numérateur ne renferme aucun facteur du dénominateur; pour que l'opération s'arrête, il faut et il suffit, d'après ce qui précède, que le numérateur suivi d'un certain nombre de 0 forme un nombre divisible par le numérateur, ou, en d'autres termes, il faut qu'il contienne tous les facteurs du dénominateur. Or, en mettant des 0 à la droite du numérateur, je le multiplie par une puissance de 10 qui n'introduit que les facteurs premiers 2 et 5, et cela autant de fois que je voudrai; donc *la division ne pourra réussir qu'autant que le dénominateur ne contiendra pas d'autres facteurs premiers que 2 et 5.*

Réciproquement, si le dénominateur ne renferme pas d'autres facteurs premiers que 2 et 5, en multipliant le numérateur par une puissance de 10 d'un degré convenable, tous seront introduits au numérateur, et la division réussira.

Si, au contraire, le dénominateur renferme quelque facteur premier autre que 2 et 5, quelle que soit la puissance de 10 par laquelle je multiplie, jamais je n'introduirai ce facteur, et la division ne pourra pas réussir (152); de ces explications résulte le principe suivant :

224. *Pour qu'une fraction irréductible puisse être convertie exactement en décimales, il faut et il suffit que le dénominateur ne renferme pas d'autres facteurs premiers que 2 et 5.*

Cherchons ce qui arrivera lorsque cette condition ne sera pas remplie, auquel cas le dénominateur renfermera au moins un facteur premier autre que 2 et 5.

D'après ce qui précède, si l'on entreprend la division, elle ne pourra jamais s'arrêter d'elle-même; en d'autres termes, on ne trouvera jamais 0 pour reste. Or, chacun des restes devant être plus petit que le diviseur, ces restes ne pourront être (abstraction faite de leur ordre) que 1, 2, 3, ..., jusques et y compris le diviseur diminué d'une unité : ainsi, *le nombre des restes différents que l'on peut obtenir est limité;* au contraire, *le nombre des divisions partielles est illimité;* donc, quand on aura fait *au plus* autant de divisions partielles qu'il peut y avoir de restes différents, il faudra que l'un des restes précédents se représente. En mettant un 0 à la droite de ce reste, on aura un dividende partiel déjà obtenu, et comme le diviseur est le même, on aura à recommencer les opérations qu'on a faites la première fois que ce dividende s'est présenté ; on trouvera par suite les mêmes chiffres au quotient dans le même ordre et indéfiniment, c'est-à-dire qu'on obtiendra une fraction décimale périodique. Elle sera *simple* ou *mixte*, suivant que la période commencera au chiffre des dixièmes ou au delà. Donc,

225. *Une fraction ordinaire qui ne peut pas être convertie exactement en décimales donne lieu à une fraction décimale périodique* (simple ou mixte).

Remarque I. Nous savons (**221**) qu'en prenant au quotient un nombre de décimales de plus en plus grand, la différence entre ce quotient et la fraction ordinaire décroît indéfiniment ; s'il s'agit, par exemple, de la fraction ordinaire $\frac{3}{11}$ qui, réduite en décimales, donne 0,272727..., cette expression décimale approche d'autant plus de la fraction $\frac{3}{11}$ que l'on y prend plus de décimales, et comme on en approche indéfiniment, on dit qu'*elle a cette fraction pour limite*. On voit donc ici l'exemple d'un nombre *fixe* $\frac{3}{11}$ dont un nombre *variable* 0,272727.... s'approche *indéfiniment*, c'est-à-dire de manière à pouvoir en différer d'une fraction plus petite que toute fraction donnée (quoiqu'il ne puisse jamais l'atteindre) ; *c'est en cela que consiste l'idée de limite.*

§ 10. Retour d'une fraction décimale périodique à la fraction génératrice.

226. On appelle fraction *génératrice* d'une fraction décimale périodique la fraction ordinaire qui, réduite en décimales, donne lieu à cette fraction périodique.

1ᵉʳ Cas. Trouver la fraction génératrice de la fraction décimale périodique *simple* 0,2727272727...

L'expression proposée

[1]   0,2727272727....

est composée d'un nombre indéfini de périodes. J'en considère d'abord un *nombre limité*, trois par exemple, et j'ai

[2]   0,272727.

Comme ici la période renferme deux chiffres, je multiplie par 100, et j'ai

[3] $$27,2727.$$

Si donc de cette expression je retranche 0,272727, la différence

$$27 - 0,000027$$

vaudra (100 — 1) fois, ou 99 fois 0,272727.

Par suite,

$$0,272727 = \frac{27}{99} - \frac{0,000027}{99},$$

de même,

$$0,27272727 = \frac{27}{99} - \frac{0,00000027}{99},$$

$$0,2727272727 = \frac{27}{99} - \frac{0,0000000027}{99},$$

. . . .

. . . .

. . . .

Cela posé, les premiers membres de ces égalités croissent avec le nombre des périodes ; en même temps, ce que l'on retranche de $\frac{27}{99}$ devient de plus en plus petit en tendant vers zéro ; par conséquent la fraction $\frac{27}{99}$ est la *limite* vers laquelle tend la fraction décimale

$$0,272727\ldots,$$

à mesure que l'on prend un plus grand nombre de périodes ; et comme l'on regarde cette limite comme la valeur de la fraction décimale périodique indéfiniment prolongée, c'est-à-dire comme sa génératrice, on peut dire que

227. *Pour revenir d'une fraction décimale périodique simple à la fraction ordinaire équivalente, on prend pour numérateur une période et pour dénominateur un nombre composé d'autant de 9 qu'il y a de chiffres dans la période ; on réduit cette fraction à sa plus simple expression, et l'on a la fraction génératrice.*

2ᵉ Cas. Trouver la fraction génératrice de la fraction décimale périodique *mixte*,

[1] $$0,576313131\ldots$$

Je prends, par exemple, trois périodes, et j'ai

[2] 0,576313131.

Je transporte successivement la virgule au commencement et à la fin de la première de ces périodes, ce qui donne

[3] 576,313131,

[4] 57631,3131;

je fais la différence de ces nombres, et j'obtiens

[5] 57631 — 576 — 0,000031,

qui vaut 99000 fois (100000 fois — 1000 fois) l'expression [2]. Ainsi je peux poser

$$0,576313131 = \frac{57631 - 576}{99000} - \frac{0,000031}{99000};$$

de même,

$$0,57631313131 = \frac{57631 - 576}{99000} - \frac{0,00000031}{99000},$$

et ainsi de suite indéfiniment.

Passant à la limite, je conclus que

$$\frac{57631 - 576}{99000}$$

est la fraction génératrice cherchée. Donc,

228. *Pour revenir d'une fraction décimale périodique mixte à la fraction ordinaire équivalente, on prend pour numérateur la différence des deux parties entières que l'on obtient en portant la virgule successivement à la fin et au commencement de la première période, et pour dénominateur un nombre composé d'autant de 9 qu'il y a de chiffres dans la période, suivi d'autant de 0 qu'il y a de chiffres dans la partie non périodique ; on réduit la fraction à sa plus simple expression, et l'on a la génératrice cherchée.*

REMARQUE I. On pourrait avoir à convertir en fraction ordinaire un nombre décimal composé d'une partie entière et d'une fraction décimale périodique : dans ce cas il suffirait d'ajouter à la partie entière la fraction génératrice de la fraction décimale périodique, simple ou mixte.

REMARQUE II. Si l'on avait une fraction décimale *terminée*, on reviendrait immédiatement à la fraction ordinaire équivalente d'après la règle du n° **205**.

Remarque III. Si l'on cherchait la fraction génératrice de l'expression 0,99999..., on aurait, d'après la règle du n° **227**, $\frac{9}{9}$ ou 1. Or la fraction $\frac{9}{9}$ évaluée par la division donne 1, et non pas 0,9999. ; donc, à proprement parler, il n'y a pas de fraction qui, réduite en décimales, donne 0,9999.... Cependant il n'en est pas moins vrai que cette expression a une limite qui est l'*unité*.

D'après cela, les limites des expressions 0,09999...; 0,00999...; 0,000999..., etc., sont respectivement 0,1 ; 0,01 ; 0,001, etc.; donc,

Une suite indéfinie de décimales, à partir d'un ordre quelconque, vaut moins qu'une unité de l'ordre supérieur, lorsque toutes les décimales ne sont pas égales à 9 indéfiniment.

§ 11. Combinaisons des fractions ordinaires et des fractions décimales.

229. Soit à ajouter les nombres fractionnaires

$$17\tfrac{1}{2}, \quad 3\tfrac{1}{4}, \quad 12\tfrac{1}{8},$$

au lieu d'opérer d'après la règle indiquée au n° **184**, je puis ramener le calcul à l'addition suivante :

$$
\begin{array}{r}
17,5 \\
3,25 \\
12,125 \\
\hline
32,875
\end{array}
$$

comme vérification, je dirai : $\frac{1}{2}$ vaut $\frac{2}{4}$; et $\frac{2}{4}$ et $\frac{1}{4}$ font $\frac{3}{4}$ qui valent $\frac{6}{8}$; $\frac{6}{8}$ et $\frac{1}{8}$ font $\frac{7}{8}$, en sorte que le total des trois nombres est $32\frac{7}{8}$. Si l'on ne s'est pas trompé, $\frac{7}{8}$ doit être juste égal à 0,875 ; c'est en effet ce qui a lieu.

Si les nombres à additionner étaient

$$17,03489023...., \quad 3\tfrac{1}{6}, \quad 12\tfrac{1}{7},$$

et qu'on voulût procéder de la même manière, comme

$$\tfrac{1}{6} = 0,166666.... \text{ et que } \tfrac{1}{7} = 0,142857142857....,$$

on aurait d'abord à se demander combien il faut prendre de décimales dans ces suites illimitées de chiffres pour avoir la somme à *un millième près*, par exemple.

Les questions d'approximation de ce genre, et celles qui vont être indiquées ci-après, seront résolues dans la *troisième partie* de l'arithmétique.

230. Soit à retrancher 3,758 de $14\frac{1}{4}$.

Je convertis $\frac{1}{4}$ en décimales, et j'effectue l'opération suivante :

$$
\begin{array}{r}
14,25 \\
3,758 \\
\hline
10,492
\end{array}
$$

Mais, si l'on avait à soustraire 3,1415926.... de $14\frac{1}{7}$, on devrait déterminer le nombre de chiffres décimaux à employer dans les suites illimitées 3,1415926.... 0,1428571.... pour que le résultat fût exact, à un certain degré d'approximation donné.

231. Soit à multiplier 9,25 par $14\frac{3}{4}$.

Je convertis $\frac{3}{4}$ en décimales ; je multiplie 9,25 par 14,75 et je trouve 136,4375 pour le produit demandé.

Remarque. La *Méthode des parties aliquotes*, dont on fait un assez fréquent usage, trouve ici naturellement sa place :

$$
\begin{array}{r}
9,25 \\
14\tfrac{3}{4} \\
\hline
3700 \\
925 \\
\hline
129,50 \\
\end{array}
$$

Pour $\frac{2}{4}$ ou $\frac{1}{2}$............ 4,625
Pour $\frac{1}{4}$............... 2,3125

$$
\begin{array}{r}
\hline
136,4375
\end{array}
$$

J'ai multiplié 9,25 par 14, et j'ai eu 129,50 ; et comme

$$\tfrac{3}{4}=\tfrac{2}{4}+\tfrac{1}{4}=\tfrac{1}{2}+\tfrac{1}{4},$$

j'ai pris la moitié (4,625) de 9,25 ; puis la moitié de cette moitié ; et j'ai eu 2,3125, après quoi faisant la somme des trois produits, j'ai obtenu 136,4375 comme auparavant.

Mais, si l'on avait à multiplier 18,25 par $17\frac{11}{12}$, et qu'on voulût procéder de la même manière, comme $\frac{11}{12}=0,91666...$, on aurait à chercher combien il faut prendre de chiffres décimaux pour que le produit de 18,25 par 0,916666.... fût exact *à moins d'un centième près*, par exemple. La question serait plus compliquée si le multiplicande et le multiplicateur renfermaient tous deux un nombre illimité de chiffres.

Remarque. Dans des cas exceptionnels, la *Méthode des parties aliquotes* peut conduire immédiatement au résultat. Que l'on demande, par exemple, *à moins d'un centième près*, le produit de la multiplication de 47,19 par 89 $\frac{11}{12}$, on trouvera juste par cette méthode 4243,1675, en sorte que 4243,16 est le nombre cherché.

252. Soit enfin proposé de diviser 8 $\frac{1}{2}$ par 5 $\frac{3}{4}$.

J'effectue la division de 8,5 par 5,75 et j'ai 1,48 à 0,01 près.

Mais si, procédant de la même manière, on voulait calculer, *à moins d'un millième près*, le quotient de la division de 8 $\frac{7}{53}$ par 5 $\frac{13}{74}$, il faudrait, dans la réduction des fractions ordinaires en fractions décimales, ne pas aller au delà des chiffres strictement nécessaires pour obtenir l'approximation demandée. Toutefois il serait plus simple de diviser 8 $\frac{7}{53}$ par 5 $\frac{13}{74}$ d'après ce qui a été dit au n° **188**, et de convertir le quotient en décimales, en se bornant au chiffre des millièmes.

253. REMARQUE. Jusqu'à présent, nous ne nous sommes attaché qu'à exposer les règles et les principes fondamentaux du calcul, sans chercher à en faire ressortir *l'utilité pratique*. Il eût été difficile de procéder autrement ; d'ailleurs, la considération préalable des nombres, sans les *grandeurs* qu'ils représentent, se trouve justifiée par le seul fait que *ce n'est jamais aux grandeurs elles-mêmes, mais aux nombres qui en sont la mesure, que l'on fait subir les diverses opérations de l'arithmétique.*

DEUXIÈME PARTIE.

APPLICATIONS USUELLES DE L'ARITHMÉTIQUE.

CHAPITRE V.

NOTIONS SUR LES GRANDEURS. — SYSTÈME MÉTRIQUE. — ANCIENNES UNITÉS DE MESURES.

§ 1. Notions sur les grandeurs.

234. On appelle *grandeur* tout ce qui est susceptible d'augmentation et de diminution.

Les grandeurs affectent deux formes très-différentes : les unes se présentent à nos sens comme un seul tout sans distinction de parties séparées ; ce sont les grandeurs *continues;* les autres au contraire, que l'on appelle grandeurs *discontinues* ou *quantités*, sont des collections de plusieurs choses pareilles distinctes les unes des autres. Une pile de boulets, par exemple, est une grandeur discontinue ou une quantité ; la *surface* d'un de ces boulets est une grandeur continue ; il en est de même de son *volume*.

235. Dans l'ordre naturel des idées, nous nous attachons d'abord aux grandeurs discontinues; voyant deux choses et portant d'abord notre attention sur chacune en particulier, puis sur les deux réunies, nous avons l'idée d'une chose et de deux choses ; d'*un* et de *deux*.

Si, après en avoir vu *une* et *deux*, nous en voyons *trois*, *quatre*, nous avons d'abord l'idée de *un*, puis celle de *deux*, de *trois*, de *quatre;* nous avons donc l'idée d'*unité*, et celle de ce qui est *un* répété plus ou moins de fois. C'est là l'idée première de la *pluralité* ou du *nombre*.

236. Nous avons appris à donner des noms aux nombres; dès lors, nous pouvons compter le nombre des parties d'une grandeur discontinue, et par conséquent en avoir une idée d'autant plus exacte, que nous connaîtrons mieux les parties dont elle se compose.

237. Pour *former un nombre*, il n'est pas nécessaire, comme nous l'avons remarqué au n° 9, que les choses que l'on compte soient égales, ou semblables, ou de même espèce ; il suffit que ces choses puissent être considérées sous un même point de vue. Exemples : des pommes, des poires, des dattes, etc., peuvent être comptées comme *fruits :* le fruit est l'unité ; de même on peut compter comme *métaux*, de l'or, de l'argent, du mercure, du plomb et de l'étain.

- Dans chaque cas, les nombres ainsi formés peuvent être soumis au calcul, parce qu'ils représentent des objets comparables entre eux. Ainsi, dans une ville on compte 47 monuments ; dans une autre 32 ; en tout combien ? 79[*].

238. La question qui se présente actuellement est celle-ci : Comment se faire une idée exacte d'une grandeur continue ? de la *longueur* d'une ligne ? de la *surface*, du *volume*, du *poids* d'un corps ? de la *capacité* d'un vase ? de la *force* employée pour mettre une machine en mouvement, de la *vitesse* avec laquelle ce mouvement s'opère, de la *durée* ou du *temps* pendant lequel ce mouvement s'accomplit ? Comment se faire une idée exacte de la *chaleur*, de la *lumière*, du *son*, en un mot, des grandeurs que l'on a besoin de considérer dans les arts, dans l'industrie, etc. ?

C'est là une difficulté que les progrès de la science ont pu en partie faire disparaître. Comme *on ne juge les choses que par comparaison*, on a cherché à rapporter la grandeur à une autre de même espèce, et préalablement connue ; en un mot, on a cherché à la *mesurer*. Les procédés varient suivant les cas, suivant les circonstances ; ces procédés appartiennent à des sciences très-diverses dont nous n'avons pas à nous occuper ici.

Un exemple fort simple nous suffira pour poser des définitions fondamentales.

239. Une personne *mesure au pas* la longueur de son appartement ; elle en trouve *vingt*.

Alors nous dirons : la *grandeur continue à mesurer* est la longueur de l'appartement.

L'*unité de mesure*, ou simplement l'*unité*, est la longueur du pas.

Le *mesurage* est l'action de mesurer.

L'*évaluation* de la grandeur en ses unités, sa conversion (fictive,

---

[*] Il n'en serait plus de même si l'on formait des nombres en comptant des choses qui n'auraient pas d'autre qualité commune que d'être des objets tombant sous nos sens.

idéale) en grandeur discontinue ou *quantité*, est exprimée par *vingt pas.*

Le *rapport* de la grandeur à son unité, le combien de fois cette grandeur contient l'unité, en un mot la *mesure de cette grandeur*, est le nombre 20 *.

240. Ici on ne peut pas dire, comme pour les grandeurs discontinues, que l'on a compté des choses dissemblables, car le pas n'a point changé dans l'opération. On ne peut pas dire non plus que l'on a compté les parties matérielles d'un tout (ainsi qu'on le fait lorsque l'on compte des maisons, des arbres, des hommes, etc.), car la longueur de l'appartement conserve son état de grandeur continue. Nous savons qu'elle contient 20 fois l'unité, mais nous ne voyons pas ces 20 unités réunies, elles ne tombent pas sous nos sens; nous nous les figurons, cela suffit.

Il y a plus : le nombre est *entier* lorsque l'on compte les parties dans lesquelles une grandeur discontinue se trouve divisée, tandis qu'il est *fractionnaire* (du moins dans la plupart des cas), lorsqu'on mesure une grandeur continue.

Ainsi, il est probable que la longueur de l'appartement ne se compose pas juste de vingt pas; on en trouvera, je suppose, *vingt et trois quarts;* la mesure est alors exprimée par $20\frac{3}{4}$, c'est-à-dire, comme tout à l'heure, par quelque chose *d'abstrait*, indiquant que la grandeur contient 20 fois l'unité, et en outre 3 fois une certaine *partie aliquote* (ici le quart) de cette même unité.

241. D'après cela, il n'est pas difficile de comprendre pourquoi *les nombres sont toujours abstraits.* Ce que parfois on appelle *nombre concret* n'est autre chose que la grandeur elle-même, évaluée en ses unités. Ainsi, au lieu de dire que 1200 mètres est un nombre concret, nous dirons que 1200 mètres est une longueur évaluée en ses unités (ici le mètre), et que 1200 est la mesure de cette longueur. C'est à ce nombre 1200 et non à la grandeur elle-même que nous appliquerons les règles de l'arithmétique.

Si dans un calcul il nous arrivait de dire, par exemple : Je prends le tiers de 1200 francs, et je trouve 400 francs, cela ne devrait s'entendre que par abréviation de langage; à la rigueur il faudrait dire : Je prends le tiers du nombre 1200, et j'ai 400, qui, d'après la question, exprime des francs. On conçoit bien, en effet, que pour prendre en réalité le tiers de 1200 francs, il fau-

---

* La quantité, *abstraction faite de l'espèce d'unité*, n'est autre chose que le nombre. Voilà pourquoi dans le *calcul algébrique* les mots *nombre* et *quantité* sont synonymes.

drait avoir ces 1200 francs réunis ; et c'est ce qui ne se fait pas dans la pratique.

Sans cette distinction, les opérations de l'arithmétique n'auraient pas de sens ; puis on ne pourrait pas dire : Un produit ne change pas quand on intervertit l'ordre des facteurs ; les deux points de vue de la division mentionnés au nᵒˢ 62 et 63 sont identiques, etc.

REMARQUE. La définition du nombre trouve ici naturellement sa place.

Un nombre (entier ou fractionnaire) *est le rapport d'une grandeur à une autre grandeur de même espèce prise pour unité.*

Le nombre $\frac{7}{11}$, par exemple, sert à indiquer comment, avec l'unité, on pourrait former la grandeur proposée ; on partagerait cette unité en 11 parties, et l'on prendrait 7 de ces parties*.

Nous reviendrons plus tard sur la considération des rapports.

242. Puisque mesurer une grandeur signifie la rapporter à son unité, il importe, pour pénétrer dans les applications de l'arithmétique, que nous fassions connaître les *unités de mesure en usage.*

Leur prodigieuse variété, même dans une localité, était autrefois un si grand embarras pour l'établissement de l'impôt et les transactions commerciales entre les particuliers, qu'une *réforme* était jugée nécessaire. On fit même plusieurs tentatives, mais infructueuses, à cause de l'insuffisance du progrès des arts et des sciences.

La question fut reprise vers la fin du xviiiᵉ siècle, et confiée aux soins de l'Académie des sciences par un décret de l'Assemblée constituante (8 mai 1790). La commission nommée par l'Académie, composée des savants les plus illustres , convint de choisir dans la *nature* même la base du nouveau système , tant pour en assurer la stabilité que pour convier tous les peuples civilisés à l'adopter. C'est à cette occasion que *Delambre* et *Méchain* furent chargés de mesurer l'arc du méridien compris entre Dunkerque et Barcelone. Nous ne dirons pas ce que cette opération exigea de travaux , de peines et de persévérance, surtout à l'époque où elle fut entreprise ; nous ne ferons pas non plus l'historique des phases diverses par lesquelles a successivement passé le *système actuel des poids et mesures*, aujourd'hui si répandu.

---

* Lorsque l'on compte des objets, quelle est la grandeur à mesurer? la pluralité des objets. L'unité? l'un des objets. Le mesurage? l'action de compter. La mesure? le nombre qui exprime combien il y a de ces objets.

La science des grandeurs *mesurables* est l'objet des *mathématiques.* Nous ajoutons mesurables, parce que la joie, la douleur, etc. , sont des grandeurs (25 i), mais étrangères aux mathématiques, parce que ne sachant pas les mesurer, on ne peut pas les représenter par des nombres.

Pour ne pas dépasser les limites de ce traité, nous nous bornerons à un exposé sommaire *.

Mentionnons de suite que les multiples et les sous-multiples des unités principales ont été soumis à la *subordination décimale*, ce qui permet de convertir très-rapidement, les unes dans les autres, les divisions et les subdivisions d'une même espèce de mesure par le simple déplacement de la virgule, et de ne faire porter les calculs que sur des nombres décimaux.

§ 2. Système métrique, ou système légal des poids et mesures.

243. Le *système métrique* est l'ensemble des unités dont on se sert pour mesurer les grandeurs usuelles ; on l'appelle *métrique*, parce que les unités dérivent toutes du *mètre ; légal*, parce que depuis le 1ᵉʳ janvier 1840 il est le seul reconnu par la loi.

Mesures de longueur.

244. L'unité principale des *longueurs* est le *mètre*.

Le mètre est la *dix-millionième* partie du quart du *méridien terrestre* **.

Avec le mètre, on a formé des unités de 10 en 10 fois plus grandes, savoir : le *déca* mètre, l'*hecto* mètre, le *kilo* mètre, le *myria* mètre, qui valent respectivement 10 mètres, 100 mètres, 1000 mètres; 10000 mètres. On a pris aussi des unités de 10 en 10 fois plus petites, savoir : le *déci* mètre, le *centi* mètre, le *milli* mètre, qui valent respectivement un *dixième*, un *centième*, un *millième* de mètre.

Mesures de surface.

245. Les unités de *surface* ou de *superficie* sont les *carrés* *** qui ont pour côtés les diverses unités de longueur, savoir : le *mètre*

---

* Voir, au besoin, le rapport sur le *Système métrique* inséré dans les *Mémoires de l'Institut :* l'an VII, tome II.

** En géographie, on nomme *méridien d'un lieu* un *cercle* terrestre qui passe par ce lieu et par les *pôles* de la terre ; mais alors on néglige l'aplatissement du globe terrestre. En réalité, la Terre est un *sphéroïde* légèrement aplati vers les pôles ; ses méridiens sont des *ellipses* égales, et c'est la longueur trouvée pour le quart de l'ellipse méridienne que l'on a divisée par 10000000 pour obtenir le mètre.

*** Un carré est un quadrilatère qui a ses quatre côtés égaux et ses quatre angles droits.

carré, le *décamètre carré*, l'*hectomètre carré*, ..., le *décimètre carré*, le *centimètre carré*, ..., c'est-à-dire les surfaces des carrés qui ont respectivement pour côtés un mètre, un décamètre, un hectomètre,..., un décimètre, un centimètre....

Dans les mesures *agraires*, on prend pour unité principale l'*are*.

L'are n'est autre chose que la surface du décamètre carré, les autres unités sont l'*hectare*, qui vaut 100 ares, et le *centiare*, qui vaut un centième d'are.

Mesures de volume et de capacité.

246. Généralement, les unités de *volume* sont les *cubes* * qui ont pour côtés les diverses unités de longueur, savoir : le *mètre cube*, le *décamètre cube*, ..., le *décimètre cube*, le *centimètre cube*, ...; c'est-à-dire les volumes des cubes qui ont pour côtés un mètre, un décamètre, ..., un décimètre, un centimètre, ...

L'unité principale pour la mesure des bois de chauffage et de charpente est le *stère*.

Le stère équivaut au volume du mètre cube; les autres unités sont le *décastère*, le *décistère*, qui valent dix stères, un dixième de stère.

247. L'unité principale des mesures de *capacité* pour les liquides, les grains et les matières sèches divisées, est le *litre*.

Le litre est un vase dont la capacité est équivalente au volume d'un décimètre cube.

On se sert pour la vente des liquides de vases *cylindriques* en *étain* dont la hauteur à l'intérieur est double du diamètre du fond, et pour la vente des grains et des matières sèches, de vases cylindriques en *bois* dont la hauteur est égale au diamètre.

Les autres unités de capacité sont le *décalitre*, l'*hectolitre*, le *kilolitre* et le *myrialitre*, qui valent respectivement 10, 100, 1000, 10000 litres, puis le *décilitre*, le *centilitre*, le *millilitre*, c'est-à-dire un dixième, un centième, un millième de litre.

Mesures de poids.

248. Le *gramme* est le poids, dans le vide, d'un centimètre cube d'eau distillée et prise à son *maximum de densité* **.

Les autres unités de poids sont le *décagramme*, l'*hectogramme*,

---

* Le cube est un corps terminé par six carrés égaux.

** L'eau pesée dans l'air y perd une partie de son poids égale à celui du même volume d'air, et comme ce dernier poids est variable, *on a ramené le* le *kilogramme*, le *myriagramme*, le *décigramme*, le *centigramme*, le *milligramme*.

Le *quintal métrique* vaut 100 kilogrammes. La *tonne* ou le *tonneau de mer*, ou le *millier*, en vaut 1000.

Mesures monétaires.

249. On appelle *monnaie* toute pièce de métal servant au commerce, frappée par une autorité souveraine et marquée au coin d'un prince ou d'un État souverain. L'unité principale des monnaies est le *franc*.

Le franc est la valeur d'une pièce ronde d'argent, du poids de 5 grammes, et renfermant un *dixième* de cuivre.

Le dixième de franc s'appelle *décime;* le centième de franc, *centime*.

Les noms des multiples *décimaux* du franc ne sont pas usités.

Les monnaies françaises sont en or, en argent et en bronze.

Les monnaies d'or valent respectivement : 100 francs, 50 francs, 40 francs, 20 francs, 10 francs et 5 francs.

Les monnaies d'argent valent 5 francs, 2 francs, 1 franc, 0^f,50 et 0^f,20.

Les monnaies de bronze valent 10 centimes, 5 centimes, 2 centimes et 1 centime.

---

poids à ce qu'il serait dans le vide par des moyens que la physique enseigne; on a pris l'eau *distillée*, c'est-à-dire pure, parce que l'eau impure pourrait avoir sous un même volume des poids différents, à cause des matières étrangères qu'elle contiendrait en dissolution.

On a pris de l'eau à son maximum de densité, parce qu'alors elle se trouve dans une condition unique et remarquable. L'eau change de volume selon la température; les molécules sont plus ou moins rapprochées; on dit alors que l'eau est plus ou moins *dense*, et c'est à 4 degrés qu'elle a son maximum de densité, et par suite le plus grand poids sous le même volume.

Le *thermomètre* est l'instrument qui donne la mesure des températures. Le thermomètre se compose d'un réservoir cylindrique ou sphérique, surmonté d'un tube très-étroit à l'intérieur. Le réservoir et une partie du tube renferment du mercure. On marque sur le tube les deux points fixes où s'arrête le sommet de la colonne liquide quand on plonge successivement l'appareil dans la glace fondante et dans la vapeur de l'eau bouillante. On divise l'intervalle compris entre ces deux points en 100 parties égales; on marque 0 au point de la glace fondante, et 100 à l'autre point fixe; on prolonge la division au-dessous du premier et au-dessus du second; on a ainsi ce qu'on appelle des *degrés de température*.

L'eau est au maximum de densité quand le thermomètre, plongé dans cette eau, y marque 4 degrés.

On fait aussi des thermomètres avec de l'alcool coloré. (Voyez, pour plus de détails, les Traités de Physique.)

Il nous reste à entrer dans quelques détails que nous avons omis à dessein pour ne pas faire perdre de vue les choses principales.

Remarques sur le système métrique.

250. 1° Le *mètre étalon* est une règle en *platine* (le plus dense des métaux et l'un des moins altérables) déposé au Conservatoire des Arts et Métiers. Cette règle ne représente rigoureusement la longueur légale du mètre que lorsqu'elle est à la température de la glace fondante ;

2° Lors de la détermination de l'unité de poids, les expériences n'ont pas été faites sur un centimètre cube d'eau, mais sur un décimètre cube, dont le poids est d'un kilogramme.

Le *kilogramme étalon* a la forme d'un cylindre dont la hauteur est égale au diamètre.

3° Le franc se rattache au mètre par son poids et par son diamètre exprimé en parties du mètre ;

4° Les poids et les diamètres des monnaies françaises sont renfermés dans le tableau suivant :

MÉTAL.	VALEURS.	TOLÉRANCE en millièmes du poids.	POIDS.	DIAMÈTRES.
	f		g	mm
	100	1	32,258	35
	50	2	16,129	28
	40 *	2	12,90322	26
Or.........	20	2	6,45161	21
	10	2	3,22580	19
	5	3	1,61290	17 **
	5	3	25	37
	2	3	10	27
Argent......	1	5	5	23 ***
	0,50	7	2,50	18
	0,20	10	1	15
	0,10	10	10	30
	0,05	10	5	25
Bronze......	0,02	15	2	20
	0,01	15	1	15

5° Comme il est presque impossible que ces monnaies aient ri-

---

* Que l'on ne fabrique plus.

** Avant le décret du 7 avril 1855, les pièces d'or de 10 fr. et de 5 fr. étaient aux modules de 17 et de 14 millimètres.

*** Sur un millimètre d'épaisseur.

goureusement le poids légal, on tolère une petite erreur en plus ou en moins. La valeur de cette tolérance est contenue dans la troisième colonne du tableau précédent.

6° *Les unités qu'on emploie sont subordonnées à la grandeur de l'objet que l'on veut évaluer;* on cherche à éviter les nombres trop grands ou trop petits : les longueurs usuelles des étoffes, des appartements, des bois à ouvrer, etc., se mesurent au mètre.

La *chaîne métrique*, dont la longueur est d'un décamètre, sert à mesurer les distances *agraires*.

L'hectomètre, le kilomètre et le myriamètre ne sont que des unités fictives dont on se sert pour énoncer les grandes distances.

Le kilomètre est l'unité pour les distances itinéraires. 'On trouve sur les routes des bornes en pierre qui se succèdent à des distances d'un kilomètre.

Le myriamètre est l'unité pour les plus grandes distances géographiques.

7° L'hectomètre carré, le kilomètre carré et le myriamètre carré servent à représenter la mesure des grandes surfaces, comme celles d'une commune, d'un canton, d'un département, etc.; on les nomme *mesures topographiques*.

8° Le kilolitre et le myrialitre ne sont pas des mesures effectives.

9° Les fractions du gramme ne servent guère que dans des pesées très-délicates, comme celles que l'on rencontre dans l'orfévrerie, la pharmacie, les analyses chimiques, les expériences de physique, etc.

10° Le diamètre ou module des pièces monétaires étant fixé en nombres entiers de millimètres, elles peuvent offrir des mesures usuelles de longueur; ainsi, par exemple : 19 pièces d'argent de 5 fr., et 11 pièces de 2 fr. donnent *un* mètre. On peut en dire autant de 20 pièces d'argent de 2 fr., et 20 de 1 fr.

11° La monnaie française étant dans un rapport exact avec les poids métriques, peut au besoin servir à les remplacer : 4 pièces d'argent de 5 fr. ou 10 pièces d'argent de 2 fr. pèsent un hectogr.; 155 pièces d'or de 20 fr. ou 40 pièces d'argent de 5 fr. pèsent un kilogr.

§ 3. Application du système métrique à la mesure des grandeurs continues.

251. Pour mesurer une *longueur,* par exemple, je porterai le mètre autant de fois que possible sur cette longueur, à partir de l'une des extrémités. S'il est contenu exactement 24 fois par exemple, la longueur sera de 24 mètres, et sa *mesure*, c'est-à-dire son rapport à l'unité, sera le nombre 24.

Si le mètre n'est pas contenu un nombre exact de fois dans la longueur, je le porterai sur cette longueur le plus grand nombre de fois possible, et je chercherai de même combien le reste de la longueur contient de fois le *décimètre*. Si le décimètre y est contenu exactement, la longueur est mesurée ; elle sera, par exemple, de 24 mètres 8 décimètres, où $24^m,8$, et sa *mesure* sera le nombre 24,8.

Si le décimètre, porté autant de fois que possible, laisse un reste, je chercherai combien ce reste contiendra de *centimètres*. S'il y a encore un reste, je chercherai combien il contiendra de millimètres. Je trouverai, par exemple, 24 mètres 8 décimètres 7 centimètres 5 millimètres, ou $24^m,875$. La *mesure* sera, dans ce cas, 24,875.

S'il y avait encore un reste, ce reste serait moindre qu'un millimètre ; je pourrais le négliger dans la plupart des cas ; alors la longueur serait de $24^m,875$ *à moins d'un millimètre*, et quant à sa mesure, elle serait 24,875 *à moins d'un millième*, c'est-à-dire que le nombre 24,875 exprimerait la mesure d'une longueur, dont la différence avec la longueur à mesurer serait plus petite que la millième partie de l'unité principale.

252. Dans certains cas, par un artifice particulier, qui ne peut trouver place ici, il est possible d'apprécier les dixièmes et même les centièmes de millimètre ; on aurait ainsi une valeur encore plus approchée qu'auparavant.

Les imperfections inséparables de tout procédé matériel font que l'on finit toujours, dans les mesures, par arriver à un reste qui, par sa petitesse, échappe à l'observation : on pourrait donc croire que toute longueur est susceptible d'être mesurée exactement, pourvu que l'on poussât assez loin les subdivisions du mètre. Mais il n'en est pas ainsi ; il est possible qu'une subdivision décimale du mètre, et même une partie aliquote quelconque du mètre, si petite qu'elle soit, ne puisse pas être rigoureusement contenue un nombre exact de fois dans la longueur à mesurer. Dans ce cas, on dit que la longueur proposée n'a pas de commune mesure avec l'unité, ou qu'elle est *incommensurable* avec l'unité. Lorsqu'au contraire il y a une commune mesure entre la longueur et l'unité, on dit que cette longueur est *commensurable* avec l'unité. (La Géométrie offre des exemples de longueurs incommensurables.)

253. Pour *mesurer des grandeurs continues quelconques* (surfaces, volumes, etc., etc.), il suffit, comme pour les longueurs, de connaître combien de fois chacune d'elles contient l'unité principale, et combien elle contient de subdivisions de l'unité.

Dans chaque cas, on a recours, comme nous l'avons déjà dit au n° **238**, à un *procédé particulier* qu'il n'est pas dans notre sujet d'expliquer.

Si, par exemple, la superficie d'un terrain contenait 3 ares 2 déciares et 8 centiares, cette superficie serait de 3^{ares},28, et sa mesure serait 3,28. Semblablement, si une capacité contenait 12 litres 3 décilitres 7 centilitres ou 12^{lit},37, sa mesure serait 12,37. Si un poids valait 75 grammes 2 décigrammes 9 milligrammes, ou 75^{gr},209, sa mesure serait 75,209.

254. Une grandeur est commensurable ou incommensurable avec l'unité, suivant qu'elle contient ou qu'elle ne contient pas un nombre exact de fois une *partie aliquote* de l'unité. Dans le premier cas, cette partie aliquote est ce qu'on nomme une *commune mesure* entre la grandeur et l'unité; dans le second cas, il n'existe pas de commune mesure.

Il pourrait arriver qu'aucune des subdivisions décimales de l'unité principale ne fût contenue un nombre exact de fois dans la grandeur à mesurer; dans ce cas, on n'en trouverait qu'une valeur approchée, bien qu'il pût cependant y avoir une commune mesure qui serait alors une partie aliquote non décimale de l'unité.

255. *S'il y a une commune mesure entre une grandeur et son unité, cette grandeur est susceptible d'être mesurée exactement.* Si, par exemple, la commune mesure est contenue 4 fois dans l'unité, et 7 fois dans la grandeur proposée, elle sera le quart de l'unité, et la grandeur proposée vaudra 7 fois le quart de l'unité. Sa mesure sera donc $\frac{7}{4}$.

Réciproquement, *si une grandeur est susceptible d'être mesurée exactement, il y a une commune mesure entre cette grandeur et l'unité.* En effet, si la mesure est $\frac{7}{4}$ par exemple, la grandeur proposée vaut 7 fois le quart de l'unité, c'est-à-dire un certain nombre de fois une partie aliquote de l'unité; la commune mesure est donc $\frac{1}{4}$ de l'unité.

§ 4. Relations entre les mesures de surfaces. — Relations entre les mesures de volumes.

256. Principe fondamental. *Un mètre carré équivaut à 100 décimètres carrés.* En effet, puisqu'un mètre vaut 10 décimètres, si je place les uns à côté des autres 10 décimètres carrés, c'est-à-dire 10 carrés qui ont chacun un décimètre de côté, j'aurai une surface de 1 mètre de longueur sur 1 décimètre de largeur. Si, à côté de ces 10 décimètres carrés, j'en dispose une rangée de 10 autres, j'aurai en tout une surface de 1 mètre de longueur sur 2 décimètres de largeur. En continuant ainsi jusqu'à ce qu'il y ait 10 rangées composées chacune de 10 décimètres carrés, je formerai une surface de 1 mètre de longueur sur 1 mètre de largeur, c'est-à-dire 1 mètre carré ; et il a fallu pour cela disposer les uns à côté des autres 10 fois 10 décimètres carrés, ou 100 décimètres carrés. C. Q. F. D.

Je prouverai de même que le décamètre carré vaut 100 mètres carrés ; que l'hectomètre carré vaut 100 décamètres carrés ; et ainsi de suite. De même, le décimètre carré vaut 100 centimètres carrés, le centimètre carré vaut 100 millimètres carrés, et, en général, *si les côtés des carrés sont de 10 en 10 fois plus grands, les surfaces de ces carrés sont de 100 en 100 fois plus grandes.*

REMARQUE. Comme le décamètre carré n'est autre chose que l'are, il s'ensuit que l'are équivaut à 100 mètres carrés, et que le centiare n'est autre que le mètre carré.

257. Principe fondamental. *Le mètre cube contient 1000 décimètres cubes.* En effet, puisqu'un mètre carré vaut 100 décimètres carrés, et que chaque face d'un décimètre cube est un décimètre carré, je puis concevoir que l'on ait disposé 100 décimètres cubes sur chacun des 100 décimètres carrés, ce qui formera un volume de 1 mètre de longueur sur 1 mètre de largeur, mais seulement sur un décimètre de hauteur. Actuellement, si sur les 100 décimètres cubes j'en pose 100 autres, j'aurai un volume de 1 mètre de longueur sur 1 mètre de largeur et 2 décimètres de hauteur ; continuant ainsi, je vois qu'à chaque nouvelle superposition la hauteur augmente d'un décimètre ; donc, quand j'aurai superposé 10 tranches composées chacune de 100 décimètres cubes, j'aurai formé un volume qui aura 1 mètre de longueur, 1 mètre de largeur et 1 mètre de hauteur, c'est-à-dire un mètre cube ; or, pour cela, il aura fallu 10 fois 100 décimètres cubes ; donc le principe énoncé est démontré.

Je prouverais de même que le décamètre cube vaut 1000 mètres cubes, que l'hectomètre cube vaut 1000 décamètres cubes, et ainsi de suite. De même, le décimètre cube vaut 1000 centimètres cubes, le centimètre cube vaut 1000 millimètres cubes ; et, en général, *si les côtés des cubes sont de 10 en 10 fois plus grands, les volumes de ces cubes sont de 1000 en 1000 fois plus grands.*

REMARQUE. Puisqu'un centimètre cube d'eau pèse un gramme, 1000 centimètres cubes d'eau pèsent 1000 fois plus. Un litre d'eau pure pèse donc 1 kilogramme ; par suite, le mètre cube pèse 1000 kilogrammes (ou une tonne), et un millilitre pèse 1 gramme.

§ 5. Évaluation en mesures carrées d'un nombre décimal de mètres carrés.

258. EXEMPLE. Évaluer en mesures carrées la partie décimale du nombre 8594071^{mq},284573 (mq signifie mètres carrés).

Les mesures carrées, parties aliquotes du mètre carré, sont le *décimètre carré*, le *centimètre carré* et le *millimètre carré*. Or, puisqu'*un mètre carré vaut* 100 *décimètres carrés*, *les centièmes de mètre carré sont des décimètres carrés*. Un décimètre carré vaut 100 centimètres carrés, parce qu'un décimètre vaut 10 centimètres ; donc un mètre carré, qui vaut 100 décimètres carrés, vaut aussi 100 fois 100 centimètres carrés, ou 10000 centimètres carrés ; donc *les dix-millièmes de mètre carré sont des centimètres carrés*. Un centimètre carré vaut 100 millimètres carrés ; donc un mètre carré, qui vaut 10000 centimètres carrés, vaut aussi 10000 fois 100 millimètres carrés ou 1000000 de millimètres carrés ; donc *les millionièmes de mètre carré sont des millimètres carrés*.

Cela posé, les 2 dixièmes et les 8 centièmes de mètre carré qui font 28 centièmes de mètre carré, valent 28 *décimètres carrés*.

Les 4 millièmes et les 5 dix-millièmes de mètre carré qui font 45 dix-millièmes de mètre carré, valent 45 *centimètres carrés*.

Enfin, les 73 millionièmes de mètre carré font 73 *millimètres carrés*.

Donc il y a en tout 8594071 *mètres carrés*, 28 *décimètres carrés* 45 *centimètres carrés* et 73 *millimètres carrés*.

Si le nombre était 3^{mq},25738, je mettrais un 0 à la droite du dernier chiffre, et j'aurais 3^{mq},257380 : les deux premières décimales exprimeraient des décimètres carrés, les deux suivantes des centimètres carrés, et les deux dernières des millimètres carrés ; donc,

259. *Pour évaluer en mesures carrées la partie décimale d'un nombre de mètres carrés, on partage cette partie décimale en tranches de deux chiffres, à partir de la virgule, en ayant soin, si le nombre des décimales est impair, de mettre un 0 à la droite de la dernière décimale : la première tranche exprime des décimètres carrés, la seconde des centimètres carrés, et la troisième des millimètres carrés.*

S'il y avait plus de trois tranches, on pourrait énoncer les décimales en sus comme une fraction de millimètre carré.

REMARQUE. Puisqu'il y a une subordination analogue dans les diverses unités carrées, on peut aussi décomposer la partie entière en unités carrées. A cet effet, on partage la partie entière de droite à gauche en tranches de deux chiffres : la première exprime des *mètres carrés;* la seconde, des *décamètres carrés;* la troisième, des *hectomètres carrés;* et ainsi de suite. Dans l'exemple précédent, on énoncera la partie entière : 8 kilomètres carrés 59 hectomètres carrés 40 décamètres carrés et 71 mètres carrés.

Il n'y aurait pas lieu de diviser en tranches au delà de la quatrième ; quel que fût le nombre des chiffres suivants, on les énoncerait en myriamètres carrés.

§ 6. Évaluation d'un nombre de mètres cubes en mesures cubiques.

260. EXEMPLE. Énoncer 34567801^{mc},2934572 (mc signifie mètres cubes).

Un mètre cube vaut 1000 décimètres cubes; donc *les millièmes de mètre cube sont des décimètres cubes.*

Un décimètre cube vaut 1000 centimètres cubes; donc un mètre cube vaut 1000 fois 1000 centimètres cubes ou 1000000 de centimètres cubes; donc *les millionièmes de mètre cube sont des centimètres cubes.*

Un centimètre cube vaut 1000 millimètres cubes; donc un mètre cube vaut 1000 millions de millimètres cubes, c'est-à-dire 1 billion de millimètres cubes. Ainsi *les billionièmes de mètre cube sont des millimètres cubes.*

Cela posé, les 2 dixièmes, les 9 centièmes et les 3 millièmes de mètre cube qui font 293 millièmes de mètre cube, valent 293 *décimètres cubes.*

Semblablement, les 3 chiffres suivants qui font 457 millionièmes de mètre cube, valent 457 *centimètres cubes.*

Enfin, en complétant la dernière tranche par des zéros, j'aurai 200 *millimètres cubes.* Donc il y a en tout 34567801 *mètres cubes,* 293 *décimètres cubes* 457 *centimètres cubes* 200 *millimètres cubes;* donc,

261. *Pour évaluer en mesures cubiques la partie décimale d'un nombre de mètres cubes, on partage cette partie décimale en tranches*

de trois chiffres chacune, à partir de la virgule, en ayant soin, si la dernière tranche n'a pas trois chiffres, de la compléter par un ou deux zéros : la première tranche exprime des décimètres cubes, la seconde des centimètres cubes, et la troisième des millimètres cubes.

Comme la partie entière se décompose également en parties décimales, je dirais dans l'exemple précédent : 34 *hectomètres cubes* 567 *décamètres cubes* et 801 *mètres cubes.*

§ 7. Changements d'unités dans les mesures métriques.

262. Lorsque des grandeurs sont mesurées, il est rare que l'on n'ait pas à faire des *changements d'unités.*

Cela s'est présenté à l'égard des nombres eux-mêmes, dans *l'addition* et la *division* des nombres entiers.

Lorsque (Exemple II, n° **29**) nous avons dit : 7 et 8 font 15; 15 et 5 font 20; 20 et 9 font 29; je pose 9 et je retiens 2. Nous avons transformé des unités du premier ordre en unités du second ordre. Si alors nous eussions connu le langage de la division, nous aurions pu dire : Puisqu'il faut 10 unités du premier ordre pour en avoir une du second, autant de fois 10 sera contenu dans 29, autant il y aura d'unités du second ordre, et le reste exprimera des unités du premier ordre; effectuant la division, on trouve 2 pour quotient et 9 pour reste. Cet exemple suffit pour montrer que, *pour passer d'une unité plus petite à une unité plus grande, on divisera le nombre à transformer par le rapport de la plus grande unité à la plus petite.*

La *transformation inverse* a eu lieu au n° **69**; ayant eu à diviser 2971353 par 627, la première division partielle, celle de 2971 par 627, a donné 4 pour quotient et 463 pour reste. Pour convertir ces 463 unités, nous aurions pu dire :

Puisqu'une unité du quatrième ordre en vaut 10 du troisième, 463 unités du quatrième ordre en vaudront 463 fois 10, ou 4630 du troisième.

Ainsi, *pour passer d'une unité plus grande à une unité plus petite, on multipliera le nombre à transformer par le rapport de la plus grande unité à la plus petite.*

D'après cela, les questions suivantes ne peuvent présenter aucune difficulté.

1° Rapporter 40 000 000 de mètres au myriamètre.

Le rapport des deux unités est 10000; je divise 40 000 000 par 10 000, et je trouve 4000 myriamètres.

2° Rapporter au myriamètre le nombre de décamètres exprimé par 7938,0924.

Le rapport est celui de 10000 à 10, ou 1000; je divise par 1000, et j'ai en myriamètres 7,9380924.

3° Rapporter au décamètre le nombre de kilomètres exprimé par 83,7504.

Le rapport de 1000 à 10 est 100; je multiplie par 100, et j'ai en décamètres 8375,04.

4° Passer de l'hectare au kilomètre carré.

Le kilomètre carré est un carré qui a 1000 mètres de côté; l'hectare vaut 100 ares, ou 10000 mètres carrés; c'est donc un *hectomètre carré;* le rapport des *côtés* des deux carrés étant celui de 1000 à 100, ou 10; le rapport des deux *carrés* est celui de 100 à 1, ou 100; je diviserai donc le nombre d'hectares par 100 pour avoir des kilomètres carrés; réciproquement, je multiplierai par 100 pour convertir des kilomètres carrés en hectares.

5° Rapporter au décimètre cube un nombre de décamètres cubes.

Le rapport du décamètre au décimètre est 100; par suite, celui du décamètre cube au décimètre cube est 1 000 000; je multiplierai donc par un million le nombre donné.

263. Nous avons vu qu'il y avait six espèces de mesures. Or il arrivera dans certains cas que l'on passera des unes aux autres.

1° Quel est, en mètres cubes, le volume d'une masse d'eau du poids de 42 hectogrammes? 42 hectogrammes équivalent à 4200 grammes; ces 4200 grammes d'eau occupent un volume de 4200 centimètres cubes, ou de 4$^{\text{décim. cub.}}$,200, ou de 0$^{\text{mèt. cub.}}$,0042.

2° Quelle est, en hectolitres, la capacité d'un bassin de 18 mètres cubes de volume?

Le mètre cube contient 1000 décimètres cubes, ou 1000 litres, ou 10 hectolitres; le volume transformé en capacité équivaut donc à 180 hectolitres d'eau.

3° Quel est le rapport du centilitre au centimètre cube? Rép. 10.

4° Un litre d'air sec pèse 1^{gr},299; quel serait le poids d'un mètre cube d'air? Rép. 1299 grammes, ou 1^{kil},299.

5° Quelle serait la valeur d'une somme d'argent qui pèserait autant que 35 litres 28 centilitres d'eau pure?

1 litre d'eau pure pèse 1 kilogramme, donc 35^{lit},28 pèsent 35^{kil},28 ou 35280 grammes, et comme le franc pèse 5 grammes, il suffit de diviser 35280 par 5; ici je barre le zéro, et je double, j'obtiens ainsi 7056; la somme demandée est donc 7056 francs.

264. Les diverses unités métriques peuvent entrer dans le même calcul. Leur dépendance doit s'établir d'après la nature de la question. En général, ces unités se correspondront ainsi qu'il suit :

UNITÉ DE POIDS.	UNITÉ DE LONGUEUR.	UNITÉ DE SURFACE.	UNITÉ DE VOLUME.
Gramme,	centimètre,	centimètre carré,	centimètre cube,
Kilogramme,	décimètre,	décimètre carré,	décimètre cube,
Le millier,	mètre,	mètre carré,	mètre cube.

Faute de tenir compte de cette subordination, les élèves tombent fréquemment dans de graves erreurs.

§ 8. Conversion des anciennes mesures en nouvelles.

265. Dans *l'ancien système des poids et mesures*, la principale unité des longueurs était la *toise* de 6 *pieds;* le pied valait 12 *pouces;* le pouce valait 12 *lignes;* enfin, la ligne valait 12 *points.*

Une longueur de 2 toises 5 pieds 8 pouces 9 lignes, que l'on peut écrire pour abréger :

$$2^T\,5^P\,8^{Po}\,9^l,$$

serait exprimée, en toises, par les nombres fractionnaires :

$$2,\ \tfrac{5}{6},\ \tfrac{8}{72},\ \tfrac{9}{864},$$

tandis qu'une longueur de 2 mètres 5 décimètres 8 centimètres 9 millimètres serait simplement représentée par le nombre décimal

$$2^m,589.$$

La conversion en lignes de $2^T\,5^P\,8^{Po}\,9^l$ exigérait des multiplications et des additions, tandis qu'on voit à vue d'œil que $2^m,589$ équivaut à 2589 millimètres.

Évaluation du mètre.

266. C'est en mesurant un arc du méridien de Paris, compris entre Dunkerque et le fort de Montjouy, près de Barcelone, et un autre arc près de l'équateur, au Pérou, que l'on a déterminé la figure de la Terre (celle d'un *ellipsoïde de révolution*, légèrement aplati aux pôles) et la longueur d'un de ses méridiens. On a trouvé ainsi pour le quart du méridien 5130740 toises.

Comme, par définition, le mètre est la dix-millionième partie de cette longueur, je peux poser

$$10\,000\,000^m = 5130740^T,$$

par suite

$$1^m = 0^T,5130740;$$

reste à convertir en pieds, pouces et lignes la fraction décimale de toise, ce qui donne lieu à des multiplications successives :

$$0^T,513074$$
$$\underline{6}$$
$$3^P,078444$$
$$\underline{12}$$
$$0^{Po},941328 \;*$$
$$\underline{12}$$
$$11^l,295936$$

Je trouve ainsi : $1^m = 0^T\,3^P\,0^{Po}\,11^l,295936$,

valeur qui, réduite en lignes, équivaut à $443^l,296$, à un demi-millième de ligne.

Valeur de la toise en mètres.

267. Pour avoir la valeur de la toise en mètres, il suffit d'effectuer la division de 10000000 par 5130740, ce qui donne :

$$1^T = 1^m,94904.$$

En divisant par 6 la valeur d'une toise, on aura pour la valeur d'un pied :

$$1^P = 0^m,32484.$$

En divisant par 12 cette valeur du pied, on trouvera pour celle d'un pouce :

$$1^{Po} = 0^m,02707.$$

Enfin, cette dernière valeur divisée par 12, donne pour une ligne :

$$1^l = 0^m,00226.$$

268. Soit actuellement proposé de transformer en mètres $257^T\,5^P\,8^{Po}\,11^l$.

1re MÉTHODE. Puisqu'une toise vaut $1^m,94904$, 257 toises valent 257 fois $1^m,94904$ ou $500^m,90328$. De même, 5 pieds valent 5 fois $0^m,32484$ ou $1^m,62420$, et ainsi de suite. J'ajoute les 4 produits, et j'obtiens $502^m,76890$.

2e MÉTHODE. Les nombres qui expriment en mètres les valeurs de la toise, du pied, du pouce et de la ligne, n'étant qu'approximatifs, les erreurs commises se trouvent multipliées. Pour obvier

---

* Dans cette multiplication on ne s'est occupé que de la partie décimale.

à cet inconvénient, je convertis tout en lignes, et je trouve 222875 lignes.

Cela posé, la ligne vaut $\frac{1}{864}$ de toise; donc 222875 lignes valent les $\frac{222875}{864}$ d'une toise; d'ailleurs une toise vaut les $\frac{10000000}{5130740}$ du mètre, donc les $\frac{222875}{864}$ de la toise valent les $\frac{222875}{864}$ des $\frac{10000000}{5130740}$ du mètre. J'effectue ce calcul de *fractions de fractions*, et je trouve 502^m,76797.

269. Pour abréger ces transformations, on a construit la table suivante :

NOMBRES.	TOISES en mètres.	PIEDS en mètres.	POUCES en mètres.	LIGNES en millimètres.
1	1,94904	0,32484	0,02707	2,26
2	3,89807	0,64968	0,05414	4,51
3	5,84711	0,97452	0,08121	6,77
4	7,79615	1,29936	0,10828	9,02
5	9,74519	1,62420	0,13535	11,28
6	11,69422	1,94904	0,16242	13,54
7	13,64326	2,27388	0,18949	15,79
8	15,59230	2,59872	0,21656	18,05
9	17,54133	2,92356	0,24363	20,30

Quant aux multiples suivants, on les obtient sans difficulté.

En effet, reprenant l'exemple ci-dessus, je dirai : puisque 2 toises valent 3^m,89807, 200 toises valent 100 fois plus, ou 389^m,807 ; 50 toises valent 10 fois plus que 5 toises ou 97^m,4519 ; et ainsi de suite ; j'ajoute, et je trouve 502^m,76778, résultat peu différent du précédent.

Disposition du calcul.

200^T valent....................	389^{m}80700
50...........................	97,45190
7...........................	13,64326
5^{pi}...........................	1,62420
8^{po}...........................	0,21656
10^{lig}...........................	0,02260
1...........................	0,00226
	502^{m}76778 *

---

* Borda a trouvé que la longueur du *pendule* simple qui bat la *seconde* à Paris est de 440^{lig},5594. Combien cela fait-il en millimètres ? Rép. 993^{mm},81 environ.

270. L'*aune* était l'ancienne mesure de longueur pour les *étoffes* (elle tirait son nom du mot latin *ulna*, bras tendu, et représentait la longueur des bras ouverts). Elle variait de pays à pays ; on la divisait en demi-aune, tiers, quart, huitième d'aune, etc. L'aune de Paris avait 3 pieds 7 pouces 10 lignes, et valait 1^m,18844. Avec cette donnée on construirait aisément la table de la conversion des aunes en mètres.

271. L'ancienne unité de poids, ou la *livre-poids*, se divisait en 2 *marcs*, le marc en 8 *onces*, l'once en 8 *gros*, le gros en 72 *grains*. Des expériences très-délicates ont appris que le poids du kilogramme est, en grains, de 18827^{gr},15.

Au moyen de cette donnée, on a calculé la table suivante :

NOMBRES.	LIVRES en kilogrammes.	ONCES en grammes.	GROS en grammes.	GRAINS en grammes.
1	0,48951	30,59	3,824	0,053
2	0,97901	61,19	7,648	0,106
3	1,46852	91,78	11,472	0,159
4	1,95802	122,38	15,296	0,212
5	2,44753	152,97	19,120	0,266
6	2,93704	183,56	22,944	0,319
7	3,42654	214,16	26,768	0,372
8	3,91605	244,75	30,592	0,425
9	4,40555	275,35	34,416	0,478

APPLICATION. Convertir en kilogrammes 428 livres-poids 14 onces 7 gros 39 grains.

Réponse : 909^{kil},965.

272. L'ancienne unité monétaire était la *livre tournois* (originairement frappée à Tours); elle se divisait en 20 *sous*, le sou se subdivisait en 4 *liards* ou en 12 *deniers*.

Le franc pèse 5 grammes, et contient $\frac{1}{10}$ d'alliage; il contient donc 4 grammes $\frac{1}{2}$ d'argent pur. Or, le poids d'un gramme équivaut à 18^{grains},82715; le franc contient donc 18^{grains},82715 $\times$ 4$\frac{1}{2}$ ou 84^{grains},722175 d'argent; d'autre part, l'ancienne livre tournois contenait 83^{grains},675936 d'argent, par conséquent la livre vaut $\frac{83,675936}{84,722175}$ de franc.

Ce rapport est très-voisin de $\frac{80}{81}$, et quoique approximatif, ce dernier est souvent employé à cause de sa simplicité.

Réduisant $\frac{83,675936}{84,722175}$ en décimales, je trouve $0^{fr},987650942$ pour la valeur de la livre en franc.

Divisant ce dernier nombre par 20, je trouve $0^{fr},049382547$ pour la valeur du sou en franc.

Enfin, divisant ce dernier nombre par 12, je trouve $0^{fr},004115212$ pour la valeur du denier en franc.

Avec ces nombres, on a formé la table suivante :

NOMBRES.	LIVRES en francs.		SOUS en francs.		DENIERS en francs.	
1	0,987	651	0,049	383	0,004	115
2	1,975	302	0,098	765	0,008	230
3	2,962	953	0,148	148	0,012	346
4	3,950	604	0,197	530	0,016	460
5	4,938	255	0,246	913	0,020	576
6	5,925	906	0,296	295	0,024	691
7	6,913	557	0,345	678	0,028	806
8	7,901	208	0,395	060	0,032	922
9	8,888	858	0,444	443	0,037	037

APPLICATION. Convertir en francs 946 livres tournois 17 sous 9 deniers.

Réponse : $935^{fr},20$.

REMARQUE I. Ce qui précède suffit pour faire concevoir comment on a pu dresser des tables pour convertir les anciennes mesures de *surfaces*, de *volumes* et de *capacité* en mesures métriques.

§ 9. Division du temps et de la circonférence.

273. Lors de l'établissement du système métrique, on divisa le *jour* en 20 *heures*, l'heure en 100 *minutes*, et la minute en 100 *secondes*. Mais cette *division centésimale* n'a pas prévalu.

Les mesures relatives à la division du temps sont le *siècle*, l'*année*, le *jour*, l'*heure*, la *minute* et la *seconde*. On a conservé l'ancienne division du jour en 24 heures; celle de l'heure en 60 minutes; celle de la minute en 60 secondes.

L'année est composée de 12 *mois* inégaux.

L'année *civile* commence le 1ᵉʳ janvier à minuit; elle est *commune* ou *bissextile* suivant qu'elle est de 365 ou de 366 jours; on reconnaît qu'une année est bissextile lorsque les deux premiers chiffres à droite forment un multiple de 4; tel a été 1856 ; le mois de *février* a eu alors 29 jours ; un siècle est une période de 100 années consécutives.

Les années *séculaires* ne sont bissextiles que si le nombre des centaines est un multiple de 4; ainsi, depuis la réforme grégorienne (réforme du calendrier *Julien*, par le pape Grégoire XIII, en 1582), 1600 a été bissextile; 1700 et 1800 n'ont pas été bissextiles.

274. Les calculs relatifs à la division du temps ne sont pas les seuls qui ne dépendent pas de la division décimale *. Bien qu'il existe une graduation centésimale de la circonférence, la *division sexagésimale* est encore la plus répandue.

La circonférence se partage en quatre *quadrants;* le quadrant se divise en 90 *degrés;* le degré en 60 minutes, et la minute en 60 secondes.

Nota. — Il importe de ne pas confondre les minutes et secondes de degré avec les minutes et secondes de temps. Ces quantités, bien que désignées par le même mot, sont d'une nature très-différente. Aussi est-il utile de ne pas employer la même notation.

L'expression $7^h\,8^m\,32^s$ s'énoncera 7 heures, 8 minutes, 32 secondes; $48°\,50'\,11''$ indique un arc de 48 degrés, 50 minutes, 11 secondes.

---

* On les appelait autrefois des calculs de *nombres complexes*.

CHAPITRE VI.

RÉSOLUTION DES PROBLÈMES.

§ 1. Notions préliminaires.

275. Définitions. Un *problème* est une question dans laquelle il faut trouver un ou plusieurs nombres, en opérant sur des nombres donnés.

Résoudre un problème, c'est trouver le nombre ou les nombres cherchés.

La *solution* d'un problème est l'ensemble des raisonnements et des opérations qui conduisent au résultat cherché.

Souvent on appelle *solution* la réponse elle-même.

Les problèmes sont tellement variés, qu'il est impossible de donner une *règle générale* pour les résoudre : c'est par la pratique qu'il faut y suppléer.

Il faut même dans certains cas une grande habileté pour découvrir les relations qui existent entre les données et les inconnues.

Les problèmes sont *possibles* ou *impossibles*.

Les problèmes possibles sont *déterminés* ou *indéterminés* selon qu'ils admettent un nombre limité ou illimité de solutions.

Une personne avait 28 francs dans sa bourse; elle en a dépensé 30; combien lui en reste-t-il? Comme de 28 on ne peut pas ôter 30, le problème est impossible.

L'addition est un problème déterminé, parce que l'on arrive toujours au même résultat, quel que soit l'ordre dans lequel on ajoute les nombres donnés; par suite, la soustraction est aussi un problème déterminé, puisqu'il n'y a pas deux nombres qui, ajoutés au plus petit, puissent reproduire le plus grand.

La multiplication est un problème déterminé, parce que l'on trouve toujours le même produit, quel que soit l'ordre dans lequel on multiplie ou que l'on groupe les facteurs du produit.

La division est un problème déterminé, parce que, d'après la multiplication, il n'y a pas deux nombres qui, multipliés par le diviseur, puissent reproduire le dividende.

Si l'on proposait de décomposer 24 en deux facteurs *entiers*, le problème serait déterminé, mais il admettrait quatre solutions :

$$24 = 1 \times 24 = 2 \times 12 = 3 \times 8 = 4 \times 6.$$

La question serait indéterminée, si l'on n'imposait plus la condition que les facteurs du nombre donné fussent des nombres *entiers*.

EXEMPLES : $3 = 4 \times \frac{3}{4} = 7 \times \frac{3}{7}$, etc., etc.

$$2 = 5 \times 3 \times 4 \times \tfrac{15}{2}, \text{ etc., etc.}$$

On proposerait un problème indéterminé si l'on demandait un nombre qui eût 24 diviseurs ; mais la question serait déterminée si l'on cherchait un nombre de trois chiffres ayant 24 diviseurs ; 360 (qui rappelle la division du cercle) est le plus petit de tous ces nombres.

§ 2. Problèmes sur la numération.

276. I. *Un quintal métrique de marchandise a coûté 6342 fr. ; combien coûterait un myriagramme de la même marchandise ?*

Un quintal est le poids de 100 kilogrammes, et par conséquent de 10 myriagrammes.

Puisque les 10 myriagrammes de marchandise ont coûté 6342 fr., un seul (toutes choses égales d'ailleurs) coûterait 10 fois moins, ou 634^f,20.

II. *Un litre d'alcool (esprit-de-vin) pèse 8 hectogrammes, 3 décagrammes et 7 grammes ; combien pèse un décalitre de cet alcool ?*

Je prends l'hectogramme pour unité de poids ; et je dis : puisque 1 litre pèse 8$^{hectog.}$,37, un décalitre pèsera 10 fois plus, c'est-à-dire 83$^{hectog.}$,7, ou encore 8 kilogrammes 37 décagrammes.

III. *Le volume de la terre est de 1082841 millions de kilomètres cubes ; combien cela fait-il de mètres cubes ?*

Un kilomètre cube serait un cube qui aurait 1000 mètres de côté ; il équivaut donc à un billion de mètres cubes. Puisqu'un seul kilomètre cube vaut un billion de mètres cubes, 1 082 841 000 000 en vaudront un billion de fois plus, c'est-à-dire 1 082 841 000 000 000 000 000.

§ 3. Problèmes sur l'addition.

277. Les usages de l'addition sont très-multipliés : On a vendu successivement plusieurs marchandises ; combien en tout ? Un banquier a fait plusieurs recouvrements ; quel en est le total ? Quelle est la dépense annuelle d'une personne qui chaque mois inscrit ses dépenses diverses? Combien faut-il revendre une marchandise pour gagner une somme déterminée? En quelle année une personne aura-t-elle un âge indiqué, connaissant la date de sa naissance? Quelle est la population d'un canton, connaissant celle de chaque commune? Quelle est la population d'un arrondissement, connaissant celle de chaque canton? celle du département? la population du globe, connaissant celle de chacune des cinq parties du monde?

I. *D'après le dernier recensement quinquennal, les populations* TOTALES *de Paris, de l'arrondissement de Saint-Denis, et de l'arrondissement de Sceaux, s'élèvent respectivement aux chiffres de* 1 174 346, 356 034, 197 039. *habitants. Quelle est la population totale du département de la Seine?*

J'ajoute les nombres énoncés dans la question :

$$1\ 174\ 346$$
$$356\ 034$$
$$197\ 039$$

et je trouve   1 727 419 habitants.

NOTA. — Suivant le décret du 9 février 1856, la population dite *normale* ou *municipale* doit seule servir de base à l'assiette des impôts et à l'application des lois administratives et politiques; elle n'est que de 1 645 650 habitants.

II. *Calculer cette population par sexe : dans Paris, on compte* 590 020 *personnes du sexe masculin et* 584 326 *du sexe féminin; dans les deux arrondissements de Saint-Denis et de Sceaux, les nombres sont respectivement* 183 500 *et* 172 534; 106 226 *et* 90 813.

SEXE MASCULIN.		SEXE FÉMININ.	
	590 020		584 326
	183 500		172 534
	106 226		90 813
Total	879 746	Total	847 673

Total général.

$$879\ 746$$
$$847\ 673$$
$$1\ 727\ 419$$

III. *Quelle est la population totale de là Russie :* 55 *millions d'habitants dans la Russie proprement dite;* 5 *en Pologne;* 2 *en*

Finlande ; 3 dans le Caucase ; 4 en Sibérie ; 800 mille en Amérique ?

$$
\begin{array}{r}
55 \\
5 \\
2 \\
3 \\
4 \\
\hline
69
\end{array}
$$

Ainsi l'Empire russe a une population de 69 millions 800 mille habitants ; soit 69 millions.

L'Empire français n'en compte que 36 millions, nombre rond. On estime que la population du monde entier est de 800 millions.

IV. *Combien de kilomètres de lignes télégraphiques dans le monde entier, soit construites, soit en cours d'exécution : en Europe, 60993 ; aux Etats-Unis, 53107 ; dans l'Inde, 8016 ; dans l'Amérique du Sud, 24109 ; on sait d'ailleurs qu'il y a 1348 kilomètres de câble sous-marin tant en Europe qu'en Amérique, et que cette longueur sera augmentée de 24430 kilomètres lorsque le câble transatlantique aura été posé ?*

$$
\begin{array}{r}
60993 \\
53107 \\
8016 \\
24109 \\
1348 \\
24430 \\
\hline
\text{Total...} \quad 172003
\end{array}
$$

V. *Un négociant a acheté 4 quintaux et 4 kilogrammes de sucre, 6 milliers et 5 hectogrammes de savon, 32 myriagrammes et 4 décagrammes de café ; quel est le poids total de ces marchandises ?*

Je commence par rapporter toutes ces grandeurs à une unité commune, le myriagramme par exemple ; puis je fais l'addition des *nombres* suivants :

$$
\begin{array}{r}
40,4 \\
600,05 \\
32,004 \\
\hline
\end{array}
$$

je trouve $\quad 672,454$

en sorte que le poids demandé est de 672 myriagrammes, 4 kilogrammes, 5 hectogrammes et 4 décagrammes.

VI. *D'après le cadastre, les superficies de Paris et des deux arrondissements ruraux Saint-Denis et Sceaux sont respectivement exprimées par 3424 hectares 17 ares ; 20208 hectares 82 ares 9 cen-*

tiares ; 23916 hectares 57 ares 99 centiares. Quelle est la superficie du département de la Seine ?

	3424^h	17^a	00^c
	20208	82	09
	23916	57	99
Total	47549^h	57^a	08^c

NOTA. C'est le plus peuplé et le plus petit des quatre-vingt-six départements.

VII. *Calculer la dépense totale des réparations à faire dans une école communale : maçonnerie, 211^f,26 ; fumisterie, 30^f,75 ; charpente, 119^f,09 ; menuiserie, 25^f,35 ; serrurerie, 10^f,65 ; peinture, 686^f,23 ; pour l'imprévu, le dixième du total des dépenses précédentes ; pour l'agent-voyer, le vingtième du total précédent.*

TABLEAU DES OPÉRATIONS.

Maçonnerie..	211^f,26
Fumisterie.:..	30,75
Charpente...	119,09
Menuiserie..	25,35
Serrurerie..	10,65
Peinture..	686,23
Total..............	1083,33
Imprévu, $\frac{1}{10}$............................	108,33
	1191,66
Frais de direction, $\frac{1}{20}$................	59,58
Total général......	1251^f,24

REMARQUE. L'addition, qui, en général, est une opération fort simple, présente quelques difficultés lorsque les nombres à ajouter ont beaucoup de chiffres.

VIII. *Calculer le revenu brut annuel de la production agricole de la France.*

Céréales et pailles..............................	3327006410
Vignes, vins, bières............................	646388501
Cultures diverses...............................	314956140
Prairies naturelles.............................	462598243
Prairies artificielles..........................	203705169
Pâtures...	91910760
Jachères..	92285902
Bois et forêts..................................	206600525
Pépinières, vergers	76657800
Produits du bétail..............................	1485735000
Total..........	7507844450

Soit 7 millards $\frac{1}{2}$.

REMARQUE. L'opération peut aussi être embarrassante lorsqu'il y a beaucoup de nombres à ajouter. Traitons un exemple.

IX. *L'étranger, qui entreprend de visiter Paris, peut y compter 15 palais affectés soit à l'habitation du souverain, soit aux réunions des grands corps de l'État, soit aux musées; un nombre égal de monuments d'art; 21 ponts; 42 églises catholiques; 5 temples protestants, et 2 synagogues; 4 bibliothèques publiques; 6 établissements généraux d'instruction; 5 lycées, 3 colléges, 129 écoles communales; 3 manufactures impériales; 18 théâtres; 48 établissements militaires, y compris les casernes, les hôpitaux affectés aux troupes, la manutention des vivres, et les greniers à fourrages; 9 prisons affectées aux prévenus et aux diverses catégories de condamnés. En fait de monuments municipaux : l'hôtel de ville, la préfecture de police; 35 fontaines monumentales, non compris divers établissements hydrauliques; 12 mairies, 7 abattoirs, 57 barrières, 2 entrepôts, le grenier de réserve, une halle (principale); 3 cimetières, 1 mont-de-piété, son annexe, 16 hôpitaux, 11 hospices, sans compter les services divers qui en dépendent, et les maisons de secours, distribuées dans la ville. Quel est le nombre de ces monuments de Paris*?*

15
15
21
42
5
2
4
6
5
3
129
3
18
48
9
1
1
35
12
7
57
2
1
1
3
1
16
11
——
474

---

* Nous ne parlons ici que des monuments remarquables de la capitale et non de leur *totalité.*

Parfois il arrive (dans les règlements de compte par exemple) que les additions sont encore beaucoup plus longues que la précédente; dans ce cas, on *fractionne* l'opération en parties arbitraires; on fait les additions partielles, puis le *total général;* mais le plus souvent on fait ce que l'on appelle des *reports*, c'est-à-dire qu'après avoir ajouté les nombres écrits sur une page, on écrit en tête de la suivante le total trouvé, en le faisant précéder du mot *report*, après quoi l'on continue de la même manière jusqu'au bout de l'opération.

X. *Quelle est la durée des quatre saisons?*

Printemps....................................	92ʲ	20ʰ	59ᵐ
Été..	93	14	13
Automne....................................	89	18	35
Hiver.......................................	89	0	2
Total..........	365ʲ	5ʰ	49ᵐ

§ 4. Problèmes sur la soustraction.

278. Cette opération trouve son application dans des questions telles que les suivantes : Combien redoit une personne qui sur une somme empruntée a payé un certain à-compte? Combien un marchand gagne-t-il ou perd-il lorsqu'il revend ce qu'il a acheté? Quelle est la valeur d'une succession, déduction faite de tous les frais?

Quel est le poids des marchandises contenues dans une caisse dont on connaît le poids lorsqu'elle est pleine et lorsqu'elle est vide? Combien de temps une personne a-t-elle vécu, connaissant la date de sa naissance et celle de sa mort? etc.

I. *D'après le recensement de* 1851, *la population de la France était de* 35781628 *habitants; d'après celui de* 1856, *elle était de* 36039364; *quel a été dans l'intervalle l'accroissement du chiffre de cette population?*

De	36039364
j'ôte	35781628
et j'ai	257736

II. *A Londres, l'Exposition universelle de* 1851 *embrassait un espace de* 95000 *mètres carrés; à Paris, celle de* 1855 *occupait un emplacement de* 18 *hectares* 42 *ares; calculer la différence.*

Je prends l'hectare pour unité, je fais la soustraction suivante :

	18,42
	9,50
et je trouve	8,92

c'est-à-dire 8 hectares et 92 ares.

III. *Un négociant avait 132 kilogrammes et 25 grammes de marchandise; il en a vendu 12 kilogrammes, 8 hectogrammes; combien lui en reste-t-il?*

Je rapporte tout au myriagramme; je fais la soustraction suivante :

$$
\begin{array}{r}
13,2025 \\
1,28 \\
\hline
\end{array}
$$

et j'obtiens 11,9225·

c'est-à-dire 11 myriagrammes, 92 hectogrammes, et 25 grammes de marchandise.

IV. *Une masse de cuivre pèse 3 kilogrammes, 7 hectogrammes, 4 décagrammes, 3 grammes, 2 décagrammes; le poids d'un volume d'eau égal à celui de la masse de cuivre est de 2 hectogrammes, 5 décagrammes, 9 centigrammes. On sait, d'après la physique, qu'un corps plongé dans l'eau perd de son poids une quantité égale au poids du volume d'eau qu'il déplace. Quel est le poids de la masse de cuivre dans l'eau?*

Je prends le gramme pour unité de poids; le poids de la masse de cuivre est alors exprimé par 3743,20; la perte de poids que cette masse éprouve lorsqu'elle est plongée dans l'eau est indiquée par 250,09.

De   3743,20
j'ôte   250,09
et j'ai   3493,11

c'est-à-dire que la masse de cuivre ne pèse dans l'eau que 3493 grammes 11 centigrammes.

V. *Une personne née le 20 avril 1816 est morte le 13 juin 1848; pendant combien de temps a-t-elle vécu?*

De $1847^a 5^m 12^j$
j'ôte   1815 3 19
et il reste $32^a 1^m 24^j$

Pour rendre la première soustraction possible, j'ai ajouté 31 à 12 (parce qu'il y a 31 jours dans le mois de mai); j'ai soustrait 19 de 43, et j'ai eu 24 que j'ai écrit à la colonne des jours; pour compenser l'erreur, j'ai ôté 4 de 5, etc., et j'ai trouvé que la personne était morte à l'âge de 32 ans 1 mois 24 jours.

VI. *Quel est l'excès de la somme des deux plus grandes saisons sur la somme des deux plus petites?*

De $186^j 11^h 12^m$
j'ôte   178 18 37
et je trouve $7^j 16^h 35^m$

c'est-à-dire environ 8 jours.

Remarque. Souvent il arrive que l'addition et la soustraction sont nécessaires pour parvenir au résultat cherché.

I. *Un banquier avait en caisse une somme de 74851ᶠ,25. Il a fait trois payements : l'un de 6800 fr.; le deuxième de 3465ᶠ,35, et le troisième de 7444 fr.; il compte ensuite ce qui reste dans sa caisse, et y trouve 57146ᶠ,30. On demande si ce banquier n'a commis aucune erreur dans ses payements.*

J'additionne les nombres qui indiquent les trois payements :

$$6\,800$$
$$3\,465,35.$$
$$7\,444$$

et je trouve $17\,709,35$

Ainsi, le banquier a payé 17 709ᶠ,35 sur 74 851ᶠ,25 qu'il avait en caisse. Pour savoir ce qui devrait lui rester, je fais la soustraction suivante :

$$74\,851,25$$
$$17\,709,35$$

et je trouve $57\,141,90$.

Ainsi la caisse devrait renfermer 57 141ᶠ,90 ; or elle en contient 57 146ᶠ,30, donc le banquier a commis à son profit une erreur de 4ᶠ,40.

II. *Les deux zones glaciales forment ensemble les 82 millièmes de la surface du globe; les deux zones tempérées en forment les 520 millièmes; quelle est la surface de la zone torride, celle de la terre étant prise pour unité?*

ADDITION.		SOUSTRACTION.
0,082		1
0,520		0,602
0,602		0,398

Donc la zone torride est à elle seule les 398 millièmes de la surface du globe.

§ 5. Problèmes sur la multiplication.

279. La multiplication sert à trouver la valeur de plusieurs objets, quand on connaît la valeur de l'un de ces objets; à convertir des unités plus grandes en unités plus petites, etc.

I. *Le décalitre d'huile de térébenthine pèse 8 kilogrammes, 6 hectogrammes, 9 décagrammes et 7 grammes; combien pèseront 4 litres 5 décilitres de la même huile ?*

Je prends le kilogramme pour unité de poids, et le litre pour unité de capacité; puis je dis :

10 litres pèsent   8ᵏ,697

 1 litre pèse   0ᵏ,8697

 4ˡ,5 pèsent un nombre de kilogrammes exprimé par   0 ,8697×4,5;

j'effectue, et je trouve 3,91365; le poids demandé est donc, à très-peu près, de 4 kilogrammes.

II. *Un livre a 651 pages; chaque page renferme 41 lignes; chaque ligne renferme en moyenne 47 lettres; combien de lettres dans l'ouvrage?*

$$47 \times 41 = 1927.$$

Il y a donc 1927 lettres dans une page.

$$1927 \times 651 = 1254477.$$

Il y a donc en tout 1254477 lettres dans l'ouvrage.

III. *Chaque fois qu'il respire, un homme introduit 665 centimètres cubes d'air dans ses poumons; il respire environ 18 fois par minute; combien introduit-il d'air dans ses poumons en une heure?*

$$665 \times 18 = 11790.$$

Ainsi, en une minute un homme introduit 11790 centimètres cubes d'air dans ses poumons.

$$11790 \times 60 = 707400.$$

Il en introduit donc 707400 centimètres cubes en une heure.

IV. *Une commune payait 25246 francs pour les contributions directes; elle est obligée de s'imposer extraordinairement de 2 centimes* $\frac{1}{2}$; *on demande quel sera le montant de l'imposition, et à combien s'élèveront les contributions d'une personne qui payait déjà 28 francs.*

Dire qu'une commune s'impose de $2\frac{1}{2}$ centimes, c'est dire qu'on ajoute $2\frac{1}{2}$ ou 0ᶠ,025 à chaque franc des impositions ordinaires; le montant de l'imposition extraordinaire sera donc en francs.

$$0,025 \times 25246 = 631,15;$$

or,

$$25246 + 631,15 = 25877,15;$$

donc l'imposition totale est de 25877ᶠ,15.

Quant à l'imposition du contribuable qui paye 28 fr. par an, elle est de 28ᶠ70, puisque $0,025 \times 28 = 0,70.$

V. *La glace de la manufacture de Saint-Gobain (cette glace figurait à l'exposition universelle de 1855) avait 5ᵐ,37 de hauteur, et 3ᵐ,36 de largeur; quelle en était la superficie, sachant, d'après la géométrie, qu'on obtient la mesure d'un rectangle en multipliant la mesure de sa base par celle de sa hauteur.*

J'effectue le produit, et je trouve que la glace avait une étendue superficielle de 18 mètres carrés, 4 décimètres carrés, 32 centimètres carrés.

VI. *Effectuer la multiplication suivante :*

$$44^h \quad 20^m \quad 18^s$$
$$\underline{6}$$
$$264^h$$

Pour 15^m.....................	1^h........	30^m		
Pour 5^m.....................	0	30		
Pour 1^m (produit auxiliaire)..	0	6		
Pour 15^s.....................	0	1	30^s	
Pour 3^s.....................	0	0	18	
Réponse.......	266^h........	1^m........	48^s	

§ 6. Problèmes sur la division.

280. Les principaux usages de la division sont les suivants : trouver la valeur d'un objet quand on connaît la valeur de plusieurs de ces objets ; combien pour une somme d'argent aura-t-on, par exemple, de kilogrammes d'une certaine marchandise, connaissant le prix du kilogramme de cette marchandise ? convertir des unités plus petites en unités plus grandes, etc.

I. *On sait qu'une vis a avancé de 1 millimètre $\frac{17}{18}$ en un tour ; combien fera-t-elle de tours pour avancer de 57 millimètres $\frac{7}{12}$?*

Je divise $57\frac{7}{12}$ par $1\frac{17}{18}$, et je trouve successivement :

$$57\frac{7}{12} : 1\frac{17}{18} = \frac{691}{12} : \frac{35}{18} = \frac{691 \times 18}{12 \times 35} = \frac{691 \times 3}{2 \times 35} = \frac{2073}{70} = 29\frac{43}{70}.$$

C'est donc au bout de 29 tours environ.

II. *D'après le recensement de 1856 la population de la France est de 36039364 habitants ; la superficie de la France est de 530278,91 kilomètres carrés. En moyenne, combien d'habitants par kilomètre carré ?*

Je divise 36039364 par 530278,91, et je trouve 67,963 ; soit 68. Ainsi il y a 68 habitants par chaque kilomètre carré. C'est ce qu'on appelle la population spécifique de la France.

III. *75 kilogrammes d'une marchandise coûtent 89^f,70 ; quel serait le prix d'un demi-kilogramme ?*

75 kil. coûtent	89^f,50	
1	—	$\dfrac{89^f,50}{75}$
$\frac{1}{2}$	—	$\dfrac{89^f,50}{75 \times 2}$.

J'effectue les opérations indiquées, et je trouve 0^f,59 pour le résultat demandé.

IV. *Pour 6 kilogrammes 68 décagrammes de pain, il faut 1 décalitre de blé; combien en faut-il pour 56 myriagrammes 4 kilogrammes 32 décagrammes de pain?*

Je prends le kilogramme pour unité de poids, et je dis :

Pour 6^k,68 de pain, il faut   1 décal. de blé;

—   1 kil.   — $\dfrac{1^{decal}}{6,68}$;

— 564^k,32   — $\dfrac{564^{decal},32}{6,68}$;

j'effectue la division, et je trouve 84^{decal},4 ou 844 litres de blé.

V. *Combien pèse la pièce d'or de 100 francs? On sait qu'à poids égal l'or vaut 15 fois $\frac{1}{2}$ autant que l'argent.*

100 francs en argent pèsent 100 fois 5 grammes, ou 500 grammes; pour avoir le poids en or, il faut donc diviser 500 par 15,5 ou 5000 par 155, ce qui donne 32,26. Ainsi la pièce d'or pèse 32^{gr},26, à un centigramme près.

VI. *Combien de jours, d'heures et de minutes dans $\dfrac{749}{35}$ de jour?*

$$
\begin{array}{r|l}
749^j & 35 \\
49 & \overline{21^j \quad 9^h \quad 36^m} \\
\end{array}
$$

Reste............... 14^j.

$24^h \times 14 = $............ 336^h

Reste............... 21

$60^m \times 21 = $............ 1260^m

210

00

VII. *Prendre le huitième de $52^j\ 15^h\ 18^m$.*

$$
\begin{array}{r|l}
52^j \quad 15^h \quad 18^m & 8 \\
& \overline{6^j \quad 13^h \quad 54^m \quad 47^s \frac{1}{2}} \\
\end{array}
$$

Reste..................... 4

$24^h \times 4 = 96; 96 + 15 = $.... 111^h

31

Reste..................... 7

$60^m \times 7 = 420^m; 420 + 18 = $ 438^m

38

Reste..................... 6

$60^s \times 6 = $................. 360^s

60

Reste..................... 4

VIII. *Une machine à vapeur fonctionnant régulièrement a fait 1200^m,95 d'étoffe en $13^j\ 17^h\ 28^m$; combien a-t-elle fait de mètres par jour?*

Je convertis le diviseur 13ʲ.17ʰ 28ᵐ en un nombre fractionnaire de jour, et je trouve $\frac{19768}{1440}$; je multiplie le dividende 1200,95 par la fraction renversée, et je trouve 87ᵐ,48 pour le résultat demandé.

IX. *Un mètre d'ouvrage peut être fait en* 32ʰ 46ᵐ 27ˢ; *combien de mètres peut-on faire en* 91ʰ 46ᵐ 3ˢ⅗ ?

Je réduis en secondes le dividende et le diviseur, et je trouve 2ᵐ,80 pour le nombre cherché.

PREUVE.

	32ʰ	46ᵐ	27ˢ
	2,8		
Pour 2ᵐ........	65	32	54
Pour 0,5......	16	23	13,5
Pour 0,2......	6	33	17,4
Pour 0,1......	3	16	38,7
	91ʰ	46ᵐ	3ˢ,6

§ 7. Problèmes sur les quatre règles.

281. I. *Un négociant achète* 65 *hectolitres de vin à raison de* 50 *francs l'hectolitre; il paye en outre* 24 *francs par hectolitre pour droit d'entrée, et* 7ᶠ,25 *pour frais de transport; il revend le tout sur le pied de* 95 *francs l'hectolitre. Quel est son bénéfice ?*

$$50 + 24 + 7,25 = 81,25.$$

Le marchand a donc payé l'hectolitre 81ᶠ,25 ;

de	95
j'ôte	81,25
et je trouve	13,75

Le marchand gagne donc 13ᶠ,75 par hectolitre; je multiplie 13,75 par 65, et je trouve 893,75; le marchand a donc réalisé un bénéfice de 893ᶠ,75 sur son marché.

II. *Une personne a acheté* 342ᵐ,45 *de marchandise, à raison de* 18ᶠ,25 *le mètre; elle veut, en les revendant, réaliser un bénéfice de* 500 *francs sur le tout; les* ⅗ *de l'achat ont déjà été vendus à raison de* 19ᶠ,40 *le mètre; quel doit être le prix du mètre de ce qui reste encore à vendre ?*

Le prix de revient est 18ᶠ,25 × 342,45 ou	6249ᶠ,71
à cette somme j'ajoute	500
le prix de vente doit donc être de	6749ᶠ,71

Les ⅗ de 342ᵐ,45 sont juste de 266ᵐ,35.
Ces 266ᵐ,35 ont rapporté 19ᶠ,40 × 266,35 ou 5167ᶠ,19.

De   6749^f,71
j'ôte   5167 ,19
                                      ————————
et je trouve   1582^f,52

Puis, je dis :

Les $\frac{2}{9}$ de 342^m,45, ou les 76^m,10 qui restent, doivent être vendus 1582^f,52 ;

1 mètre doit donc être vendu $\dfrac{1582^f,52}{76,10}$ ou 20^f,80.

Vérification. — Le marchand a déboursé   6249^f,71 :

1° Il a vendu pour   5167^f,19
2° Il a vendu pour   1582 ,88
                                     ————————
           Total......   6750^f,07

de   6750^f,07
j'ôte   6249 ,71
                                     ————————
et j'ai   500^f,36

Je retrouve donc 500 francs, avec un petit excès de 36 centimes, parce que les nombres n'ont pas été rigoureusement calculés.

III. *Quatre compagnies d'ouvriers sont telles, que la première ferait un ouvrage en 45 jours, la deuxième en 9 jours, la troisième en 27 jours , et la quatrième en 36 jours. Pour exécuter cet ouvrage on emploie en même temps les $\frac{2}{5}$ des hommes de la 1re compagnie, les $\frac{3}{4}$ de ceux de la 2e, la moitié de ceux de la 3e, et le tiers de ceux de la 4e ; combien de jours leur faudra-t-il pour faire l'ouvrage ?*

La 1re compagnie ferait en 45 jours tout l'ouvrage :

Elle ferait en 1 jour $\dfrac{1}{45}$ de l'ouvrage ;

Les $\frac{2}{5}$ de cette comp. feront en 1 jour $\dfrac{1}{45} \times \dfrac{2}{5} = \dfrac{2}{225}$ de l'ouvrage.

Par un raisonnement semblable, je trouve que

Les $\frac{3}{4}$ de la 2e comp. feront en 1 jour $\dfrac{1}{12}$ de l'ouvrage ;

La $\frac{1}{2}$ de la 3e comp. fera en 1 jour $\dfrac{1}{54}$ de l'ouvrage ;

Le $\frac{1}{3}$ de la 4e comp. fera en 1 jour $\dfrac{1}{108}$ de l'ouvrage.

Par conséquent tous les ouvriers employés feront en un jour :

$$\frac{2}{225} + \frac{1}{12} + \frac{1}{54} + \frac{1}{108} \text{ ou les } \frac{3}{25} \text{ de l'ouvrage ;}$$

par suite

$$\frac{1}{\left(\frac{3}{25}\right)} = \frac{25}{3} = 8\,\frac{1}{3}$$

exprime que l'ouvrage sera exécuté en 8 jours $\frac{1}{3}$.

IV. *Une montre que l'on a oublié de régler est actuellement en retard de 1 heure ½, mais elle avance chaque jour régulièrement de 1 minute ½; au bout de combien de temps marquera-t-elle l'heure exacte?*

Il faut pour cela que son retard soit détruit par l'avance journalière; il faut donc que cette avance, qui est de 1 minute ½, soit répétée autant de fois qu'elle est contenue dans 1 heure ½; il faut donc diviser 1 heure ½ ou 90 minutes par 1 minute ½; or, 90 : ½ = 60, c'est donc au bout de 60 jours que la montre marquera l'heure exacte.

V. *D'après Réaumur, l'échelle thermométrique comprise entre les températures de la glace fondante et de l'eau bouillante était partagée en 80 parties égales appelées degrés. Les physiciens modernes partagent le même intervalle en 100 parties appelées degrés centigrades. Or, en déterminant la température d'un milieu quelconque à l'aide d'un thermomètre gradué d'après Réaumur, on a trouvé 23°,4. On demande quelle serait la température du même milieu en degrés centigrades.*

80° Réaumur valent 100° centigrades;

$$1° \text{ Réaumur vaut } \frac{100}{80} \text{ ou } \frac{5°}{4} \text{ centigrade};$$

$$23°,4 \text{ Réaumur valent } \left(\frac{5°}{4} \times 23,4\right) \text{ centigrade}.$$

Effectuant, je trouve 29°,25 centigrades.

VI. *On a observé à Londres une température de 68 degrés Fahrenheit. Quelle est la température correspondante en degrés centigrades?*

Le thermomètre Fahrenheit, plongé dans la glace fondante, marque 32, et dans l'eau bouillante, 212; il en résulte que l'intervalle se compose de 180°; et comme le même intervalle est divisé en France en 100 parties, il en résulte que

180° Fahrenheit valent 100° centigrades;

$$1° \text{ Fahrenheit vaut } \frac{100°}{180} \text{ ou } \frac{5°}{9} \text{ centigrade}.$$

La température observée de 68° Fahrenheit est de 36° au-dessus de 32° ou au-dessus de la glace fondante; ces 36° valent $\left(\frac{5}{9} \times 36\right)$ degrés centigrades, ou 20° centigrades au-dessus de zéro.

VII. *856 grammes d'argent à la température de 120 degrés centigrades sont susceptibles de fondre 73ᵍʳ,893 de glace en descendant* *à 0 degré. Combien 1978 grammes du même métal, portés à 78 degrés, en fondront-ils en passant à 0 degré ?*

Si 856 grammes à 120° fondent 73,893 grammes de glace,

1 gramme à 120° fondra $\dfrac{73,893}{856}$;

1978 grammes à 120° fondront $\dfrac{73,893 \times 1978}{856}$;

1978 grammes à 1° fondront $\dfrac{73,893 \times 1978}{856 \times 120}$;

1978 grammes à 78° fondront $\dfrac{73,893 \times 1978 \times 78}{856 \times 120}$.

Effectuant, je trouve 110,9862 grammes.

VIII. *Pour estimer la force des machines à vapeur, on la compare à l'unité dynamique appelée cheval-vapeur.* (C'est la force capable d'enlever 75 kilogrammes d'eau à 1 mètre de hauteur dans une seconde de temps.) *Cela posé, on demande combien, en une seconde, on pourra élever d'eau d'un puits de 27 mètres de profondeur, à l'aide d'une machine à vapeur de la force de 6 chevaux $\frac{1}{2}$.*

Chaque force de cheval étant capable d'élever 75 litres d'eau à 1 mètre de hauteur en une seconde, 6 chevaux $\frac{1}{2}$ suffiront pour élever par seconde, à 1 mètre de hauteur, une quantité d'eau exprimée par $75^l \times 6\frac{1}{2}$, ou $487^l,5$.

Mais la hauteur à laquelle on doit élever l'eau étant de 27 mètres, on ne pourra élever par seconde qu'une quantité d'eau exprimée par $\dfrac{487^l,5}{27}$, ce qui fait $18^l,05$ par seconde.

Si la machine travaille 12 heures par jour, la quantité d'eau enlevée du puits sera $18^l,05 \times 12 \times 60 \times 60$, ou de 780 mètres cubes environ.

IX. *Quel est le poids de vapeur à 100 degrés qu'il faut condenser dans une cuve de teinture contenant 2000 kilogrammes d'eau à 12 degrés, pour que le mélange soit à 55 degrés ?*

On appelle *unité de chaleur* la quantité de chaleur nécessaire pour faire varier d'un degré la température d'un kilogramme d'eau.

Cela posé, pour passer de 12° à 55°, ce qui fait une élévation de température de 43°, un kilogramme d'eau devrait recevoir 43 unités de chaleur, et les 2000 kilogrammes d'eau, pour passer de 12° à 55°, devront recevoir 2000 fois 43 unités de chaleur, ou 86000 unités de chaleur.

Or, on sait qu'un kilogramme de vapeur d'eau, en se liquéfiant, abandonne 540 unités de chaleur; puis, pour que la température s'abaisse de 100° à 55°, il perd encore 43 unités de chaleur, ce qui fait en tout 583 unités de chaleur. Mais il faut en fournir 86000 à l'eau de la cuve. Donc il faudra autant de kilogrammes qu'il y a de fois 583 dans 86000. Effectuant la division, je trouve à très-peu près 147,50 pour réponse à la question proposée.

X. *Un flacon vide pèse 453 grammes; plein d'eau, il pèse*

3786 *grammes. Quelle est approximativement la capacité du flacon,
sans tenir compte de ce que l'eau n'est pas à la température de son
maximum de densité?*

Puisque le flacon plein d'eau pèse 3786 grammes, l'excès de ce nombre sur
453 grammes, ou 3333 grammes, sera le poids de l'eau qu'il contient. Mais chaque
gramme d'eau occupe un centimètre cube; la capacité du flacon est donc de
3333 centimètres cubes, ou de 3 $\frac{1}{3}$ litres.

XI. *Le carbonate de potasse est une combinaison d'acide carbonique et de potasse dans le rapport de* 275 *à* 590. *Combien y a-t-il
de potasse dans* 100 *kilogrammes de carbonate de potasse ?*

D'après les données, 275 parties d'acide carbonique sont combinées à 590 parties de potasse; cela fait donc 865 parties de carbonate de potasse; et comme la
potasse qui entre dans ces 865 parties est égale à 590 parties, il en résulte que la
potasse est les $\frac{590}{865}$ du carbonate de potasse résultant de la combinaison.

Dans l'exemple proposé, il suffit donc de prendre les $\frac{590}{865}$ de 100 kil.; la quantité de potasse est donc exprimée par $\dfrac{100 \times 590}{865}$, ce qui donne 68^k,208, à 1 gramme
près.

XII. *La potasse est une combinaison de potassium et d'oxygène
dans le rapport de* 490 *à* 100. *Combien y a-t-il de potassium dans*
234 *kilogrammes de carbonate de potasse?*

490 parties de potassium se combinent à 100 parties d'oxygène pour former la
potasse; cela fait donc 590 kilogrammes de potasse; et comme le potassium forme
490 de ces parties, il est les $\frac{490}{590}$ de la potasse. Nous avons vu, dans la question
précédente, que la potasse est les $\frac{590}{865}$ du carbonate de potasse dont elle est l'un
des composants; par conséquent, le potassium est les $\frac{490}{590}$ des $\frac{590}{865}$ du carbonate
de potasse. Le nombre demandé est donc exprimé par $234 \times \frac{490}{590} \times \frac{590}{865}$, ou par
$234 \times \frac{490}{865}$, ce qui donne 132^k,555 à 1 gramme près.

XIII. *Un litre d'oxygène pèse* 1^{gr},42975; 1 *litre d'hydrogène pèse*
0^{gr},08936; *l'eau est le résultat de la combinaison des deux gaz précédents dans le rapport de* 100 *à* 12,50 *en poids. On demande le
volume d'oxygène et le volume d'hydrogène compris dans* 1 *kilogramme d'eau.*

Je calculerai d'abord les poids d'oxygène et d'hydrogène contenus dans un
kilogramme d'eau. Raisonnant comme dans les deux questions précédentes, je
trouve :

Pour l'oxygène :   1 kil. $\times \dfrac{100}{112,50}$, ou $\frac{8}{9}$ de kilogramme;

Pour l'hydrogène : 1 kil. $\times \dfrac{12,50}{112,50}$, ou $\frac{1}{9}$ de kilogramme.

Maintenant, pour savoir combien cela fait de litres de chaque gaz, il faut chercher combien le poids d'un litre est contenu de fois dans le poids trouvé. J'obtiens ainsi :

Pour l'oxygène : $\dfrac{\frac{4}{9}}{0,00142975}$, ou 621,7 litres;

Pour l'hydrogène : $\dfrac{\frac{1}{9}}{0,00008936}$, ou 1243,4 litres.

Remarque. Le nombre 1243,4 est juste le double de 621,7. On sait qu'en effet l'hydrogène et l'oxygène se combinent dans le rapport de 2 à 1 en volume.

XIV. *Quelle serait la température de l'ébullition de l'eau un jour où la pression atmosphérique serait* $0^m,769$? *On sait que l'eau entre en ébullition à la température de* 100 *degrés, sous la pression de* $0^m,76$, *et que la température varie d'un degré en plus ou en moins, pour une variation en plus ou en moins de* 27 *millimètres dans la pression atmosphérique.*

Puisque pour 27 millimètres d'augmentation dans la pression, la température de l'ébullition de l'eau s'élève d'un degré, pour 1 millimètre d'augmentation, l'élévation de la température sera de $\frac{1}{27}$ de degré, et pour 9 millimètres, de $\frac{9}{27}$ ou $\frac{1}{3}$ de degré; par conséquent, sous la pression $0^m,769$, la température de l'ébullition de l'eau sera de $100^o \frac{1}{3}$.

Remarque.

282. On a exposé dans la *première partie* de ce Traité les diverses méthodes nécessaires pour effectuer sur les nombres entiers, fractionnaires et décimaux, les opérations fondamentales auxquelles ces nombres peuvent être soumis.

Dans la *deuxième partie*, on a mis en évidence l'utilité pratique de ces opérations; dès lors il semblerait naturel de terminer ici l'arithmétique; mais, conformément aux habitudes de l'enseignement, nous consacrerons le chapitre suivant à une classe particulière de problèmes dont on comprendra aisément toute l'importance.

D'ailleurs, la considération des *grandeurs proportionnelles*, dont il va être question, sera d'une très-grande utilité dans les diverses branches des mathématiques, notamment en Géométrie.

CHAPITRE VII.

PROPORTIONNALITÉ DES GRANDEURS. — RÈGLE DE TROIS. —RÈGLE D'INTÉRÊT. — RÈGLE D'ESCOMPTE. —ÉCHÉANCE COMMUNE. — RENTES SUR L'ÉTAT. — ASSURANCES. — RÈGLE CONJOINTE. — RÈGLE DE SOCIÉTÉ. — PARTAGES PROPORTIONNELS. — RÈGLE DE MÉLANGE. — RÈGLE D'ALLIAGE. — RÈGLE DES MOYENNES ARITHMÉTIQUES.

§ 1. Proportionnalité des grandeurs.

283. Nous commencerons par rappeler en peu de mots ce que nous avons dit ailleurs sur les rapports des grandeurs.

284. I. Le *rapport d'une grandeur à une autre* (de même espèce) est le nombre, entier ou fractionnaire, qui indique comment la première se forme avec la seconde. *Mesurer une grandeur*, c'est trouver son rapport à une autre grandeur de même espèce, prise pour unité.

La mesure d'une grandeur n'est donc qu'un cas particulier du rapport [*].

EXEMPLES. Deux vases contiennent, l'un 8 litres d'eau et l'autre 13 ; quel est le rapport de leurs capacités? Si le premier ne contenait qu'un litre, sa capacité serait $\frac{1}{13}$ de celle du second ; mais il en contient 8, le rapport des deux capacités est donc $\frac{8}{13}$.

Deux poids sont exprimés, l'un par $17^{kil},28$, et l'autre par $3^{kil},85$; dans quel rapport sont-ils? Le premier est les $\dfrac{1728}{385}$ du second.

II. Le rapport d'une grandeur à une autre est 4 ; quel est celui de la seconde à la première? Puisque la première est le *quadruple* de la seconde, la seconde, à son tour, est *le quart* de la première. De même, si une grandeur est les $\frac{3}{4}$ d'une autre, cette autre est les $\frac{4}{3}$ de la première ; observons de suite que le produit de deux rapports tels que $\frac{4}{1}$ et $\frac{1}{4}$; $\frac{3}{4}$ et $\frac{4}{3}$ est égal à l'unité.

---

[*] Le rapport d'une grandeur à une autre n'est pas toujours la mesure de cette grandeur; ainsi, de ce qu'un angle *aigu* est les $\frac{3}{4}$ d'un autre angle aigu, il ne faut pas conclure que $\frac{3}{4}$ soit la mesure du premier angle, parce que les géomètres ont choisi l'angle *droit* pour unité d'angle.

III. Nous avons donné au n° **251**, une idée générale de la manière de mesurer une grandeur ; nous avons dit aussi ce que l'on devait entendre par des *grandeurs commensurables* ou *incommensurables;* nous avons montré comment on a le rapport de deux grandeurs lorsque l'on a trouvé une commune mesure entre ces grandeurs, et réciproquement comment on passe du rapport à la commune mesure.

IV. Le *rapport de deux nombres* est le quotient de la division de ces deux nombres. Le rapport de 8 à 12 est $\frac{8}{12}$ ou $\frac{2}{3}$, c'est-à-dire que 8 est les $\frac{2}{3}$ de 12. Le rapport des deux nombres est en même temps celui des grandeurs qu'ils représentent.

V. Les *propriétés des rapports* sont les mêmes que celles des nombres entiers ou fractionnaires.

Si accidentellement le rapport était exprimé par

$$\frac{\left(\frac{2}{3}\right)}{\left(\frac{5}{7}\right)},$$

on le remplacerait par $\frac{2}{3} \times \frac{7}{5} = \frac{14}{15}$.

On appelle quelquefois *antécédent* du rapport le numérateur de ce rapport, et *conséquent* le dénominateur de ce rapport.

285. I. On dit que *deux grandeurs* (qui dépendent l'une de l'autre) *varient dans le même rapport*, lorsque l'une devenant un certain nombre de fois plus grande ou plus petite, l'autre devient le même nombre de fois plus grande ou plus petite (on en trouve des exemples en géométrie, en mécanique, en astronomie, etc.).

De cette définition résulte qu'*il y a égalité de rapports entre deux valeurs quelconques de la première et les valeurs correspondantes de la seconde.*

Si, pour fixer les idées ; 7 mètres d'étoffe ont coûté 26 francs, 14 mètres d'étoffe (toutes choses égales d'ailleurs) coûteront 52 fr., en sorte que je pourrai écrire

$$\frac{7}{14} = \frac{26}{52}.$$

II. Autrefois on appelait *proportion* cette égalité de rapports, et on l'écrivait habituellement

$$7 : 14 :: 26 : 52$$

(7 *est à* 14 *comme* 26 *est à* 52) ; 7 et 52 étaient les *extrêmes;* 14 et 26 les *moyens.* Cette notation, que l'on rencontre à profusion dans les anciens auteurs, est aujourd'hui presque abandonnée. Toute-

fois, la locution continue à être en usage; ainsi on dit que *deux grandeurs sont proportionnelles* pour exprimer qu'elles varient dans le même rapport. On dit encore que *l'une varie en raison directe de l'autre*, le mot *raison* étant ici synonyme de *rapport*.

Observons de suite que pour reconnaître si deux rapports sont égaux, il suffit de les réduire au même dénominateur et de comparer les nouveaux numérateurs. Ainsi

$$\frac{18}{48} = \frac{15}{40},$$

parce que $18 \times 40 = 48 \times 15$; mais il ne serait pas vrai de dire que

$$\frac{52}{73} = \frac{27}{43},$$

parce qu'on n'a pas

$$52 \times 43 = 27 \times 73\,^*.$$

III. Parfois il arrive que, dans une égalité de rapports, l'une des quatre quantités est inconnue; pour abréger, je désigne par la lettre x cette quantité; je pose par exemple

$$\frac{27,744}{50,226} = \frac{1}{x};$$

je réduis au même dénominateur, et j'ai

$$27,744 \times x = 50,226;$$

je divise les deux membres par 27,744, et j'obtiens

$$x = \frac{50,226}{27,744} = 1,81\ldots$$

IV. La proportionnalité des grandeurs joue un rôle important dans les usages de la vie.

Le *prix* d'une étoffe est proportionnel à sa longueur ; la *quantité d'ouvrage* faite par un ouvrier est proportionnelle à la *durée* de son travail ; le *salaire* de son travail est proportionnel au *temps* pendant lequel il travaille ; la *durée* d'un trajet est proportionnelle à sa *longueur* ; le *poids* d'un corps (*homogène*) est proportionnel à son *volume* ; la *quantité de vivres* nécessaire pour nourrir un certain nombre de personnes est proportionnelle au *temps* pendant lequel

---

* On sait d'ailleurs que deux fractions irréductibles ne sont égales que lorsqu'elles ont identiquement les mêmes termes.

elles doivent être nourries ; la *longueur de l'ombre* portée par un bâton *vertical* est proportionnelle à la *longueur de ce bâton*, etc., etc.

V. *Une grandeur peut être proportionnelle à plusieurs autres :* le *prix* d'une étoffe est proportionnel à sa *longueur*, à sa *largeur ;* la *quantité d'ouvrage* que fait un ouvrier est proportionnelle au *temps* pendant lequel il travaille ; le *poids* d'un corps est proportionnel à son *volume*, à sa *densité* (elle sera définie plus tard), etc.

VI. On dit que *deux grandeurs sont inversement* (ou réciproquement) *proportionnelles*, ou bien encore, *qu'elles varient dans un rapport inverse*, lorsque l'une devenant un certain nombre de fois plus grande ou plus petite, l'autre devient le même nombre de fois plus petite ou plus grande. On dit encore que *l'une varie en raison inverse de l'autre.*

Le *temps* employé à faire un ouvrage est inversement proportionnel au *nombre d'ouvriers* qui y travaillent ; la *longueur* d'une étoffe, d'un prix déterminé, est inversement proportionnelle à la *largeur* de cette étoffe ; dans un partage entre plusieurs personnes, la *part* de chacune est inversement proportionnelle au *nombre* de ces personnes, etc.

VII. Une grandeur peut être inversement proportionnelle à plusieurs autres ; le *temps* employé à faire un ouvrage est inversement proportionnel au *nombre* des ouvriers, à leur *activité*, etc.

VIII. Une grandeur peut être directement proportionnelle à plusieurs autres, et inversement proportionnelle à plusieurs autres.

Le *nombre de jours* que mettent plusieurs ouvriers à faire un mur est directement proportionnel à la *longueur*, à *l'épaisseur*, à la *hauteur* de ce mur, et inversement proportionnel au *nombre des ouvriers*, à la *durée de la journée* de travail, etc.

IX. Lorsqu'on dit qu'une grandeur est directement ou inversement proportionnelle à l'une de celles dont elle dépend, on suppose que toutes les autres sont invariables. Ainsi, dire que *le poids* d'une barre de fer est proportionnel à sa longueur, c'est supposer tacitement que les autres éléments, tels que la largeur et l'épaisseur qui concourent à déterminer ce poids, ne varient pas.

X. Il est bon d'observer que, pour que deux grandeurs soient proportionnelles l'une à l'autre, il ne suffit pas qu'elles croissent ou décroissent en même temps ; ainsi les âges de deux personnes vivantes croissent en même temps, mais non dans le même rapport,

XI. Il importe aussi d'observer que *la démonstration de la proportionnalité des grandeurs n'est pas du ressort de l'arithmétique; elle y est admise comme un fait connu, ou comme une convention.*

C'est le cas de remarquer que les proportionnalités mentionnées au n° 285, rem. IV, ne sont pas rigoureusement exactes *; mais ce n'est pas une raison pour les rejeter; il est vrai que *les résultats obtenus ne seront qu'approchés;* mais c'est ainsi que les choses se passent dans la pratique.

Toutefois, il est bon de se prémunir contre de *fausses proportionnalités;* par exemple, il ne faudrait pas dire que *le prix d'une substance est toujours proportionnel au poids de cette substance* (cela est faux pour le *diamant*); que *si on a payé* 1000 *fr. pour faire creuser un puits d'une certaine profondeur, on devra payer* 2000 *fr. pour un puits d'une profondeur double* (il faudrait connaître la *loi* suivant laquelle augmente la difficulté du travail, à mesure que l'ouvrier descend à une plus grande profondeur); que *l'écoulement de l'eau contenue dans un réservoir est proportionnel à la durée de cet écoulement, lorsque l'eau s'échappe par un orifice pratiqué au fond du réservoir* (la pression due à la hauteur de la colonne d'eau au-dessus de l'orifice s'abaisse avec celle du niveau), etc., etc.

§ 2. Règle de trois.

286. On comprend sous la dénomination générale de *règle de trois* toute question dans laquelle on peut, en vertu de la proportionnalité, trouver une quantité inconnue à l'aide de *trois* quantités connues.

Les *quatre* quantités sont deux à deux de même espèce. Les deux quantités d'une espèce sont directement ou inversement proportionnelles aux deux autres, suivant que le rapport des deux premières est égal au rapport direct ou inverse des deux dernières. Dans le premier cas, la règle de trois est *directe;* dans le second, elle est *inverse.*

La règle de trois est *simple* ou *composée*, selon que l'on considère deux ou plusieurs rapports.

---

* Surtout pour la longueur de l'ombre projetée par un bâton vertical.

Règle de trois simple directe.

287. *12 mètres de drap ont coûté* 60 *francs; combien coûteraient* 18 *mètres de ce drap, toutes choses égales d'ailleurs?*

Les deux espèces de quantités sont ici une longueur (12 mètres de drap), et un prix (60 francs), que je suppose proportionnelles. En conséquence, je pourrai dire : Puisque 12 mètres coûtent 60 francs, un seul mètre coûtera 12 fois moins, ou le 12ᵉ de 60 francs, c'est-à-dire 5 francs ; 18 mètres coûteront 18 fois plus que 5 fr. ou 90 francs.

REMARQUE I. La méthode qui vient d'être employée est dite méthode de *réduction à l'unité*, parce qu'en vertu de la proportionnalité on a pu passer par *l'unité*, qui est le cas le plus simple des rapports, et par suite trouver la valeur de l'inconnue. Cette méthode a déjà trouvé son utilité dans quelques-uns des problèmes du nᵒ **281** *.

REMARQUE II. On a l'habitude, pour abréger, de désigner par x l'inconnue, puis de disposer les quantités et la solution comme il suit :

$$12 \text{ mètres} \ldots\ldots\ldots\ldots\ldots\ldots\ldots\ 60 \text{ fr.}$$
$$18 \text{ mètres} \ldots\ldots\ldots\ldots\ldots\ldots\ldots\ x \text{ fr.}$$

Puisque

$$12 \text{ mètres coûtent} \ldots\ldots\ldots\ldots\ 60 \text{ fr.}$$
$$1 \text{ mètre coûtera} \ldots\ldots\ldots\ldots\ \frac{60^f}{12}$$
$$18 \text{ mètres coûteront} \ldots\ldots\ldots\ \frac{60^f \times 18}{12}$$

donc

$$x = 60^f \times \frac{18}{12} ;$$

j'effectue et je trouve 90 francs.

288. Dans toutes les questions de ce genre où l'on considère *deux couples de valeurs correspondantes* 12^m et 60^f, 18^m et x^f, on peut former immédiatement la valeur de l'inconnue à l'aide de la règle suivante :

289. *Disposez les nombres de la question de manière que les valeurs correspondantes soient sur la même ligne horizontale, et que les valeurs d'une même espèce soient sur une même ligne verticale; multipliez la quantité connue de même espèce que* x *par le rap-*

---

* Elle est applicable toutes les fois qu'il n'entre dans la question que des quantités qui varient dans le même rapport, ou dans un rapport inverse.

port des deux autres quantités, en prenant le numérateur de ce rapport sur la ligne horizontale qui contient x.

Application.

$4^m \frac{2}{3}$ *coûtent* $12^f \frac{3}{4}$; *combien coûteront* $5^m \frac{1}{2}$?

$$4^m \tfrac{2}{3} \dots\dots\dots\dots\dots\dots\dots\dots\dots \quad 12^f \tfrac{3}{4}$$
$$5^m \tfrac{1}{2} \dots\dots\dots\dots\dots\dots\dots\dots\dots \quad x \text{ fr.}$$

$$x = 12^f \tfrac{3}{4} \times \frac{5\frac{1}{2}}{4\frac{2}{3}};$$

j'effectue, et je trouve $15^f,02$ à un centime près.

Règle de trois simple inverse.

290. *7 ouvriers ont mis 48 heures à faire un certain ouvrage; combien 13 ouvriers mettront-ils d'heures à faire le même ouvrage (toutes choses égales d'ailleurs)?*

Les deux quantités, supposées inversement proportionnelles, sont des ouvriers et des heures; je désigne par x le nombre d'heures demandé; je dispose l'opération :

$$7 \text{ ouvriers} \dots\dots\dots\dots\dots\dots\dots\dots \quad 48 \text{ heures}$$
$$13 \text{ ouvriers} \dots\dots\dots\dots\dots\dots\dots\dots \quad x \text{ heures}$$

et je dis :

puisque

$$7 \text{ ouvriers mettent} \dots\dots\dots\dots\dots\dots \quad 48 \text{ heures}$$
$$1 \text{ ouvrier mettra} \dots\dots\dots\dots\dots\dots \quad 48^h \times 7$$
$$13 \text{ ouvriers mettront} \dots\dots\dots\dots\dots \quad \frac{48^h \times 7}{13},$$

donc
$$x = 48^h \times \frac{7}{13}.$$

J'effectue, et je trouve $25^h \frac{11}{13}$; soit 26 heures.

REMARQUE. La règle est la même que la précédente, à cela près que *le rapport multiplicateur est renversé.*

APPLICATION. *Un navire n'a plus que pour 12 jours de vivres; mais il doit encore tenir la mer pendant 18 jours. A combien faut-il réduire la ration de chaque individu par jour?*

Soit 1 la ration ordinaire; soit x la ration réduite; je dispose l'opération,

$$12 \text{ jours} \dots\dots\dots\dots\dots \quad 1$$
$$18 \text{ jours} \dots\dots\dots\dots\dots \quad x,$$

, et j'obtiens
$$x = 1 \times \frac{12}{18} = \frac{2}{3}.$$

Ainsi, chaque personne perdra le tiers de sa ration habituelle.

Règle de trois composée.

291. *Il a fallu* 15 *jours à* 12 *ouvriers pour faire* 254 *mètres d'ouvrage. Combien faudra-t-il de jours à* 18 *ouvriers pour faire* 231 *mètres du même ouvrage ?*

Soit x ce nombre.

$$15 \text{ jours}\dots\ 12 \text{ ouvriers}\dots\ 254 \text{ mètres,}$$
$$x \text{ jours}\dots\ 18 \text{ ouvriers}\dots\ 231 \text{ mètres.}$$

Ici il y a trois espèces de quantités : des jours, des ouvriers et des mètres d'ouvrage. La première est inversement proportionnelle à la seconde, et directement proportionnelle à la troisième.

$$254^m \dots\dots\ 12^o \dots\dots\ 15^j$$

$$1^m \dots\dots\ 12^o \dots\dots\ \frac{15^j}{254}$$

$$1^m \dots\dots\ 1^o \dots\dots\ \frac{15^j \times 12}{254}$$

$$231^m \dots\dots\ 1^o \dots\dots\ \frac{15^j \times 12 \times 231}{254}$$

$$231^m \dots\dots\ 18^o \dots\dots\ \frac{15^j \times 12 \times 231}{254 \times 18}\ .$$

Puisque 254 d'ouvrage sont faits par 12 ouvriers en 15 jours, 1 mètre de cet ouvrage sera fait par les 12 ouvriers en 254 fois moins de temps ou $\frac{15^j}{254}$; 1 mètre de cet ouvrage sera fait par 1 ouvrier en 12 fois plus de temps, ou $\frac{15^j \times 12}{254}$; 231 mètres seront faits par un ouvrier en 231 fois plus de temps ou $\frac{15^j \times 12 \times 231}{254}$; enfin, 231 mètres seront faits par 18 ouvriers en 18 fois moins de temps, ou $\frac{15^j \times 12 \times 231}{254 \times 18}$, ce qui revient à

$$15^j \times \frac{12}{18} \times \frac{231}{254} \quad \text{ou} \quad 8^j\, \frac{39}{127}.$$

Comparant l'expression

$$x = 15^j \times \frac{12}{18} \times \frac{231}{254}$$

avec les données de la question, disposées comme on le voit ci-dessus, on conclut la règle générale suivante :

292. Pour résoudre une règle de trois composée, *multipliez la quantité connue de même espèce que* x (*plus exactement sa mesure*), *par le produit des rapports des autres quantités, en prenant le numérateur de chacun de ces rapports dans la même ligne horizontale que* x *ou dans l'autre, selon qu'il s'agit d'une quantité directement ou inversement proportionnelle à celle de même espèce que* x.

Applications diverses de la règle précédente.

I. *On a employé* 53^{kil},48 *de fil pour tisser* 231^m,5 *de toile à* 1^m,15 *de largeur; avec* 37^{kil},75 *du même fil, combien tissera-t-on de mètres de toile à* 0^m,95 *de largeur ?*

$$53^k,48\ldots\ldots 231^m,5\ldots\ldots 1^m,15$$
$$37.,75\ldots\ldots x\ldots\ldots 0,95$$

$$x = 231^m,5 \times \frac{37,75}{53,48} \times \frac{1,15}{0,95} = 197,81.$$

II. *On a fait planchéier une salle de* 17^m,7 *de long sur* 8^m,4 *de large, pour la somme de* 217^f,25 *; combien aurait-on payé si la salle avait eu* 13^m,1 *de long sur* 6^m,3 *de large ?*

$$17^m,7\ldots\ldots 8^m,4\ldots\ldots 217^f,25$$
$$13,1\ldots\ldots 6,3\ldots\ldots x$$

$$x = 217^f,25 \times \frac{13,1}{17,7} \times \frac{6,3}{8,4} = 120^f,59.$$

III. *Un tapis a* 8^m,92 *de long sur* 6^m,73 *de large; combien faudrait-il de mètres à* 1^m,20 *de largeur pour le doubler ?*

	Longueur.	Largeur.
Tapis	8,92	6,73
Doublure	x	1,20

Si la doubl. avait 6^m,73 de large, il faudrait 8^m,92

Si............ 1............ 8^m,92 × 6,73

Elle est à....... 1^m,20................ $\dfrac{8^m,92 \times 6,73}{1,20}$

Autrement: L'aire d'un rectangle s'obtenant en multipliant la base par la hauteur, le tapis a une surface exprimée par 8,92 × 6,73 ; il faut donc que la longueur de la doublure multipliée par 1,20 donne pour produit 8,92 × 6,73 ; cette longueur est donc

$$\frac{8,92 \times 6,73}{1,20} = 50,02\ldots$$

293. Remarque. Il est bon de savoir résoudre une règle de trois simple directe ou inverse, en posant l'égalité de rapports ou proportion, dont l'un des termes est l'inconnu de la question.

Reprenant l'exemple du n° **287**, nous dirons que le rapport des

deux nombres de mètres doit être égal à celui des prix correspondants, ce qui s'exprime ainsi :

$$\frac{18}{12} = \frac{x}{60},$$

d'où $$x = 60 \times \frac{18}{12} = 90,$$

c'est-à-dire 90 fr. comme précédemment.

Reprenant aussi l'exemple du n° **290**, nous voyons que deux
fois, trois fois.... *plus* d'ouvriers mettront deux fois, trois fois....
moins de temps pour faire le même ouvrage, et que, par conséquent, le rapport des nombres d'ouvriers doit être égal à *l'inverse*
du rapport des temps. — Or, le rapport des nombres d'ouvriers
est $\frac{7}{13}$; celui des temps correspondants est $\frac{48}{x}$, dont l'inverse est $\frac{x}{48}$.
On aura donc l'égalité de rapports ou la proportion

$$\frac{7}{13} = \frac{x}{48},$$

d'où l'on tire $$x = 48 \times \frac{7}{13} = 25 \tfrac{11}{13},$$

et le nombre x exprime des heures.

Pour procéder de même à l'égard d'une règle de trois composée,
il faudrait écrire plusieurs proportions; l'opération serait alors plus
compliquée; nous croyons devoir la passer sous silence, en nous
en tenant à la réduction à l'unité et à la règle pratique énoncée au
n° **292**.

§ 3. Règle d'intérêt.

294. On appelle *intérêt* le bénéfice qu'un prêteur se fait payer
par l'emprunteur en sus de la somme prêtée, qui prend le nom
de *capital*.

Le *taux* est l'intérêt de 100 francs pour un an. Le taux dépend
de la rareté ou de l'abondance des capitaux; généralement il est
de 5 francs dans les prêts ordinaires, et de 6 francs dans le commerce *.

---

* Pendant longtemps les théologiens ont condamné toute perception d'intérêt,
la flétrissant du nom d'*usure*. Aujourd'hui on est généralement d'accord en principe
sur la légitimité de la perception d'un loyer des capitaux. Cette légitimité est
consacrée par l'usage universel, et par toutes les législations; il ne peut plus
s'élever de doutes que sur le taux des intérêts perçus. (*Dictionnaire universel des
sciences, des lettres et des arts* de Bouillet.)

Pour abréger on écrit 5 p. 0/0, 6 p. 0/0, au lieu de 5 pour 100, 6 pour 100.

Souvent, au lieu de fixer l'intérêt pour 1 an, on le fixe pour 6 mois, 3 mois, 1 mois, rarement au-dessous.

L'année financière est supposée de 12 mois de 30 jours chacun, et par conséquent de 360 jours.

L'intérêt est *simple* lorsque le capital reste le même pendant toute la durée du prêt. L'intérêt est *composé* lorsque les intérêts se capitalisent *.

Dans une question d'intérêt on distingue quatre quantités :

> Le capital,
> Le taux,
> L'intérêt,
> La durée du prêt,

ce qui donne lieu à quatre problèmes que nous allons résoudre successivement.

I. *Quel est l'intérêt de* 2000 *francs placés pendant* 2 *ans* 5 *mois, à raison de* 5 *pour* 100 *par an ?*

On convient généralement que l'intérêt d'un capital placé pendant un certain temps est directement proportionnel à la *quotité* de ce capital et à la durée du placement; dès lors, la question à résoudre n'est autre qu'une règle de trois composée :

$$100^f \ldots\ldots \quad 5^f \ldots\ldots \quad 1^a$$
$$2000^f \ldots\ldots \quad x^f \ldots\ldots \quad 2^a\,\frac{5}{12}.$$

J'applique la règle indiquée au n° (292), et j'obtiens

$$x = 5^f \times \frac{2000}{100} \times \frac{2\frac{5}{12}}{1};$$

effectuant, je trouve $x = 241^f,66$ à 1 centime près.

Indication de la solution raisonnée.

$$100^f \ldots\ldots\ldots\ldots \quad 5^f \ldots\ldots\ldots\ldots \quad 1^a$$
$$1^f \ldots\ldots\ldots\ldots \quad \frac{5^f}{100} \ldots\ldots\ldots\ldots \quad 1^a$$
$$1^f \ldots\ldots\ldots\ldots \quad \frac{5^f \times 2\frac{5}{12}}{100} \ldots\ldots\ldots\ldots \quad 2^a\,\frac{5}{12}$$
$$2000^f \ldots\ldots\ldots\ldots \quad \frac{5^f \times 2\frac{5}{12} \times 2000}{100} \ldots\ldots \quad 2^a\,\frac{5}{12}.$$

* D'après le programme, les questions d'intérêt composé ont été [renvoyées en algèbre.

II. *Quel capital faudrait-il placer pour retirer au bout de* $2^a 5^m$ *une somme de* $241^f,66$ *d'intérêt à raison de 5 pour 100 par an ?*

$$100^f \ldots \ldots \quad 5^f \ldots \ldots \quad 1^a$$
$$x^f \ldots \ldots \quad 241^f,66 \ldots \quad 2^a \tfrac{5}{12}$$

$$x = 100^f \times \frac{241,66}{5} \times \frac{1}{2\,\tfrac{5}{12}}.$$

Effectuant, je trouve $x = 1999^f,94\ldots$ c'est-à-dire, à très-peu près, 2000 fr.

Indication de la solution raisonnée.

$$5^f \ldots \ldots \ldots \quad 1^a \ldots \ldots \ldots \quad 100^f$$
$$1^f \ldots \ldots \ldots \quad 1^a \ldots \ldots \ldots \quad \frac{100^f}{5}$$
$$241^f,66 \ldots \ldots \quad 1^a \ldots \ldots \ldots \quad \frac{100^f \times 241,66}{5}$$
$$241^f,66 \ldots \ldots \quad 2^a \tfrac{5}{12} \ldots \ldots \quad \frac{100^f \times 241,66}{5 \times 2\,\tfrac{5}{12}}$$

III. *A quel taux faudrait-il placer un capital de* 2000 *francs pour en retirer* $241^f,66$ *d'intérêt au bout de* $2^a 5^m$ *?*

$$2000^f \ldots \ldots \ldots \quad 2^a \tfrac{5}{12} \ldots \ldots \ldots \quad 241^f,66$$
$$100^f \ldots \ldots \ldots \quad 1^a \ldots \ldots \ldots \quad x^f$$

$$x = 241^f,66 \times \frac{100}{2000} \times \frac{1}{2\,\tfrac{5}{12}}$$

Effectuant, je trouve $x = 4^f,99\ldots$ c'est-à-dire, à très-peu près, 5 fr.

Indication de la solution raisonnée.

$$2000^f \ldots \ldots \ldots \quad 2^a \tfrac{5}{12} \ldots \ldots \ldots \quad 241^f,66$$
$$1^f \ldots \ldots \ldots \quad 2^a \tfrac{5}{12} \ldots \ldots \ldots \quad \frac{241^f,66}{2000}$$
$$1^f \ldots \ldots \ldots \quad 1^a \ldots \ldots \ldots \quad \frac{241^f,66}{2000 \times 2\,\tfrac{5}{12}}$$
$$100^f \ldots \ldots \ldots \quad 1^a \ldots \ldots \ldots \quad \frac{241^f,66 \times 100}{2000 \times 2\,\tfrac{5}{12}}$$

IV. *Pendant combien de temps faudrait-il placer un capital de* 2000 *francs, pour en retirer un intérêt de* $241^f,66$ *à raison de 5 pour 100 par an ?*

$$100^f \ldots \ldots \quad 1^a \ldots \ldots \quad 5^f$$
$$2000^f \ldots \ldots \quad x^a \ldots \ldots \quad 241^f,66$$

$$x = 1^a \times \frac{100}{2000} \times \frac{241,66}{5}$$

Effectuant, je trouve $x = 2^a 4^m,9992$, c'est-à-dire, à très-peu près, $2^a 5^m$.

Indication de la solution raisonnée.

$$100^f \ldots\ldots\ldots \quad 5^f \ldots\ldots\ldots \quad 1^a$$

$$1^f \ldots\ldots\ldots \quad 5^f \ldots\ldots\ldots \quad 1^a \times 100$$

$$1^f \ldots\ldots\ldots \quad 1^f \ldots\ldots\ldots \quad \frac{1^a \times 100}{5}$$

$$2000^f \ldots\ldots\ldots \quad 1^f \ldots\ldots\ldots \quad \frac{1^a \times 100}{5 \times 2000}$$

$$2000^f \ldots\ldots\ldots \quad 241^f,66 \ldots\ldots\ldots \quad \frac{1^a \times 100 \times 241,66}{5 \times 2000}$$

295. Reprenons la solution du premier problème, et pour la *généraliser*, c'est-à-dire pour la rendre indépendante des valeurs des quantités que l'on considère, représentons par a le capital, par t le nombre entier ou fractionnaire d'années qui exprime la durée du prêt; par r le taux de l'intérêt, enfin par i l'intérêt du capital; puis, raisonnant comme sur des nombres, nous dirons :

$$100^f \text{ rapportent en } 1^a \ldots\ldots \quad r^f,$$

$$1^f \text{ rapporte en} \ldots 1^a \ldots\ldots \quad \frac{r^f}{100},$$

$$a^f \text{ rapportent en } 1^a \ldots\ldots \quad \frac{r^f \times a}{100},$$

$$a^f \text{ rapportent en } t^a \ldots\ldots \quad \frac{r^f \times a \times t}{100};$$

en sorte que je peux écrire

$$[1] \qquad i = \frac{r \times a \times t}{100}.$$

Telle est la *formule* des intérêts simples. Pour l'appliquer à la résolution du problème I du n° (**294**), il suffit de la *mettre en nombres*, en posant $r = 5$; $a = 2000$; $t = 2\frac{5}{12}$; alors il vient

$$i = \frac{5 \times 2000 \times 2\frac{5}{12}}{100} = 241^f,66.$$

Cette formule ne sert pas seulement à donner la solution de tous les problèmes semblables; comme elle renferme quatre quantités, on a en réalité résolu les quatre problèmes d'intérêt simple. Soit proposé par exemple de trouver le capital a, connaissant i, r et t.

Je multiplie par 100 les deux membres de l'égalité [1], et j'obtiens

$$i \times 100 = r \times a \times t$$

$$= a \times (r \times t),$$

je divise de part et d'autre par $r \times t$, et il vient

$$[2] \qquad a = \frac{i \times 100}{r \times t}.$$

On trouverait de même,

[3]
$$r = \frac{i \times 100}{a \times t},$$

[4]
$$t = \frac{i \times 100}{a \times r}.$$

REMARQUE. A 5 pour 100 l'an, l'intérêt d'un capital placé pendant une année est la *vingtième* partie de ce capital ; réciproquement, le capital vaut 20 fois l'intérêt : ces deux calculs peuvent être faits mentalement avec une grande promptitude.

Cas où les intérêts sont confondus avec le capital.

296. *La valeur d'un capital au bout d'un certain temps* est le résultat qu'on obtient lorsqu'on ajoute à ce capital l'intérêt qu'il a produit pendant ce temps. De là quatre autres problèmes, dont un seul présente quelque difficulté.

297. *Une somme est placée à un certain taux pendant un certain temps; que vaut-elle au bout de ce temps ?*

Je cherche l'intérêt du capital, et je l'ajoute à ce capital.

298. *A quel taux faut-il placer un capital pour valoir au bout d'un temps donné une somme donnée?*

De la somme donnée je retranche la valeur du capital, et je rentre dans le problème III du n° (294).

299. *Pendant combien de temps faut-il placer un capital pour valoir une somme donnée? On connaît en outre le taux de l'intérêt.*

Je fais la différence entre la valeur du capital et ce capital, et je rentre dans le problème IV du n° (294).

500. *Quelle est la somme qu'il faut placer à 6 pour 100 par an, pour avoir 4105ᶠ,50 capital et intérêts réunis, au bout de ·2ª 8ᵐ?*

Bien qu'il y ait deux inconnues dans la question, le capital et ses intérêts, le problème n'est, à proprement parler, qu'à une inconnue, parce que connaissant la somme 4105,50 de deux nombres, et l'un d'eux, la soustraction fait connaître l'autre immédiatement. Cherchons le capital. Pour cela, je calcule d'abord l'intérêt de 100 fr. à 6 pour 100, pendant 2ª 8ᵐ, je trouve $\frac{100 \times 6 \times 2\frac{2}{3}}{100} = 16$, et je dis :

Puisque 116ᶠ est la *valeur* de 100ᶠ à 6 pour 100, au bout de 2ª 8ᵐ, 1ᶠ est la valeur de $\frac{100ᶠ}{116}$ à 6 pour 100 au bout de 2ª 8ᵐ, par suite 4105ᶠ,50 est la valeur de $\frac{100ᶠ \times 4105,50}{116}$ à 6 pour 100 au bout de 2ª 8ᵐ. J'effectue et je trouve 3539ᶠ,22. Telle est donc la somme qui, placée à 6 pour 100, vaudrait 4105ᶠ,50 au bout de 2ª 8ᵐ, ainsi qu'on peut le vérifier.

501. L'expression précédente revient à $\frac{4105ᶠ,50 \times 100}{116}$; donc,

Pour trouver la somme qui, placée pendant un certain temps, à un certain taux, aurait une VALEUR *donnée, multipliez cette valeur par* 100, *et divisez le produit par la* VALEUR *de* 100 *francs au bout du temps donné.*

Quant aux intérêts à 6 pour 100 des 3539ᶠ,22 pendant 2ᵃ8ᵐ, on les obtiendra en soustrayant 3539ᶠ,22 de 4105ᶠ,50, ce qui donne 566ᶠ,28.

§ 4. Règle d'escompte.

302. Un commerçant, faute de pouvoir *régler une facture argent comptant*, contracte *l'engagement*, par écrit, de payer à une certaine époque le montant de la fourniture. Voici le modèle de cet engagement :

Paris, le 2 février 1858.   B. P. 367ᶠ,95.

Au 10 *mai prochain,* je payerai à M.... ou à son ordre, la somme de *trois cent soixante-sept francs quatre-vingt-quinze centimes,* valeur reçue en marchandises.

Signature et adresse du débiteur.

Cet *effet de commerce* est ce que l'on nomme un *billet à ordre.* Il est *transmissible* à la condition de *l'endosser,* c'est-à-dire d'écrire son nom au dos du billet, lorsqu'on le *passe en payement* à une personne avec laquelle on est en relation d'affaires *.

303. Pour *faire de l'argent comptant* avec un billet à ordre, on le porte chez un *banquier :*

La valeur *nominale* est la somme inscrite sur le billet.

L'*échéance* est l'époque du remboursement qui doit être fait par le *souscripteur* du billet.

L'*escompte* (hors de compte) est la retenue faite sur le billet payé avant son échéance.

Le *taux de l'escompte* est le tant pour cent de retenue sur 100 fr.; on escompte à 6 pour 100 lorsque l'on retient 6 fr. par

---

* Ces billets, sous peine de perdre tout recours contre les endosseurs, doivent être faits sur *papier timbré*, dont voici le prix : 5ᶜ pour les effets de 100 fr. et au-dessous; 10 c. pour ceux de 200 à 300 fr.; 20 c. pour ceux de 300 à 400 fr.; 25 c. pour ceux de 400 à 500 fr.; 50 c. pour ceux de 500 à 1000 fr.; 1 fr. pour ceux de 1000 à 2000 fr.; 1ᶠ,50 pour ceux de 2000 à 3000 fr., et ainsi de suite en suivant la même progression sans fractions.

Le *billet de Banque* est un papier de crédit qui tient lieu d'argent monnayé, et qui est payable à vue; c'est une espèce d'effet au porteur, qui diffère du billet à ordre en ce qu'il offre la garantie d'une société autorisée par l'État, au lieu de celle d'individus isolés.

chaque 100 fr. Ce taux varie selon la difficulté des affaires et la rareté du numéraire *.

La *valeur actuelle*, ou *la valeur argent comptant du billet*, est la valeur nominale diminuée de l'escompte.

504. On calcule l'escompte absolument comme l'intérêt, avec cette différence que l'intérêt s'ajoute au capital (à la fin du prêt), et que l'escompte au contraire se retranche de la valeur nominale du billet.

En conséquence, la formule:

$$i = \frac{r \times a \times t}{100}$$

trouve immédiatement ici son application. Observons toutefois que le dénominateur de la fraction ne serait plus 100, mais 1200, ou 36000, si l'unité de temps, au lieu d'être l'année, était le *mois* ou le *jour*.

505. Cela posé, proposons-nous de *calculer ce que vaut argent comptant un billet de* 367^f,95, *payable le* 10 *avril* 1858 , *en supposant qu'on présente ce billet chez un banquier le* 15 *février de la même année, et que le taux d'escompte soit de* 6 *pour* 100 *par an.*

Bien que l'année financière soit de 360 jours, la loi veut que les mois soient tels qu'ils sont fixés dans le calendrier grégorien. D'après cela, il y a 55 jours du 15 février au 10 avril, époque de l'échéance ; la question d'intérêt à résoudre est alors la suivante : *Combien rapportent* 367^f,95, *à* 6 *pour* 100 *par an, au bout de* 55 *jours ?*

$$x = \frac{367^f,95 \times 6 \times 55}{36000}.$$

J'effectue, et je trouve $x = 3^f,37$ à 1 centime près.

De	367^f,95
j'ôte	3 ,37
et le reste	364^f,58

indique la somme que l'on touchera argent comptant.

---

* Dans la crise financière de 1858, la *Banque de France* prenait un escompte de 10 pour 100 (en Amérique, cet escompte était de 36 pour 100).

Outre la Banque de France qui escompte les billets qui lui sont présentés avec *trois* signatures, on a fondé à diverses époques, dans l'intérêt du commerce, des caisses publiques, dites *caisses d'escompte*, qui font sur les billets qu'on leur porte les mêmes opérations que les banquiers. La première qui ait existé en France date du 1er janvier 1767. En 1848, il a été créé à Paris, sous le nom de *Comptoir national d'escompte*, une caisse dont le privilége, fixé d'abord à trois ans, a été prorogé jusqu'au 18 mars 1857 ; puis à cette époque a eu lieu une deuxième prorogation de 30 ans, sous la dénomination de *Comptoir d'escompte de Paris*.

DISCUSSION.

306. *Le banquier qui escompte des billets à 5 pour 100 par an, ne retire-t-il que 5 pour 100 de son argent?*

Évidemment il retire plus, puisqu'il prélève l'intérêt de la somme portée sur un billet qui n'aura toute sa valeur qu'à l'échéance, en sorte que l'argent donné par ce banquier ne produirait pas (en y ajoutant ses intérêts), le montant du billet, si cet argent était placé à l'instant même, au taux d'escompte, jusqu'à l'échéance. Il suit de là, qu'à proprement parler, le propriétaire du billet n'en touche pas la vraie valeur. Mais il n'y a pas fraude, puisqu'il accepte de plein gré les conditions de l'escompteur; d'ailleurs, la différence est, en général, fort petite.

A quel taux place-t-on son argent lorsqu'on escompte des billets, par exemple, à 5 pour 100?

Soit un billet de 100 fr. à un an d'échéance.

On prélève le 20ᵉ ou 5 fr; on donne 95 fr.; au bout d'un an, on touche 100 fr. en échange du billet; alors je dis :

Puisque au bout de 1 an 95 fr. ont rapporté 5^{r},

$$1 \text{ fr. rapportera} \quad \frac{5^{r}}{95},$$

$$100 \text{ fr. rapporteront} \quad \frac{5^{r} \times 100}{95}.$$

J'effectue et je trouve $5^{r},26315\ldots$; soit $5^{r},26$.

C'est donc (à très-peu près) à $5^{r},26$ p. 100 que l'on place son argent.

Quelle est la valeur commerciale d'un billet de 100 fr., à un an d'échéance, au taux de 5 pour 100? Rép. 95 fr.

Quelle est la vraie valeur de ce billet? Autrement dit, quelle est la somme qui, avec ses intérêts, vaut 100 fr., à 5 pour 100, au bout d'un an?

J'applique la règle énoncée au nᵒ (**301**), et je trouve

$$\frac{100 \times 100}{100 + 5} = \frac{10000}{105} = 95^{r},23923\ldots.$$

Soit $95^{r},24$.

Ainsi, le billet a *deux* valeurs : 95 fr. (commercialement parlant), et $95^{r},24$ (mathématiquement parlant), c'est-à-dire 24ᶜ *de plus.*

Il y a *deux* escomptes : 5 fr. et $100 - 95,24$, ou $4^{r},76$, c'est-à-dire 24ᶜ *de moins.* D'où proviennent ces 24ᶜ de différence? Des intérêts (du moins à très-peu près), des 5 fr. qui ont été prélevés sur le billet de 100 fr., absolument comme si, plaçant ces 100 fr., *on en touchait d'avance l'intérêt.*

En résumé, 1° les 5 fr. d'escompte sont l'intérêt de 100 fr., c'est-à-dire d'une somme qui n'est pas dans le billet, ou qui est *en dehors* du billet (ce billet ne vaut pas encore 100 fr., il ne les vaudra que dans un an); 2° les $4^{r},76$ d'escompte sont l'intérêt de $95^{r},24$, c'est-à-dire d'une somme qui est dans, ou *en dedans* du billet (il les vaut réellement). Aussi, dit-on que le premier escompte (seul usité en France) est un *escompte en dehors*, et que le deuxième escompte (usité en Allemagne et ailleurs) est un *escompte en dedans.* L'escompte en dehors d'un billet est donc l'intérêt de la valeur nominale de ce billet; son escompte en dedans est l'intérêt de la *vraie valeur du billet* *. La différence des deux escomptes est l'intérêt de l'escompte en dehors.

REMARQUE. En résumé, la valeur d'un billet s'obtiendra, soit d'après la formule qui a été rappelée au n° **304**, soit d'après la règle du n° **301**, selon qu'il s'agira de l'escompte en dehors ou de l'escompte en dedans.

§ 5. Échéance commune.

307. Lorsqu'une personne doit rembourser plusieurs sommes à des époques différentes, et qu'elle veut s'acquitter en une seule fois, il faut trouver l'*époque moyenne* à laquelle elle doit effectuer ce payement unique, de manière que les intérêts dus par le débiteur et par le créancier se compensent. C'est ce qu'on appelle déterminer une *échéance commune*.

I. *Un négociant reçoit d'un fabricant trois envois de marchandises : le premier envoi monte à 1240 fr., payables dans 50 jours; le second à 1350 fr., payables dans 65 jours, et le troisième à 1650 fr., payables dans 80 jours. Le négociant propose de solder en une seule fois. Trouver le nombre de jours au bout desquels il devra effectuer son remboursement.*

Pour que les intérêts se compensent, il faut que la somme des intérêts des trois sommes : 1240 fr., 1350 fr., 1650 fr., jusqu'au jour où chacune doit être payée, soit égale à l'intérêt du total 4240 fr. jusqu'au jour où le négociant payera ce total.

L'intérêt de 1240^f pendant 50^j est égal à celui de 1240×50 ou   62000^f pendant 1^j

Celui   de 1350^f pendant 65^j est égal à celui de 1350×65 ou   87750^f pendant 1^j

Celui   de 1650^f pendant 80^j est égal à celui de 1650×80 ou 132000^f pendant 1^j

Les intérêts réunis égalent donc celui de..... 281750^f pendant 1^j

La question revient alors à trouver pendant combien de jours 4240 fr. produiraient le même intérêt que 281750 fr. pendant 1 jour.

Si 281750^f produisent un certain intérêt en 1 jour,

1^f produirait le même intérêt en 281750 jours,

4240^f produiraient le même intérêt en $\dfrac{281750^j}{4240} = 66^j \dfrac{191}{424}$.

Ainsi, ce serait dans 66 jours $\frac{191}{424}$ de jour que le négociant devrait effectuer son payement unique, c'est-à-dire dans le courant du 67° jour.

---

* Somme qui, placée jusqu'à l'échéance, à un taux d'intérêt égal au taux d'escompte, reproduirait, capital et intérêts réunis, le montant du billet.

La solution précédente est exprimée par la formule

$$x = \frac{1240 \times 50 + 1350 \times 65 + 1650 \times 80}{1240 + 1350 + 1650},$$

cette formule, traduite en langage ordinaire, conduit à la règle suivante. :

Pour trouver le terme moyen de remboursement de plusieurs valeurs payables à divers termes , multipliez chaque valeur par son terme (compté à partir d'un jour déterminé), et divisez la somme des produits par celle des valeurs ; le quotient sera l'époque cherchée.

REMARQUE. La considération du taux a été étrangère aux calculs précédents; il est facile de s'en rendre raison.

Si les intérêts se compensent, à 5 pour 100 par exemple, ils se compenseront encore à 6 pour 100 puisque tous augmenteront de $\frac{1}{5}$; il en sera de même pour tout autre taux.

Applications de la règle précédente.

II. *Quatre billets payables aux 8, 15, 20 mai et 10 juin de l'année 1858, sont :*

le premier de . . . . 2000 fr.
le second de . . . . 1500.
le troisième de 2500
le quatrième de 3500

On voudrait les remplacer par un billet unique , montant à la somme des précédents ; quelle doit être l'époque de l'échéance de ce billet, pour que les intérêts se compensent ?

En prenant pour point de départ une époque quelconque, le premier mai, par exemple, les retards pour les quatre payements seront respectivement :

pour le premier . . . . 7 jours,
pour le second . . . . 14 jours,
pour le troisième . . . . 19 jours,
pour le quatrième . . . . 40 jours;

j'aurai donc

$$x = \frac{2000 \times 7 + 1500 \times 14 + 2500 \times 19 + 3500 \times 40}{2000 + 1500 + 2500 + 3500} = 23\frac{8}{19};$$

le payement devra donc être fait dans le courant du 24e jour après le 1er mai, c'est-à-dire le 25 mai.

III. *On a deux payements à effectuer, l'un de 10 000 fr. au bout de 4 ans 6 mois, l'autre de 30000 fr. au bout de 5 ans 8 mois; on voudrait s'acquitter en une seule fois par un remboursement de*

40000 *fr. Au bout de combien de temps doit-il avoir lieu?* (Baccalauréat ès sciences.)

$$x = \frac{10000 \times 54 + 30000 \times 68}{40000} = 64^{\text{mois}}\tfrac{1}{2} = 5^{\text{ans}} 4^{\text{mois}}\tfrac{1}{2}.$$

§ 6. Rentes sur l'État.

308. Les *rentes sur l'État* sont les intérêts des divers emprunts
qui ont été faits par le Gouvernement à différentes époques. Ces
rentes sont payées par semestre au Trésor public, sur la production
d'un titre que l'on appelle une *inscription* de rente*.

Les possesseurs de ces inscriptions de rente peuvent les vendre à
un tiers par l'intermédiaire d'un *agent de change*, mais à un prix
généralement *plus haut* ou *plus bas* que celui auquel ils les ont
achetées lors de l'émission de l'emprunt ; c'est ce prix variable,
autrement dit ce capital *vénal* (qu'il ne faut pas confondre avec le
capital *nominal*), que l'on nomme le *cours de la rente*. Ce cours est
affiché à la *Bourse*, et reproduit dans les feuilles publiques.

En France, les rentes sur l'État sont actuellement de trois sortes :
le 4 $\tfrac{1}{2}$, le 4 et le 3 pour 100.

Ce qu'il faut surtout remarquer, c'est que, lorsqu'on achète ou
qu'on vend des rentes à la Bourse, on achète ou l'on vend des
titres qui donnent le droit de toucher au Trésor 4 fr. 50 c. d'intérêt (s'il s'agit du 4 $\tfrac{1}{2}$) pour chaque 100 fr. de capital nominal inscrit
sur ce titre, et cela quel que soit le prix de la vente ou de l'achat.

La rente 4 p. 100, par exemple, est dite *au pair*, quand elle se
vend et s'achète au prix de 100 fr. ; elle est au-dessus ou au-dessous du pair, suivant que ce prix est supérieur ou inférieur à 100 fr.

Remarque. Les questions relatives aux rentes se résolvent par de
simples règles de trois.

Problèmes sur les rentes.

1. *A quel taux place-t-on son argent lorsqu'on achète du* 4 $\tfrac{1}{2}$ *au
cours de* 96^f,75 ?

$$
\begin{array}{ll}
96^f,75 \text{ rapportent} & 4^f,50, \\[4pt]
1 \text{ fr. rapporte} & \dfrac{4^f,50}{96^f,75}, \\[8pt]
100 \text{ fr. rapportent} & \dfrac{4^f,50 \times 100}{96^f,75} = 4^f,65,
\end{array}
$$

---

* Inscription, parce qu'on inscrit sur un registre appelé le *Grand-livre de la
Dette publique*, le nom du prêteur, la quotité du capital, et le taux de l'intérêt.

Donc, *pour connaître le taux de l'intérêt de l'argent placé sur les fonds publics au cours du jour, multipliez l'intérêt nominal de la rente par le pair, et divisez le produit par le cours de cette rente.*

. Application. *La rente* 4 $\frac{1}{2}$ *est cotée* 98 *fr.; le* 3 *est coté* 75^f,80 *; quel est le meilleur placement ?*

$$\frac{4^f,50 \times 100}{98} = 4^f,59,$$

$$\frac{3^f \times 100}{75,80} = 3^f,95 ;$$

le 4 1/2 est donc préférable.

II. *On achète* 1000 *fr. de rente* 3 *p.* 100 *à* 67^f,80. *Quelle est la somme à débourser?*

Pour 3 fr. de rente on débourse   ·   67^f,80

Pour 1 fr. de rente on débcursera $\dfrac{67^f,80}{3}$

Pour 1000 fr. de rente on déboursera $\dfrac{67^f,80 \times 1000}{3} = 22600$ fr.

Donc, *pour connaître le capital d'une rente quelconque d'après le cours de la Bourse, multipliez le prix coté par le total de la rente, et divisez par l'intérêt nominal.*

. Application. *Une personne lègue à un parent* 384 *fr. de rente* 4 $\frac{1}{2}$; *combien doit-elle toucher de capital au cours de* 92 *fr.?*

$$\frac{92^f \times 384}{4,50} = 7850^f,66.$$

III. *On a acheté du* 3 *p.* 100 *pour une somme de* 100 000 *fr. au cours de* 84^f,15. *Combien de rentes a-t-on ?* ,

Pour 84^f,15 on achète   3 fr. de rente

Pour 1 fr. on achètera $\dfrac{3^f}{84,15}$

Pour 100000 fr. on achètera $\dfrac{3^f \times 100000}{84,15} = 3565^f,06.$

Donc, *pour savoir combien on peut acheter de rentes avec un capital donné, multipliez le capital par le taux de la rente, et divisez le produit par le prix coté.*

Application. *Une personne charitable*. a légué* 80 000 *fr. destinés à acheter de la rente* 3 *p.* 100, *pour encourager ou aider les instituteurs primaires (laïques) exerçant ou ayant exercé leur profession*

---

* *Chapsal*, célèbre grammairien mort en 1858 à Joinville-le-Pont (Seine).

*dans l'un des deux arrondissements de Sceaux ou de Saint-Denis;
combien cela fait-il de rentes, en supposant le cours à 69ᶠ,90 ?*
(Rép. 3433ᶠ,47.)

REMARQUE. Tous ces calculs ont été faits indépendamment du
droit de l'agent de change, qui perçoit $\frac{1}{8}$ p. 100 ou 0,125 p. 100 sur
l'opération.

§ 7. Assurances.

309. L'*assurance* est un acte par lequel on indemnise un propriétaire des pertes qu'il a éprouvées par suite d'un certain sinistre,
en raison de la somme garantie par la Compagnie d'assurance.

L'objet assuré ou susceptible de l'être se nomme *risque*. — Le
contrat d'assurance, entre l'*assureur* et l'*assuré*, se nomme *police*.

Le principe fondamental de l'assurance est que cette assurance
ne doit pas être pour l'assuré une cause de bénéfice*.

I. *Une maison estimée* 160 000 *fr. est assurée moyennant une
prime de* 20 *centimes pour* 1000 *fr. par an; quel est le montant de
l'assurance ?*

$$1000 \text{ fr. exigent une prime de} \qquad 0ᶠ,20$$

$$1 \text{ fr. exige une prime de} \qquad \frac{0ᶠ,20}{1000}$$

$$160000 \text{ fr. exigent une prime de} \qquad \frac{0ᶠ,20 \times 160000}{1000}$$

Effectuant les opérations, je trouve 32 fr. pour le montant de la prime à payer
chaque année à la compagnie.

II. *Quelle est la valeur d'une maison pour laquelle on paye* 22ᶠ,50
de prime par an, au taux de 15 *centimes pour* 1000 *francs ?*

Pour 1000 fr., la prime est de 0ᶠ,15; pour 1 fr. elle est donc de 0ᶠ,00015 ; la
valeur de la maison est donc le quotient de la division de 22,50 par 0,00015,
ce qui donne 150000 fr.

§ 8. Règle conjointe.

310. La *règle conjointe* a pour but de faire connaître le rapport
entre deux nombres au moyen de rapports intermédiaires qui permettent de faire cette opération.

---

* L'assurance s'applique à une foule d'objets : on s'assure contre les risques de
mer, contre l'incendie, la grêle, le recrutement, les faillites, les chances de
mort, etc.; on peut, par le même moyen, parer à toutes sortes d'éventualités,
préparer une dot pour ses enfants, se créer un revenu pour sa vieillesse, etc.

I. *Combien valent en francs 182 ducats, sachant que :*

$$7 \text{ ducats valent } 50 \text{ florins,}$$
$$2 \text{ florins valent } 5 \text{ schillings,}$$
$$13 \text{ schillings valent } 12 \text{ francs.}$$

1 ducat vaut $\dfrac{50}{7}$ de florin,

1 florin vaut $\dfrac{5}{2}$ schilling,

donc 1 ducat vaut les $\dfrac{50}{7}$ des $\dfrac{5}{2}$ de schilling ;

1 schilling vaut $\dfrac{12}{13}$ de franc,

donc 1 ducat vaut les $\dfrac{50}{7}$ des $\dfrac{5}{2}$ des $\dfrac{12}{13}$ de franc,

ou $\dfrac{12 \times 5 \times 50}{13 \times 2 \times 7}$ de franc,

par suite, 182 ducats valent $\dfrac{12 \times 5 \times 50 \times 182}{13 \times 2 \times 7}$;

simplifiant et effectuant, je trouve 3000 fr.

II. *2 mètres de drap valent autant que 3 mètres de casimir ; 5 mètres de casimir valent autant que 7 mètres de toile ; 8 mètres de toile valent autant que 11 mètres de basin ; combien le mètre de drap vaut-il en basin ?*

Raisonnant comme précédemment, je trouve que le mètre de drap équivaut à $\dfrac{231}{80}$ de mètre de basin ; en sorte que si l'on voulait troquer (échanger) contre ce basin 13 mètres de drap, on n'aurait qu'à multiplier $\dfrac{231}{80}$ par 13, ce qui donnerait 37^{m},53 à un centimètre près.

III. *Un négociant veut faire parvenir de France en Russie une somme de 8000 fr. ; il consulte le cours des changes* qui lui présentent les données suivantes :*

S'il veut employer la voie de Londres et de Hambourg, 1 livre sterling vaut 5 écus banco de Hambourg ; 3 écus de Hambourg valent 4 roubles $\frac{1}{2}$, et 3 livres sterling valent 77 francs.

S'il préfère envoyer la somme précitée par Amsterdam et Berlin,

---

* Dans le commerce, le *change* est une négociation d'après laquelle une personne, moyennant un prix convenu, cède à une autre personne les fonds dont elle dispose dans un endroit autre que celui où se fait l'opération. Le change est *intérieur* ou *extérieur* suivant qu'il se fait sur des places du même pays, ou des pays étrangers. Le *cours du change* est le rapport entre la valeur nominale d'un papier et celle pour laquelle ce papier est reçu dans le commerce.

43 *fr. valent* 20 *florins d'Amsterdam;* 5 *florins font un ducat de Prusse, et* 5 *ducats font* 14 *roubles* ½ *de Russie.*

Des deux voies, quelle est la plus avantageuse?

Je cherche celle des deux voies pour laquelle 8000 fr. produiront le plus de roubles.

D'après ce qui précède, je trouve sans difficulté que par la première voie les 8000 fr. valent autant que 2337,66 roubles.

D'après la seconde voie, je trouve 2158,14 roubles. Le change de Londres est donc préférable : le bénéfice est de 179,52 roubles.

§ 9. Règle de société ou de compagnie.

511. Cette *règle* a pour but de partager le gain ou la perte qui résulte d'une association, proportionnellement aux mises des intéressés.

Elle est *simple* ou *composée* suivant que les mises sont placées ou non pendant le même temps.

Règle de société simple.

1. *Trois négociants ont fait un fonds commun qui leur a rapporté un bénéfice net de* 40000 *fr. : le premier avait versé dans la société* 20000 *fr., le deuxième* 60000, *et le troisième* 80000 *fr. Quelle est la part du bénéfice de chacun?*

J'ajoute les mises, et j'ai 160000; puis je dis :

160000 fr. ont produit un bénéfice de	40000 fr.
1 fr. produirait un bénéfice de	$\dfrac{40000^f}{160000}$;
20000 fr. produiront un bénéfice de	$\dfrac{40000^f \times 20000}{160000}$;
60000 »	$\dfrac{40000^f \times 60000}{160000}$;
80000 »	$\dfrac{40000^f \times 80000}{160000}$;

ce qui donne successivement 5000 fr., 15000 fr., et 20000 fr.

R̲emarque. Les trois expressions précédentes reviennent respectivement à

$$40000 \times \frac{20000}{160000}, \quad 40000 \times \frac{60000}{160000}, \quad 40000 \times \frac{80000}{160000};$$

d'où je conclus que :

Pour répartir proportionnellement un gain ou une perte entre plusieurs associés, on multiplie la somme à partager par le rapport de la mise de chacun à la mise totale.

II. *Trois personnes se sont associées pour faire une spéculation commerciale : la première a mis* 12000 *fr., la seconde* 15368^f,25, *et la troisième* 19548^f,50. *Elles ont fait une perte de* 25000 *fr., quelle est la répartition proportionnelle ?*

Si la spéculation avait produit 25000 fr. de bénéfice, les associés eussent touché :

$$
\begin{array}{ll}
\text{le premier}\ldots\ldots\ldots & 6394^f,30 \\
\text{le deuxième}\ldots\ldots\ldots & 8189^f,11 \\
\text{le troisième}\ldots\ldots\ldots & 10416^f,59
\end{array}
$$

Mais comme il y a eu perte, les mises se réduiront à :

$$
\begin{array}{l}
12000^f \quad - \quad 6394^f,30 = 5615^f,70 \\
15368^f,25 - \quad 8189^f,11 = 7179^f,24 \\
19548^f,50 - 10416^f,59 = 9131^f,91
\end{array}
$$

Règle de société composée.

I. *Trois commerçants ont à se partager un bénéfice de* 697^f,50 : *le premier a mis dans la société* 3000 *fr. pendant* 12 *mois ; le second a mis* 750 *fr. pendant* 10 *mois ; le troisième a mis* 500 *fr. pendant* 6 *mois. Que revient-il à chacun ?*

3000 fr. rapporteront en 12 mois autant que 12 fois 3000 fr. ou 36000 fr. en 1 mois.

De même, 750 fr. rapporteront en 10 mois autant que 7500 fr. en 1 mois ; et 500 rapporteront en 6 mois autant que 3000 fr. en 1 mois.

La question est donc la même que si les commerçants avaient respectivement placé 36000 fr., 7500 fr. et 3000 fr. pendant 1 mois ; la considération du temps pouvant alors être écartée, je suis ramené à une règle de *société simple*. J'obtiens ainsi :

$$
697^f,50 \times \frac{36000}{46500}; \quad 697^f,50 \times \frac{7500}{46500}; \quad 697^f,50 \times \frac{3000}{46500},
$$

et par suite 540 fr., 112^f,50 et 45 fr.

En effet, on voit que la somme de ces nombres reproduit la somme à partager 697^f,50

Si les divisions ne se faisaient pas exactement, on évaluerait les parts à *un centime près*, et la somme de ces parts reproduirait la somme à partager, à autant de centimes près qu'il y a de parts.

II. *Quatre négociants ont formé une entreprise pour laquelle le premier a mis d'abord* 25000^f,25, *puis* 6 *mois après* 3429^f,17 ; *le second* 30322^f,70, *et* 8 *mois après il a retiré* 10612^f,28 ; *le troisième* 18474^f,13, *et* 10 *mois après il a repris* 5424^f,18 ; *enfin, le quatrième a mis* 39000^f,76, *et* 5319^f,27 *au bout de* 3 *mois. L'entreprise, qui a duré* 2 *ans, a produit* 63927^f,85 *de bénéfice.*

Combien revient-il à chacun ?

Le premier négociant ayant mis d'abord 25000^f,25 pendant deux ans ou 24 mois, puis 3429ᶠ,17 pendant 18 mois, aura sa part dans le bénéfice comme s'il eût fourni un capital de 25000ᶠ,25 . 24 + 3429ᶠ,17 . 18 ou 661731ᶠ,06 pendant un mois.

Le second négociant ayant mis d'abord 30322ᶠ,70 pendant 24 mois, et retiré ensuite 10612ᶠ,28 pendant 16 mois, aura sa part dans le bénéfice comme s'il eût fourni un capital de 30322ᶠ,70. 24 — 10612ᶠ,28. 16 = 557948ᶠ,32.

Par un raisonnement semblable, on trouve 367464ᶠ,60 et 1047722ᶠ,91 pour les deux derniers associés.

La règle de société simple à résoudre est alors la suivante :

Quatre personnes se sont associées et ont fait un bénéfice de 63927ᶠ,85 que l'on peut considérer comme provenant des mises :

$$661731ᶠ,06$$
$$557948ᶠ,32$$
$$369464ᶠ,60$$
$$1047722ᶠ,91$$

Combien revient-il à chacune ?

J'applique la règle du n° (511) et je trouve :

$$16055ᶠ,09$$
$$13537ᶠ,09$$
$$8915ᶠ,53$$
$$25420ᶠ,14$$

512. En matière commerciale et industrielle, on nomme *action* une part dans les fonds et dans l'intérêt d'une Compagnie formée pour une certaine entreprise. Le *dividende* est la part de bénéfice qui revient à chaque *actionnaire*, proportionnellement à la mise de fonds qu'il a apportée. C'est à la puissance de l'association que l'on est redevable des grands travaux industriels, tels que canaux, usines, chemins de fer, etc. Les actions des Compagnies autorisées par l'État ont cours à la Bourse ; elles sont en *hausse* ou en *baisse* selon qu'on en espère plus ou moins. Ces actions sont nominatives ou au porteur ; la cession s'en fait dans le premier cas en inscrivant sur les registres une déclaration de transfert ; dans le second, par la simple remise du titre*.

I. *Le capital social d'une entreprise industrielle est de 1200000 fr., représenté par 2400 actions de 500 fr. La société paye au bout de l'année un dividende de 57ᶠ,45 pour chaque action. Quelle est la valeur de ces actions, le taux étant de 5 pour 100 par an ?*

Il suffit de chercher le montant du capital qui, placé à 5 pour 100, rapporte 57ᶠ,45 d'intérêt.

D'après ce qui a été dit au n° (294), le capital ou le montant de l'action est de 1149 francs.

---

* Les actions de la Banque de France sont toutes nominatives.

II. *Les actions d'une entreprise commerciale sont au cours de 1696 fr.; les actionnaires reçoivent 53 fr. de dividende pour un semestre; à quel taux ces actions sont-elles placées?*

$$1696 \text{ fr. en 6 mois rapportent} \ldots\ldots\ldots 53 \text{ fr.},$$
$$1696 \text{ fr. en 1 an rapportent} \ldots\ldots\ldots 53^r \times 2;$$
$$1 \text{ fr. en 1 an rapporte} \ldots\ldots\ldots \frac{53^r \times 2}{1696},$$

ou 6^f,25 pour 100.

§ 10. Partages proportionnels.

***313.** La règle de société n'est qu'un cas particulier d'un problème plus général, ayant pour objet de *partager une quantité donnée proportionnellement à des nombres donnés.*

Je commencerai par faire connaître quelques propriétés des rapports.

Soit l'égalité de rapports $\quad \frac{3}{4} = \frac{15}{20};$

j'en tire $\qquad 3 \times 20 = 15 \times 4;$

d'où $\qquad \frac{3}{15} = \frac{4}{20}.$

Donc, *dans une égalité de rapports, les deux numérateurs sont proportionnels aux deux dénominateurs.*

1. *Soit la suite de rapports égaux :*

$$\frac{3}{4} = \frac{15}{20} = \frac{21}{28} = \frac{6}{8}.$$

Comme 3 est les $\frac{3}{4}$ de 4, je peux écrire

$$3 = 4 \times \tfrac{3}{4},$$

15 est les $\frac{15}{20}$ de 20; mais, par hypothèse, $\frac{15}{20} = \frac{3}{4}$. Donc 15 est les $\frac{3}{4}$ de 20, et ainsi de suite pour les autres rapports. En conséquence je peux poser les égalités suivantes :

$$3 = 4 \times \tfrac{3}{4},$$
$$15 = 20 \times \tfrac{3}{4},$$
$$21 = 28 \times \tfrac{3}{4},$$
$$6 = 8 \times \tfrac{3}{4}.$$

Faisant la somme des premiers membres, puis celle des seconds, il vient :

$$3 + 15 + 21 + 6 = 4.\tfrac{3}{4} + 20.\tfrac{3}{4} + 28.\tfrac{3}{4} + 8.\tfrac{3}{4};$$

or, prendre les $\frac{3}{4}$ de chacune des parties d'un tout, revient évidemment à prendre les $\frac{3}{4}$ de ce tout ; je peux donc écrire

$$3 + 15 + 21 + 6 = (4 + 20 + 28 + 8) \times \tfrac{3}{4},$$

ou, ce qui revient au même,

$$\frac{3 + 15 + 21 + 6}{4 + 20 + 28 + 8} = \frac{3}{4}.$$

Donc, *lorsque plusieurs fractions sont équivalentes, on forme une fraction égale à chacune d'elles en ajoutant d'une part tous les numérateurs et d'autre part tous les dénominateurs*[*].

514. I. *Partager 360 en trois parties proportionnelles aux nombres 3, 4 et 5.*

Cela veut dire que la première partie doit être les $\frac{3}{4}$ de la seconde, les $\frac{3}{5}$ de

et que la deuxième doit être les $\frac{4}{5}$ de la troisième.

Pour résoudre la question, je forme la somme 12 des parties proportionnelles 3, 4 et 5 et je dis :

Si le nombre à partager était 12, les parties seraient les nombres eux-mêmes 3, 4 et 5 ; si le nombre à partager était 1, les parties seraient 12 fois plus petites, ou $\frac{3}{12}$, $\frac{4}{12}$, $\frac{5}{12}$; mais il est 360, les parties sont donc chacune 360 fois plus grandes, ou $\frac{3 \times 360}{12}$, $\frac{4 \times 360}{12}$, $\frac{5 \times 360}{12}$, ce qui donne en effectuant, 90, 120 et 150.

En effet,

$$\frac{90}{120} = \frac{3}{4},$$

$$\frac{90}{150} = \frac{3}{5},$$

$$\frac{120}{150} = \frac{4}{5}.$$

D'ailleurs, $90 + 120 + 150 = 360$. Toutes les conditions du problème sont donc remplies.

TABLEAU RÉSUMÉ DE LA SOLUTION.

$$12 \dots\dots\dots 3 \dots\dots\dots 4 \dots\dots\dots 5$$

$$1 \dots\dots\dots \frac{3}{12} \dots\dots\dots \frac{4}{12} \dots\dots\dots \frac{5}{12}$$

$$360 \dots\dots \frac{3 \times 360}{12} \dots \frac{4 \times 360}{12} \dots \frac{5 \times 360}{12}$$

---

[*] Autrefois on disait : *Dans une suite de rapports égaux, la somme des antécédents est à la somme des conséquents comme un antécédent quelconque est à son conséquent.*

315.. *Généralisons*, en ayant recours à l'emploi des lettres, ainsi que nous l'avons déjà fait au n° **295**, pour la règle d'intérêt.

Soit N à partager en parties proportionnelles aux nombres entiers quelconques m, n, p.

Raisonnant comme ci-dessus, on trouvera :

$$\frac{N \times m}{m+n+p}, \qquad \frac{N \times n}{m+n+p}, \qquad \frac{N \times p}{m+n+p},$$

pour les *formules* des nombres cherchés.

La deuxième propriété des rapports, démontrée au numéro précédent, conduit très-simplement au résultat. En effet,

x, y, z désignant les nombres cherchés, je peux écrire

$$\frac{x}{m} = \frac{y}{n} = \frac{z}{p},$$

d'où
$$\frac{x+y+z}{m+n+p} = \frac{x}{m} = \frac{y}{n} = \frac{z}{p},$$

or
$$x + y + z = N,$$

donc
$$\frac{x}{m} = \frac{N}{m+n+p};$$

d'où je tire
$$x = \frac{N \times m}{m+n+p},$$

pareillement,
$$y = \frac{N \times n}{m+n+p},$$

$$z = \frac{N \times p}{m+n+p}, \quad \text{c'est-à-dire que}$$

Pour avoir chaque partie, on multiplie le nombre donné par celui auquel elle est proportionnelle, et l'on divise le produit par la somme des nombres proportionnels aux diverses parties.

Remarque. Les expressions précédentes peuvent être mises sous une autre forme :

$$x = m \times \frac{N}{m+n+p},$$

$$y = n \times \frac{N}{m+n+p},$$

$$z = p \times \frac{N}{m+n+p}.$$

La proportionnalité devient alors manifeste. Ceci montre que le problème précédent peut être résolu à l'aide d'une seule inconnue. En effet, de ce que les nombres cherchés sont proportionnels à m, n, p, on peut conclure qu'ils sont égaux à m, n, p, respectivement multipliés par un même nombre; soit x' ce nombre; $m \times x'$, $n \times x'$, $p \times x'$ désigneront alors les parties cherchées, et, comme leur somme est égale à N, je peux poser

$$N = x'. \, m + n. \, x' + p \, x',$$

ou
$$N = (m + n + p) \times x',$$

d'où
$$x' = \frac{N}{m + n + p}.$$

On retombe ainsi sur les expressions trouvées précédemment.

Remarque. Les partages proportionnels offrent de nombreuses applications. Ainsi, on peut avoir à répartir un impôt entre les communes d'un canton proportionnellement à leurs impositions particulières; à partager l'actif d'un commerçant proportionnellement aux sommes dues à ses créanciers, etc. Traitons quelques exemples.

Applications.

I. *Trois libraires ont fait l'entreprise de l'édition d'un ouvrage dont les frais s'élèvent à* 40000 *fr.; combien chacun doit-il payer, le premier étant intéressé pour les* $\frac{4}{9}$, *le second pour le* $\frac{1}{3}$, *et le troisième pour les* $\frac{2}{9}$?

Il faut partager 40000ᶠ en trois parties proportionnelles aux fractions $\frac{4}{9}$, $\frac{1}{3}$ et $\frac{2}{9}$.

Pour rentrer dans la règle ordinaire, je réduis ces fractions au même dénominateur, et je partage 40000ᶠ en trois parties proportionnelles à leurs numérateurs 4, 3, 2; j'obtiens ainsi 17777ᶠ,77; 13333ᶠ,33; 8888ᶠ,88.

II. *Partager* 3000 *fr. entre trois ouvriers : le premier a fait les* $\frac{5}{12}$ *de l'ouvrage; le deuxième les* $\frac{2}{5}$, *et le troisième le reste.*

Les deux premiers ont fait les $\frac{49}{60}$ de l'ouvrage; le troisième en a donc fait les $\frac{11}{60}$. La question est ainsi ramenée à partager 3000ᶠ en parties proportionnelles aux nombres $\frac{5}{12}$, $\frac{2}{5}$ et $\frac{11}{60}$.

Mais il est plus simple d'observer que le premier ouvrier a droit aux $\frac{5}{12}$ de 3000 fr., c'est-à-dire à 1250 fr.; que le deuxième a droit aux $\frac{2}{5}$ ou à 1200 fr.; par suite le troisième doit toucher 3000 — 2450, ou 550 fr.

Une remarque toute semblable s'applique au problème précédent.

III. *Partager* 324 *fr. entre trois personnes, de manière que la part de la première soit les* $\frac{4}{5}$ *de celle de la seconde, et que la part de la seconde soit les* $\frac{7}{9}$ *de celle de la troisième.*

Soit 1 la part de la troisième; $\frac{7}{9}$ sera celle de la deuxième, et $\frac{28}{45}$ sera la part de la première. J'ai donc à partager 324 proportionnellement aux nombres $\frac{28}{45}$, $\frac{7}{9}$ et 1, ce qui donne 84 fr., 105 fr. et 135 fr.

IV. *Partager* 194 *en trois parties telles, que la première et la seconde soient proportionnelles aux nombres* $\frac{5}{8}$ *et* $1\frac{1}{2}$ *; et que la deuxième et la troisième soient proportionnelles aux nombres* $1\frac{1}{3}$ *et* $3\frac{1}{2}$.

D'après l'énoncé, on peut écrire :

$$\frac{1^{re}}{2^e} = \frac{\frac{5}{8}}{1\frac{1}{2}},$$

$$\frac{2^e}{3^e} = \frac{1\frac{1}{3}}{3\frac{1}{2}},$$

ce qui revient à

$$\frac{1^{re}}{2^e} = \frac{5}{12},$$

$$\frac{2^e}{3^e} = \frac{8}{21}.$$

Cela posé, 1 désignant la première partie, $\frac{12}{5}$ désignera la seconde; puis, les $\frac{21}{8}$ de $\frac{12}{5}$ ou $\frac{63}{10}$, désignera la troisième. La question est alors ramenée à partager 194 en trois parties proportionnelles aux nombres 10, 24 et 63; ce·qui donne 20, 48 et 126.

§ 11. Règle de mélange.

316. Dans la *règle de mélange* on peut se proposer de trouver : 1° la *valeur moyenne* de plusieurs matières mélangées, connaissant la quantité et le prix de chacune; 2° la proportion suivant laquelle on doit mélanger des matières diverses dont on connaît le prix, pour avoir un prix moyen donné. La règle est *directe* dans le premier cas, et *inverse* dans le second.

1er CAS. I. *Un marchand a mélangé* 38 *hectolitres de blé à* 15 *fr. l'hectolitre, avec* 19 *hectolitres à* 16 *fr., et* 42 *hectolitres à* 12 *fr.; à combien lui revient un hectolitre du mélange?*

38 hectolitres à 15 fr. coûtent   15^f × 38 ou 570 fr.

19 hectolitres à 16 fr. coûtent   16^f × 19 ou 304 fr.

42 hectolitres à 12 fr. coûtent   12^f × 42 ou 504 fr.

____

99 hectolitres ont coûté...................... 1378 fr.

1 hectolitre coûte...................... $\frac{1378^f}{99} = 13^f,91$.

Donc, *pour avoir le prix moyen, il faut :* 1° *multiplier le prix de*

la matière mélangée par le nombre d'unités de cette matière, et ajou-
ter tous ces produits ; 2° faire la somme des nombres d'unités des
matières mélangées ; 3° diviser la somme des produits, c'est-à-dire
le prix total, par la somme des nombres d'unités.

II. *Un marchand a mêlé des vins de différentes qualités, savoir :*
530 *litres à* 75 *centimes le litre ;* 860 *litres à* 60 *centimes, et* 750 *litres*
à 45 *centimes le litre ; quel est le prix de revient du litre de mélange?*

J'applique la règle, et je trouve 58 centimes, à moins d'un demi-centime.

2° Cas. I. *Combien faut-il mélanger de litres de vin à* 50 *cen-*
times le litre avec du vin à 80 *centimes, pour obtenir* 100 *litres de*
vin à 62 *centimes?*

Sur chaque litre de vin à 50^c vendu 62^c on gagne $62 - 50 = 12^c$; sur chaque
litre de vin à 80^c vendu 62^c on perd $80 - 62 = 18^c$; il faut donc, pour que la
perte et le gain se compensent, qu'en désignant par x et y les quantités de vin de
chaque espèce, on ait :

$$12^c \times x = 18^c \times y,$$

ce qui revient à
$$\frac{x}{y} = \frac{18}{12} = \frac{3}{2}.$$

Comme d'ailleurs
$$x + y = 100,$$

la question est ramenée à *partager* 100 *proportionnellement aux deux nombres*
donnés 3 *et* 2. J'applique la règle, et j'ai

$$x = \frac{100 \times 3}{5} = 60,$$

$$y = \frac{100 \times 2}{5} = 40;$$

il faudra donc mélanger 60 litres à 50^c avec 40 litres à 80^c.

II. *Dans quelle proportion doit-on mélanger du vin à* 45 *centimes*
le litre avec du vin à 62 *centimes, pour obtenir un mélange qui re-*
vienne à 50 *centimes le litre?*

Comme ici le nombre de litres du mélange peut être pris arbitrairement, auquel cas on retombe dans le cas précédent, le problème est du genre de ceux
dont il a été question au n° 275, c'est-à-dire qu'il est *indéterminé.*

Remarquons qu'il serait *impossible* si le prix demandé du mélange n'était pas
compris entre les deux prix donnés.

§ 12. Règle d'alliage.

317. Un *alliage* est un corps formé par la réunion de plusieurs
métaux mêlés intimement par la fusion[*].

---

[*] L'alliage prend le nom d'*amalgame* quand l'un des métaux combinés est le
mercure.

Les ouvrages d'or et d'argent sont toujours alliés d'un métal moins précieux, tel que le cuivre, pour leur donner des qualités qu'ils n'auraient pas sans cela, et pour en faciliter le travail *.

Le *titre* d'un alliage d'or ou d'argent est le rapport du poids de l'or ou de l'argent pur contenu dans cet alliage, au poids total. Le titre s'exprime ordinairement en millièmes **.

Les monnaies françaises sont au titre de 0,900, parce qu'un kilogramme de ces monnaies contient 0,900 d'or ou d'argent pur, et par conséquent 10 pour 100 de cuivre.

Si un gramme d'alliage en argent contenait 950 milligrammes d'argent pur, le titre serait exprimé par 0,950.

Un alliage d'or du poids de 0^{gr},893, qui contiendrait 0^{gr},742 d'or pur, serait au titre de $\dfrac{0,742}{0,893} = 0,831$.

Dans l'orfévrerie et la bijouterie, la loi reconnaît *trois* titres pour l'or :

$$0,920,$$
$$0,840,$$
$$0,750,$$

avec une tolérance de 3 millièmes accordée aux fabricants pour soudure, etc. ;

Et *deux* titres pour l'argent :

$$0,950,$$
$$0,800,$$

avec 5 millièmes de tolérance.

Ces titres sont indiqués par des poinçons dont tout ouvrage d'or et d'argent doit être frappé dans un bureau de garantie.

D'après cela, si une pièce d'argenterie au 2ᵉ titre pesait 45^{gr},69, elle contiendrait 0^{gr},800 × 45,69, ou 36^{gr},552 d'argent pur.

Si un alliage d'or au titre de 0,860 contenait 17 grammes d'or pur, son poids total serait exprimé par :

$$\frac{17^{gr}}{0,860} = 19^{gr},767.$$

---

* Lorsque les métaux s'unissent entre eux, ils changent plus ou moins de propriétés : tantôt ils deviennent plus sonores comme le cuivre allié à l'étain ; tantôt plus durs, comme l'argent ou l'or alliés au cuivre ; d'autres fois, l'alliage est plus fusible que les métaux composants, comme par exemple l'alliage de bismuth, plomb et étain, dit *alliage de Darcet.*

** La formule du titre est $t = \dfrac{p}{P}$; t, p, P désignant le titre, le poids du métal fin, et le poids total de l'alliage ; deux quelconques de ces quantités étant connues, on obtient la troisième par une multiplication ou une division.

Valeur de l'or et de l'argent purs : 1° Sans retenue.

518. Dans les alliages de métaux précieux, le cuivre ne compte pour rien[*]. Cela posé, puisque la pièce d'un franc renferme les $\frac{9}{10}$ de 5 grammes, ou $4^{gr},5$ d'argent pur, nous dirons :

$$4^{gr},5 \text{ coûtent} \qquad 1^f,$$

$$1^{gr} \quad \text{coûte} \qquad \frac{1^f}{4,5} = \frac{10^f}{45} = \frac{2^f}{9} \; ;$$

réduisant $\frac{2}{9}$ en décimales, il vient $0^f,222$. Par suite, *un kilogramme d'argent pur vaut* $222^f,22$. Pour passer, à poids égal, de la valeur de l'argent à celle de l'or, rappelons-nous que la proportion de l'or à l'argent est de 15,5 à 1[**]; d'après cela, un gramme d'or pur coûte $\frac{2^f}{9} \times 15\frac{1}{2}$, ou $3^f,444$; par suite, un kilogramme d'or pur a une valeur de $3444^f,44$.

Puisque 5 grammes d'argent monnayé coûtent 1 fr., 1 kilogr. d'argent monnayé a une valeur exprimée par $\dfrac{1000}{5}$ ou 200 fr.

Quant au kilogramme d'or monnayé, il vaut $200^f \times 15\frac{1}{2}$ ou 3100 fr.

2° Avec une retenue.

Les frais de fabrication dans les hôtels de monnaies sont de $6^f,70$ par kilogramme pour l'or, et de $1^f,50$ par kilogramme pour l'argent. D'après cela, un kilogramme d'argent monnayé au lieu de valoir 200 fr., comme nous l'avons dit ci-dessus, ne vaut, retenue faite, que $200 - 1,50$ ou $198^f,50$. D'ailleurs, ce kilogramme contient 900 grammes d'argent pur; par conséquent, un gramme d'argent fin vaut $\dfrac{198^f,50}{900} = 0^f,220555$; par suite, le kilogramme a une valeur de $220^f,55$.

Un kilogramme d'or vaut, avons-nous dit, 3100 fr.; avec la retenue ce sera $3100 - 6,70$, ou $3093^f,30$; donc

$$\frac{3093^f,30}{900} = 3^f,437,$$

---

[*] Toutefois, pour un lingot à très-bas titre et dont le poids total excède 5 kilogr. on tient compte ordinairement de la valeur du cuivre.

[**] Celle de l'or au bronze est de 310,0 à 1 ; celle de l'argent au bronze est de 20,0 à 1, ce qui explique pourquoi la pièce d'un centime pèse un gramme.

sera la valeur du gramme d'or pur; le kilogramme aura, par conséquent, une valeur nette de 3437 fr.

TABLEAU RÉSUMÉ.

PAR KILOGRAMME.	SANS RETENUE.	AVEC RETENUE.
Argent... { pur......	222^f,22	220^f,55
{ à 0,900...	200 ,00	198 ,50
Or....... { pur......	3444 ,44	3437 ,00
{ à 0,900...	3100 ,00	3093 ,30

D'après cela, une multiplication fera connaître les valeurs du kilogramme des divers alliages d'or ou d'argent aux titres légaux.

1° Le kilogr. d'or au 1er titre vaut 3437^f × 0,920 = 3162^f,04.

2° Le kilogr. d'or au 2e titre vaut 3437^f × 0,840 = 2887^f,08.

3° Le kilogr. d'or au 3e titre vaut 3437^f × 0,750 = 2577^f,75.

4° Le kilogr. d'argent au 1er titre vaut 220^f,555..×0,950=209^f,53.

5° Le kilogr. d'argent au 2e titre vaut 220^f,555..×0,800 = 176^f,44.

Remarque. Les principaux problèmes sur les alliages ont, comme nous allons le voir, la plus grande analogie avec ceux du paragraphe précédent.

319. I. *On a fondu ensemble* 15 *kilogrammes d'étain à* 4^f,60 *le kilogramme, avec* 100 *kilogrammes de cuivre à* 2^f,25 *le kilogramme. Quel est le prix d'un kilogramme de cet alliage?*

15 kilogr. à 4^f,60 le kilogr. coûtent 69 fr.
100 kilogr. à 2^f,25 le kilogr. coûtent 225 fr.
115 kilogr. de l'alliage coûtent.... 294 fr.

1 kilogr. de l'alliage coûte...... $\dfrac{294^f}{115}$ ou 2^f,55 à moins d'un centime.

II. *Un particulier possède* 3 *lingots d'or : le premier, au titre de* 0,920, *pèse* 7^{kil},75 ; *le second, au titre de* 0,840, *pèse* 9^{kil},25 ; *le troisième, au titre de* 0,750, *pèse* 12^{kil},35. *Il veut les convertir en un seul lingot ; quel sera le titre de l'alliage?*

J'aurai le titre cherché lorsque je connaîtrai le poids de l'or pur contenu dans l'alliage, ainsi que le poids total de cet alliage, puisqu'alors il suffira de diviser le premier de ces nombres par le second. Cela posé,

7ᵏ,75 au titre de	0,920 contiennent	7,75 × 0,920 ou	7ᵏ,1300 d'or pur.
9ᵏ,25 »	0,840 »	9,25 × 0,840 ou	7ᵏ,7700 »
12ᵏ,35 »	0,750 »	12,35 × 0,750 ou	9ᵏ,2625 »

29ᵏ,35 d'alliage contiennent......................... 24ᵏ,1625 d'or pur.

1 kilogramme d'alliage contient..................... $\dfrac{24^k,1625}{29,35}$

Effectuant, j'obtiens 0ᵏ,823 d'or pur, et par conséquent 0,823 pour le titre de l'alliage.

Donc, *pour déterminer le titre de l'alliage provenant de la fonte de plusieurs lingots, on multiplie le poids de chaque lingot par son titre, et l'on divise la somme des produits par le poids total de l'alliage.*

III. *Une personne possède deux lingots d'or : le premier est au titre de 0,920, et le second au titre de 0,750. Elle veut faire un lingot du poids de 170 kilogrammes, au titre de 0,840. Combien doit-elle prendre de kilogrammes de chaque lingot?*

Chaque gramme à 0,920 contient 0ᵍʳ,080 de *plus* que 0ᵍʳ,840 ;

Chaque gramme à 0,750 contient 0ᵍʳ,090 de *moins* que 0ᵍʳ,840.

Or, on veut que le titre de l'alliage soit 0,840 ; les nombres de grammes x et y que l'on doit prendre doivent donc être tels qu'en multipliant 0ᵍʳ,080 par le premier, et 0ᵍʳ,090 par le second, on obtienne des produits égaux ; donc

$$0,080 \times x = 0,090 \times y,$$

$$\text{d'où } \quad \frac{x}{y} = \frac{9}{8}.$$

Comme d'ailleurs $x + y = 170$, la question revient à un partage en parties proportionnelles, on obtient ainsi :

$$x = 90 \text{ kilogr.}$$
$$y = 80 \text{ kilogr.}$$

Questions diverses sur les alliages.

320. I. *L'alliage qu'on emploie pour les caractères d'imprimerie est composé de 69 parties de plomb; 24 d'antimoine; 5 d'étain; 4 de cuivre; il y a sur le tout 2 parties de déchet pendant la fusion*. En supposant le plomb à 0ᶠ,61 le kilogramme, l'antimoine à 2ᶠ,10, l'étain à 3ᶠ,60, le cuivre à 3ᶠ,15, quel sera le prix du kilogramme d'alliage?*

---

* Beaucoup de fondeurs n'emploient ni cuivre, ni étain; l'alliage est alors moins résistant.

$$\begin{array}{ll}
\text{69 kilog. de plomb,} & \text{à } 0^r,61 \text{ le kilog., coûtent } 42^r,09 \\
\text{24 kilog. d'antimoine,} & \text{à } 2^r,10 \text{ le kilog., coûtent } 50^r,40 \\
\text{5 kilog. d'étain,} & \text{à } 3^r,60 \text{ le kilog., coûtent } 18^r,00 \\
\text{4 kilog. de cuivre,} & \text{à } 3^r,15 \text{ le kilog., coûtent } 12^r,60
\end{array}$$

102 kilog. d'alliage coûtent.................. $123^r,09$

Soustrayant les 2 kilog. de déchet, on conclut que le prix du kilogramme est exprimé par $123^r,09 : 100$ ou $1^r,23$.

II. *Combien vaut le souverain d'or d'Angleterre de 20 schillings, en monnaie d'or de France, sachant que le titre légal de ce souverain est 0,917, et que son poids est de 7ᵍʳ,980855 ?*

Cette pièce contient en matière pure $7^{gr},980855 \times 0,917 = 7^{gr},318444035$.

Par suite, elle vaut $3^r,4444..... \times 7,318444035 = 25^r,2079$ *.

Autrement. La pièce d'or de 20 francs de France est au titre légal de 0,900 ; elle est du poids de $\dfrac{100^{gr.}}{15,5} = 6^{gr},45161$; par suite, elle contient $5^{gr},806449$ d'or fin.

J'ai donc l'égalité de rapports : $\dfrac{5,806449}{20} = \dfrac{7,318444035}{x}$,

d'où $\hspace{5em} x = 25^r,2079$ **.

On trouverait de même que le nouveau schilling d'Angleterre qui pèse $5^{gr},65$ au titre de 0,925 vaut $1^r,16$ en argent de France (il vaudrait $1^r,26$ s'il était réellement la 20ᵉ partie de la valeur du souverain ou de $25^r,2079$).

III. *Dans quel rapport faut-il allier du cuivre à de l'argent au titre de 0,960, pour que le titre s'abaisse au titre de 0,930 ?*

Sur 1^k d'alliage, il y a $0^k,96$ d'argent ; cet argent doit être les $\dfrac{93}{100}$ de l'alliage qu'on obtiendra ; cet alliage doit donc être les $\dfrac{100}{93}$ de $0^k,96$. Puisque 1^k doit être porté à $\dfrac{96}{93}$ de kilogr., il faut ajouter $\dfrac{3}{93}$ de kilogr. ; ainsi , la quantité de cuivre demandée doit être les $\dfrac{3}{93}$ de l'alliage auquel on l'ajoute.

IV. *Le bronze des canons et des statues s'obtient en fondant 5ᵏⁱˡ,5 d'étain avec 50 kilogrammes de cuivre. A combien revient le kilogramme de bronze, le cuivre et l'étain coûtant respectivement 2ᶠ,50 et 2ᶠ,65 le kilogramme ?*

$$\begin{array}{lr}
5^k,5 \text{ d'étain à } 2^f,65 \text{ coûtent} & 14^f,575 \\
50^k \text{ de cuivre à } 2^f,50 \text{ coûtent} & 125^f \\
\text{les } 55^k,5 \text{ d'alliage coûtent.....} & 139^f,575
\end{array}$$

1 kilogr. de l'alliage coûte donc $\dfrac{139^f,575}{55,5} = 2^f,515$ environ.

---

* On verra dans la troisième partie de l'arithmétique comment on abrége ces longues multiplications.

** On verra dans la troisième partie comment on abrége ces longues divisions.

V. *Le laiton est un alliage que l'on forme en fondant ensemble 30 kilogrammes de zinc avec 70 kilogrammes de cuivre. Combien de cuivre et de zinc dans une feuille de laiton de 40 kilogrammes?*

Puisqu'on allie 30 kilogr. de zinc à 70 kilogr. de cuivre, l'alliage qui en résulte pèse 100 kilogr. Le zinc est donc les $\dfrac{30}{100}$ ou les $\dfrac{3}{10}$ de l'alliage total; autrement dit, le titre du laiton est de 0,3 par rapport au zinc; par un raisonnement semblable, le titre de cet alliage est de 0,7 par rapport au cuivre; par conséquent, la quantité de zinc demandée est les 0,3 de 40^k ou 12 kilogr.; celle de cuivre est les 0,7 de 40 kilogr., ou 128 kilogrammes.

VI. *L'alliage des cloches d'église est de* **80** *parties de cuivre sur* **20** *parties d'étain; combien faut-il de kilogrammes de chacun de ces métaux pour fondre une cloche de* **15000** *kilogr.*[*]*?*

Le poids du cuivre sera de 15000^k $\times \dfrac{80}{100}$ ou 12000^k.

Le poids de l'étain sera de 15000^k $\times \dfrac{20}{100}$ ou 3000^k.

Questions d'alliage dans lesquelles entre la densité.

521. On appelle *densité* d'un corps le rapport du poids de ce corps au poids d'un égal volume d'eau.

I. D'après cette définition, un centimètre cube de fer dont la densité est 7,788 pèse 1^{gr} $\times$ 7,788 ou 7^{gr},788.

Comme le kilogramme et le décimètre cube se correspondent (**264**), 1 décimètre cube de ce fer pèserait 1^k $\times$ 7,788 ou 7^k,788.

De même, 1 décimètre cube de plomb fondu pèserait 1$^k\times$11,352 ou 11^k,352, parce que la densité de ce plomb est 11,352.

1 mètre cube d'argent pèserait 10^{tonnes},47, parce que la densité de l'argent est exprimée par 10,47, et que la tonne et le mètre cube se correspondent.

1 décimètre cube d'or pèserait 19^k,26, parce que la densité de ce métal est exprimée par 19,26. Ainsi, une simple multiplication suffit pour *trouver le poids d'un corps, connaissant son volume et sa densité.*

II. *Quelle est la densité du fer, sachant qu'un décimètre cube de ce métal pèse* 7788 *grammes?*

Soit d la densité du fer; p son poids; p' celui d'un égal volume d'eau; alors $d = \dfrac{p}{p'}$; ici $p = 7788$ grammes, $p' = 1000$ grammes; donc $d = 7,788$.

---

[*] C'est le cas du *Bourdon* de l'église de Notre-Dame de Paris.

III. *Quel volume 30 kilogr. d'or occupent-ils?*

$$19,26 = \frac{p}{p'} = \frac{30^k}{p'^k}; \quad \text{d'où} \quad p' = \frac{30}{19,26} = 1^k,55;$$

le volume est donc exprimé par $1^{déc\ cub},55$, ou encore par 1 litre 55 centilitres.

IV. *La nouvelle monnaie de cuivre se compose de 95 parties (en poids) de cuivre, de 4 parties d'étain, et de 1 partie de zinc. La densité du cuivre est 8,85, celle de l'étain 7,29, et celle du zinc 7,19. Trouver la densité de l'alliage.*

D'après ce qui précède, les volumes des métaux composants sont en centimètre cube :

$$\frac{95}{8,85}; \quad \frac{4}{7,29}; \quad \frac{1}{7,19}.$$

Les 100 grammes d'alliage ont donc un volume exprimé par

$$\frac{95}{8,85} + \frac{4}{7,29} + \frac{1}{7,19} = \frac{5928,477}{463,873635} \text{ centimètres cubes.}$$

D'après cela, 1 centimètre cube de l'alliage pèse

$$100^{gr} : \frac{5928,477}{463,873635} = 8^{gr},75.$$

La densité cherchée est donc 8,75.

V. *Quel est le poids de l'aluminium qui a le même volume que 25 grammes d'argent : la densité de l'argent est 10,5 et celle de l'aluminium fondu 2,56*?*

A volume égal, les poids sont dans le rapport des densités, donc :

$$\frac{x}{2} = \frac{2,56}{10,5}, \quad \text{d'où} \quad x = \frac{640}{105} = 6^{gr},095.$$

VI. *L'aluminium a une densité 4 fois plus faible que l'argent et coûte environ 300 fr. le kilogramme. Combien de fois, à volume égal, vaut-il moins que l'argent?*

L'argent pur vaut 220 fr. le kilogr.; le même volume d'aluminium pèse 4 fois moins ou $\frac{1}{4}$ de kilogr.; son prix est donc $\frac{300^f}{4} = 75^f$; le rapport de la valeur de l'argent à celle de l'aluminium est donc $\frac{220}{75} = 2,93$. L'aluminium est donc environ 3 fois moins cher que l'argent à volume égal.

---

* Métal simple qui entre dans la composition de l'alumine, et qu'on extrait de son chlorure en le traitant par le potassium et le sodium. Isolé par M. Wœhler en 1827 sous la forme d'une poudre grise, il a été obtenu en masse compacte par M. Deville en 1854; il a alors l'éclat de l'argent, mais est plus léger et plus tenace.

VII. *La densité du cuivre laminé ou forgé est de* 8,9; *celle de l'aluminium de* 2,56; *la densité d'un alliage de* 90 *grammes de cuivre et de* 10 *grammes d'aluminium est telle, qu'aucune contraction sensible ne s'est manifestée dans l'union des deux métaux. On demande la densité de l'alliage et les volumes respectifs des deux métaux dans cet alliage.*

$$\text{Densité de l'alliage} = \frac{90 \times 8,9 + 10 \times 2,56}{100} = 8,266,$$

$$\text{Volume de l'aluminium} = \frac{10}{2,56} = 3^{\text{cmc}},906,$$

$$\text{Volume du cuivre} = \frac{90}{8,9} = 10^{\text{cmc}},112,$$

$$\text{Rapport des deux volumes} = \frac{10 \times 8,9}{90 \times 2,56} = 0,38\ldots$$

§ 13. Règle des moyennes arithmétiques.

522. Nous avons déjà eu l'occasion de remarquer (**285**) que la proportionnalité directe ou inverse entre certaines quantités pouvait bien n'être qu'apparente, par suite des circonstances diverses qui modifient leurs valeurs.

Ainsi, pour qu'à proprement parler l'ouvrage exécuté par des ouvriers fût en raison directe du nombre de ces ouvriers, il faudrait que tous les ouvriers employés fussent exactement de la même force et de la même habileté; que l'ouvrage à exécuter fût d'une difficulté rigoureusement uniforme; que ces ouvriers travaillassent avec une ardeur constamment égale; en un mot, il faudrait qu'ils fussent identiquement placés dans les mêmes circonstances, ce qui, évidemment, n'est pas possible. Même observation pour que le nombre de jours de travail fût en raison inverse du nombre des ouvriers chargés de l'exécuter.

Faute de pouvoir recourir à une proportionnalité rigoureuse, faut-il la rejeter dans la pratique? Non, s'il est possible d'arriver à un résultat suffisamment approché. Ainsi, qu'au lieu d'employer peu d'ouvriers, on en fasse travailler un très-grand nombre, qu'arrivera-t-il? Que les uns seront plus forts, les autres plus faibles; les uns plus habiles, les autres moins habiles; les uns plus zélés, plus actifs, les autres moins; alors, à la faveur de ce qu'on appelle la *loi des grands nombres*, certaines compensations s'établiront, et tout se passera comme si la proportionnalité directe ou inverse dont nous parlions ci-dessus, avait lieu réellement, du moins sans erreur sensible. Dans ce cas, elle pourra être d'une grande utilité pratique.

Nul doute que si, contrairement à ce que nous venons de dire, il était possible de soumettre au calcul les modifications produites par des circonstances diverses, il faudrait le faire pour arriver soit à une valeur exacte, soit à une valeur très-approchée de l'inconnu de la question; mais la *loi* de ces modifications est, en général, fort difficile à établir.

Ajoutons qu'il y a des cas où des quantités peuvent être directement ou inversement proportionnelles, sans qu'aucune circonstance étrangère puisse modifier leurs valeurs. Ainsi, il n'est pas douteux que 100 fr. rapportant 5 fr. au bout d'un an, 200 fr. rapporteront le double ou 10 fr.; 300 fr. rapporteront le triple ou 15 fr., etc. Mais c'est qu'ici les valeurs sur lesquelles on raisonne sont réglées par une *convention* qui sert de base aux transactions commerciales.

325. Ce qui précède conduit naturellement à parler de la *moyenne arithmétique entre plusieurs nombres.*

Supposons, par exemple, qu'un ouvrier ait fait 5 mètres, un second $4\frac{1}{2}$, un troisième $3\frac{1}{2}$, un quatrième 3, et un cinquième 4; l'ouvrage total sera la somme de ces nombres de mètres, c'est-à-dire 20 mètres; pour que les ouvriers eussent fait ces 20 mètres en travaillant tous également, il eût fallu que chacun d'eux en eût fait le cinquième, c'est-à-dire 4 mètres; c'est là le *travail moyen;* l'un d'eux a réellement fait ce travail; parmi les autres, les uns ont fait plus, les autres ont fait moins.

DÉFINITION. *La moyenne arithmétique entre plusieurs quantités est le quotient que l'on obtient en divisant la somme de ces quantités par leur nombre* [*].

Les moyennes arithmétiques sont d'un usage continuel dans la pratique. Elles se sont présentées dans les problèmes sur l'échéance commune, les mélanges et les alliages.

Le prix du blé; celui d'une journée de travail dans un atelier; celui d'une rente sur l'État basée sur les différents cours; l'intérêt de l'argent lorsqu'on emprunte à différents taux; le rapport d'une propriété qui chaque année ne produit pas la même somme; l'heure de la journée, d'après celle qu'indiquent plusieurs montres

---

[*] D'après cela, la moyenne arithmétique x entre deux quantités a et b est exprimée par $x = \dfrac{a+b}{2}$, c'est-à-dire par leur demi-somme.

La moyenne arithmétique entre N quantités $a, b, c, \ldots\ldots i, k, l$, est exprimée par $x = \dfrac{a+b+c+\ldots\ldots+i+k+l}{N}$.

assez bien réglées ; une distance provenant de plusieurs mesures conduisant à des résultats peu différents, en sont autant d'exemples.

Les moyennes arithmétiques trouvent aussi leur application dans les sciences d'observation pour atténuer les petites erreurs inséparables de toute opération matérielle.

EXEMPLE I. *Trois astronomes placés au même lieu ont observé l'heure du commencement d'une même éclipse ; le premier a trouvé* $3^h 16^m 38^s,50$; *le second,* $3^h 16^m 37^s,75$; *le troisième,* $3^h 16^m 38^s,00$.

Comme ces nombres sont très-peu différents les uns des autres, il est probable que chacun d'eux s'écarte peu de la vérité. Il y a d'ailleurs lieu de penser que les erreurs ne sont pas toutes dans le même sens ; en ajoutant les nombres, elles se compenseront en partie, et par conséquent en prenant le tiers du résultat, on aura une erreur qui ne sera probablement que le tiers de l'erreur commise par l'un des observateurs. On trouve ainsi $3^h 16^m 38^s,08$, et l'on doit croire que ce nombre diffère moins de la vérité que chacun des nombres proposés.

EXEMPLE II. *On a trouvé pour la température du maximum de densité de l'eau :*

$$3°,33$$
$$3°,88$$
$$4°,35$$
$$3°,87$$
$$3°,45$$
$$\underline{4°,44}$$
$$\overline{23°,32}$$

La somme est $23°,32$; divisant par 6, on trouve $3°,89$ (par excès avec une erreur d'un tiers de centième) pour la moyenne ; il y a lieu de croire que ce nombre diffère peu de la vérité.

Toutefois, il y aurait lieu de discuter les moyens employés par les expérimentateurs et le degré de confiance que leur habileté peut inspirer. Les expériences les plus modernes donnent $4°$ pour la température en question.

EXEMPLE III. *Pour essayer un mortier, on a fait 10 expériences successives, ce qui a donné lieu aux portées suivantes :*

$$2462^m$$
$$2384^m$$
$$2446^m$$
$$2400^m$$
$$2454^m$$
$$2288^m$$
$$2372^m$$
$$2438^m$$
$$2458^m$$
$$2328^m$$

Pour avoir la portée moyenne, je fais la somme des portées ; j'obtiens 24030 mètres ; j'en prends le dixième, et j'ai 2403 mètres pour le résultat cherché.

REMARQUE I. Si, dans une suite d'expériences faites par les mêmes procédés, il arrivait que l'un des nombres obtenus différât beaucoup plus des autres nombres qu'ils ne diffèrent entre eux, il y aurait lieu de penser que ce nombre serait affecté d'une erreur accidentelle plus forte : et, en général, il serait bon de ne pas le faire intervenir dans la recherche de la moyenne.

Remarque II. Pour être autorisé à prendre la moyenne dans une même suite d'expériences, il ne faut pas rencontrer des résultats toujours croissants ou toujours décroissants, car alors les différences devraient être attribuées à une cause permanente qui ferait que les derniers résultats s'écarteraient de plus en plus, ou de moins en moins, de la vérité. Il faut, au contraire, que les résultats soient tantôt plus grands, tantôt plus petits, afin qu'on puisse croire qu'ils sont tantôt trop grands, tantôt trop petits, et que les erreurs puissent se détruire en partie et s'atténuer dans l'addition ; autrement on aurait un résultat plus juste en ne considérant que les premiers ou que les derniers résultats, au lieu de les faire entrer tous en considération.

Remarque III. Il ne faut pas confondre la moyenne arithmétique, telle que nous venons de la considérer, avec la *moyenne entre deux quantités*. — On appelle ainsi *toute* quantité comprise entre deux autres, c'est-à-dire plus grande que la plus petite, et plus petite que la plus grande. — Si, par exemple, on ajoute terme à terme des fractions *inégales*, on obtient une fraction qui est une moyenne entre la plus petite et la plus grande. — Ainsi, on peut écrire,

$$\frac{2}{3} < \frac{2+5}{3+7} < \frac{5}{7}.$$

TROISIÈME PARTIE.

COMPLÉMENT D'ARITHMÉTIQUE POUR SERVIR A L'ÉTUDE DE L'ALGÈBRE, DE LA GÉOMÉTRIE, ETC.

CHAPITRE VIII.

EXTRACTION DES RACINES.

§ 1. Carrés. — Racines carrées.

324. *L'arithmétique proprement dite* est renfermée dans ce qui précède. La troisième partie qui fait l'objet de ce qui suit, peut être considérée comme une sorte d'introduction à l'étude de l'*algèbre*, de la *géométrie* et des sciences d'application.

325. Le *carré* d'un nombre, avons-nous dit au n° 131, est le produit de ce nombre par lui-même.

Les *carrés* des dix premiers nombres sont renfermés dans le tableau suivant :

Nombres :	1	2	3	4	5	6	7	8	9	10
Carrés :	1	4	9	16	25	36	49	64	81	100

Le carré d'une fraction $\frac{5}{7}$ par exemple, est $\frac{5}{7} \times \frac{5}{7} = \frac{25}{49}$; celui d'un nombre décimal tel que 1,04 est $1,04 \times 1,04 = 1,0816$.

REMARQUE. Les carrés des neuf premiers nombres ne sont terminés par aucun des chiffres 2, 3, 7 et 8.

Le carré d'un nombre s'indique en écrivant l'*exposant* 2 à droite et un peu au-dessus du nombre, mis entre parenthèses si cela est nécessaire.

Ainsi $\left(\frac{5}{7}\right)^2$ et $\left(2 + \frac{3}{4}\right)^2$ désignent respectivement les carrés de $\frac{5}{7}$ et de $2 + \frac{3}{4}$.

Formation des carrés.

526. Théorème. *Le carré de la somme de deux nombres se compose de trois parties : du carré de la première, du double produit de la première par la seconde, et du carré de la seconde.*

En effet, le carré de la somme $5+3$ des deux nombres 5 et 3, s'obtiendra en multipliant $5+3$ par $5+3$; or, multiplier une somme par une autre, revient à multiplier chaque partie de la première par chaque partie de la seconde, et à faire la somme des produits obtenus. Voici le tableau des opérations :

$$
\begin{array}{l}
5+3 \\
5+3 \\
\hline
5^2+3 \cdot 5 \\
+5 \cdot 3+3^2 \\
\hline
5^2+5 \cdot 3 \times 2+3^{2\,*}
\end{array}
$$

Corollaire. *La différence des carrés de deux nombres entiers consécutifs est égale au double du plus petit, augmenté d'une unité.*

En effet, d'après ce qui précède,

$$(5+1)^2 = 5^2+5 \cdot 2+1,$$

d'où
$$(5+1)^2 - 5^2 = 5 \cdot 2 + 1^{**}.$$

527. Théorème. *Le carré d'un produit est égal au produit des carrés de ses facteurs.*

En effet, $\quad (2 \times 5 \times 7)^2 = (2 \times 5 \times 7) \times (2 \times 5 \times 7).$

Or, d'après le principe du n° 57, multiplier un nombre par un produit, revient à multiplier ce nombre par les facteurs du produit; je peux donc écrire

$$(2 \times 5 \times 7)^2 = 2 \times 5 \times 7 \times 2 \times 5 \times 7;$$

changeant l'ordre des facteurs, il vient

$$(2 \times 5 \times 7)^2 = 2 \times 2 \times 5 \times 5 \times 7 \times 7.$$

Groupant les facteurs deux à deux (58), il vient encore

$$(2 \times 5 \times 7)^2 = (2 \times 2) \times (7 \times 7) \times (5 \times 5).$$

---

* En général, $(a+b)^2 = a^2 + 2ab + b^2$.

** En général, $(a+1)^2 = a^2 + 2a + 1$, d'où $(a+1)^2 - a^2 = 2a + 1$.

Enfin, faisant usage de la notation exponentielle, j'obtiens

$$(2 \times 5 \times 7)^2 = 2^2 \times 5^2 \times 7^2.$$

Semblablement, $(3 \times \frac{5}{7} \times 0,003)^2 = 3^2 \times (\frac{5}{7})^2 \times (0,003)^2$ [*].

328. THÉORÈME. *Pour multiplier entre elles deux puissances d'un même nombre, il suffit d'élever ce nombre à une puissance marquée par la somme des exposants.*

En effet, $2^4 \times 2^3 = 2^4 \times 2 \times 2 \times 2 = 2^5 \times 2 \times 2 = 2^6 \times 2 = 2^7$;

d'après cela, $(3^4)^2 = 3^4 \times 3^4 = 3^{4+4} = 3^{4 \times 2}$;

de même, $(2^3 \times 3^2 \times 5)^2 = 2^6 \times 3^4 \times 5^2$,

c'est-à-dire que *pour élever au carré un produit dont des facteurs sont des puissances*, il suffit de DOUBLER *les exposants de ces puissances.*

329. THÉORÈME. *Le carré d'une fraction s'obtient en élevant les deux termes au carré.*

En effet, $$\left(\frac{5}{7}\right)^2 = \frac{5}{7} \times \frac{5}{7} = \frac{5 \times 5}{7 \times 7} = \frac{5^2}{7^2}$$ [**].

Extraction de la racine carrée.

330. La *racine carrée* d'un nombre est un second nombre dont le carré est égal au premier; on l'indique par le signe $\sqrt{}$ appelé *radical*, sous lequel on écrit le nombre dont la racine est à extraire.

Les nombres 1, 2, 3, 4, 5, 6, 7, 8, 9, 10 sont respectivement les racines carrées des nombres 1, 4, 9, 16, 25, 36, 49, 64, 81, 100. On peut donc écrire

$$\sqrt{25} = 5; \quad \sqrt{49} = 7; \quad \sqrt{100} = 10.$$

331. On appelle extraire la *racine carrée d'un nombre entier*, A MOINS D'UNE UNITÉ, *trouver le plus grand nombre entier dont le carré soit contenu dans le nombre proposé.* Soit, par exemple, le nombre 53; aucun nombre entier multiplié par lui-même ne peut le reproduire : 7 donne pour carré 49 qui est trop faible; 8 donne 64 qui est trop fort; 7 est donc la racine carrée du plus grand carré contenu dans

---

[*] En général, $(a.b.c.d)^2 = a^2 b^2 c^2 d^2$.

[**] En général, $\left(\frac{a}{b}\right)^2 = \frac{a^2}{b^2}$.

53 ; c'est donc sa racine carrée à moins d'une unité, ce qui peut s'écrire

$$\sqrt{53} = 7 \text{ à une unité près.}$$

332. On peut voir de suite que lorsqu'*un nombre entier* N *n'est pas le carré d'un autre nombre entier, il n'est pas non plus le carré d'un nombre fractionnaire exact* $\frac{a}{b}$.

En effet, si l'on avait $\qquad N = \left(\frac{a}{b}\right)^2$,

$\frac{a}{b}$ désignant une fraction irréductible, on en déduirait que

$$N = \frac{a^2}{b^2}.$$

Or, a^2 ne renferme que les facteurs *premiers* de a ; b^2 ne renferme que les facteurs premiers de b ; la fraction $\frac{a^2}{b^2}$ a donc ses deux termes premiers entre eux ; par suite elle est irréductible (**150**) ; elle ne peut donc pas être égale à un nombre entier N.

REMARQUES. Il y a peu de nombres qui soient des carrés ; on n'en compte que dix parmi les cent premiers nombres. Sans recourir à aucun calcul, on peut dans certains cas, tels que les suivants , reconnaître, à la seule inspection du nombre, qu'il est impossible d'en extraire exactement la racine.

1° *Un nombre terminé par un des chiffres* 2, 3, 7, 8, *n'est pas le carré d'un nombre entier*, puisque le carré d'un nombre a la même terminaison que le carré du chiffre de ses unités simples, et qu'il n'y a pas de chiffre dont le carré soit terminé par l'un des précédents.

2° *Un nombre terminé par un nombre impair de zéros n'est pas le carré d'un nombre entier ;* car, de deux choses l'une : ou la racine carrée de ce nombre est terminée par un chiffre significatif, ou bien elle est terminée par des zéros ; dans le premier cas, le carré de cette racine ne sera pas terminé par un 0 ; dans le second, il sera terminé par un nombre *pair* de zéros.

3° *Un nombre décimal qui renferme un nombre impair de décimales ne peut pas être le carré d'un nombre décimal,* car le carré d'un nombre décimal renferme toujours un nombre pair de décimales.

4° *Un nombre entier terminé par le chiffre 5 ne peut être le carré d'un nombre entier qu'autant que le chiffre des dizaines est* 2. En effet, d'après la formation du carré d'un nombre terminé par 5, la première des trois parties de ce carré est terminée par deux zéros ; la seconde, qui, en général, n'est terminée que par un zéro, est ici terminée par deux zéros par suite de la présence des facteurs 2 et 5 ; enfin la troisième partie est 25 ; donc, en additionnant les trois parties du carré, la somme sera terminée par 25.

335. Soit proposé d'extraire la racine d'un carré tel que 4096.

$$
\begin{array}{c|c}
4\,0.9\,6 & 6\,4 \\
3\,6 & \overline{1\,2\,4} \\
\hline
4\,9.6 & 4 \\
4\,9\,6 & \\
\hline
0\,0\,0 &
\end{array}
$$

Le nombre cherché est un nombre dont le carré reproduit 4096 ; or 4096 est plus grand que 100, donc sa racine est plus grande que 10 ; d'ailleurs elle est plus petite que 100, car le carré de 100 est 10000, nombre plus grand que 4096 ; donc *la racine carrée cherchée se compose de deux chiffres ;* par conséquent, d'après la formation du carré de la somme de deux nombres (**326**), le nombre donné peut être considéré comme composé de trois parties :

> *du carré des dizaines,*
> *du double produit des dizaines par les unités,*
> *du carré des unités.*

Mais, d'après la multiplication, le carré des dizaines est un nombre exact de *centaines*, il ne peut donc se trouver que dans les 40 centaines du nombre proposé. Les dizaines et les unités ne pouvant en faire partie, je les sépare par un *point*. Si j'extrais la racine du plus grand carré 36 contenu dans 40, je serai sûr que la racine carrée 6 de 36 ne sera pas plus faible que le nombre des dizaines de la racine cherchée. Or, le carré de 6 dizaines est 36 centaines, nombre plus petit que le nombre proposé (qui, par supposition, contient plus de 36) ; par conséquent, la racine est plus grande que 6 dizaines ; d'ailleurs, elle est plus petite que 7 dizaines ; donc enfin elle se compose de 6 dizaines et d'un certain nombre d'unités simples au plus égal à 9[*].

---

[*] Autrement,

$$36 < 40 < 49,$$
$$3600 < 4000 < 4900,$$
$$3600 < 4096 < 4900,$$
$$60 < \sqrt{4096} < 70 ; \text{ donc....}$$

Maintenant que je connais avec certitude les dizaines de la racine cherchée, je puis former le carré 3600 de ces dizaines, et le retrancher du nombre proposé. J'ai ainsi 496, et comme j'ai retranché l'une des parties du carré, ce reste ne contient plus que les deux autres : *le produit du double des dizaines par les unités et le carré des unités.* Le produit du double des dizaines par les unités est un nombre exact de *dizaines ;* dès lors il ne se trouve que dans les 49 dizaines de 496, et le chiffre 6 des unités ne peut en faire partie ; je le sépare par un *point ;* puisque je connais déjà les dizaines, j'en fais le double, et si je divisais par ce facteur connu 12, qui est le produit du double des dizaines par les unités, je trouverais l'autre facteur, c'est-à-dire les unités de la racine. Mais indépendamment du produit en question, les 49 dizaines du reste contiennent la retenue provenant du carré des unités ; par conséquent, en divisant 49 par 12, je pourrai avoir un quotient trop fort ; il y aura donc lieu à le vérifier. En divisant 49 par 12, je trouve 4 pour quotient ; pour savoir si ce chiffre est trop fort, il suffirait de faire le carré de 64 ; mais, comme les dizaines sont certaines, et que j'ai déjà retranché le carré des dizaines, il suffit de voir si le reste 496 peut renfermer les deux autres parties : le produit du double des dizaines par les unités et le carré des unités ; j'écris à côté de 12 les 4 unités présumées, et je multiplie 124 par 4 ; la soustraction peut se faire, et je trouve 0 pour reste : 4 est donc bien le nombre des unités de la racine cherchée, qui, par conséquent, est 64.

En raisonnant de même sur un autre nombre tel que 1444, on ne trouve exactement le chiffre 8 des unités qu'après la seconde vérification ; et comme 3 est le chiffre des dizaines, la racine cherchée est 38.

Remarque. Si l'on applique ce procédé à un nombre pris au hasard, tel que 4204, on trouve pour résultat 64 ; mais au lieu d'avoir 0 pour le dernier reste, on a 108, et pourtant on a pris pour les unités le plus grand chiffre possible. On reconnaît par là que le nombre proposé n'est pas un carré, et qu'il se compose du carré de 64 augmenté de 108. Dans ce cas, on n'a extrait que la racine carrée du plus grand carré contenu dans le nombre proposé.

534. Proposons-nous maintenant d'extraire la racine d'un carré renfermant autant de chiffres qu'on voudra, par exemple de 274576.

```
2 7.4 5.7 6 | 5 2 4
2 5        |________________
           | 1 0 2    1 0 4 4
  2.4.5    |   2          4
  2 0.4    |
           |________________
     4 1 7.6
     4 1 7 6
           |
     0 0 0 0
```

Ce nombre est plus grand que 100, par suite sa racine est plus grande que 10; elle se compose donc de dizaines et d'unités; le nombre proposé, qui en est le carré, contient donc 3 parties : le carré des dizaines, le produit du double des dizaines par les unités, et le carré des unités ; le carré des dizaines est renfermé dans les 2745 centaines du nombre proposé; je sépare les deux premiers chiffres qui ne peuvent en faire partie; j'appliqué à ce nombre 2745 le procédé de la racine carrée d'un nombre qui a au plus quatre chiffres; je trouve 52 pour racine et 41 pour reste ; 52 est la racine *du plus grand carré* contenu dans 2745; le carré de 52 dizaines est compris dans 2745 centaines ; il est, par con-séquent, plus petit que le nombre proposé; donc la racine totale se compose de 52 dizaines et d'un certain nombre d'unités simples; ainsi on a trouvé avec certitude les dizaines de la racino cherchée *en extrayant la racine du plus grand carré contenu dans les centaines du nombre donné* [*].

_ Le reste 4176 ne renferme plus que le produit du double des dizaines par les unités et le carré des unités. Je suis donc conduit, à diviser les 417 dizaines du reste par le double de 52 ou 104; le quotient 4 est le chiffre des unités ou un chiffre trop fort; je fais la vérification en écrivant 4 à côté du double 104 des dizaines, et en multipliant par 4; je retranche le produit; je trouve 0 pour reste ; le chiffre 4 convient, et la racine est 524. Ainsi,

Quand on sait extraire la racine carrée d'un nombre qui n'a pas plus de 4 chiffres, on extrait facilement celle d'un nombre qui n'a pas plus de 6 chiffres, et ainsi de suite ; de là la règle pratique sui-vante :

---

[*] Autrement,

$$a^2 < 2745 < (a + 1)^2,$$
$$a^2 \times 100 < 274500 < (a + 1)^2 \times 100,$$
$$a^2 \times 100 < 274576 < (a + 1)^2 \times 100,$$
$$a \times 10 < \sqrt{274576} < (a + 1) \times 10; \text{ donc },\ldots$$

355. *Pour extraire le racine carrée d'un nombre entier, on partage ce nombre en tranches de deux chiffres à partir des unités, puis on tire deux lignes comme pour faire la division; on cherche le plus grand carré contenu dans le nombre qui forme la première tranche à gauche; on en écrit la racine à la place ordinaire du diviseur, et l'on ôte le carré de cette racine du nombre sur lequel on a opéré. A côté du reste on descend la tranche suivante, dont on sépare le dernier chiffre à droite. On divise les autres chiffres par le double de la racine trouvée, et le quotient donne le deuxième chiffre (présumé) de la racine. On multiplie le double de la racine accompagné du nouveau chiffre par ce nouveau chiffre, et l'on retranche le produit du premier reste. Si cette soustraction ne pouvait se faire, on diminuerait le dernier chiffre jusqu'à ce qu'elle pût s'effectuer. A côté du reste, on abaisse une nouvelle tranche, et l'on obtient le troisième chiffre de la racine et tous les suivants en opérant de la même manière que pour le second.*

Traitons un autre exemple :

$$
\begin{array}{r|l}
5\,68\,2\,1\,4 & 7\,5\,3 \\
4\,9 & \overline{} \\
\cline{2-2}
7\,8.2 & 1\,4\,5 \qquad 1\,5\,0\,3 \\
7\,2\,5 & 5 \qquad3 \\
\cline{1-1}
5\,7\,1\,4 & \\
4\,5\,0\,9 & \\
\cline{1-1}
1\,2\,0\,5 &
\end{array}
$$

On voit par ce calcul que la racine carrée de 568214 est 753 à moins d'une unité.

De la plus grande valeur du reste.

356. Soit, pour fixer les idées, le nombre 4099 ; le chiffre des dizaines est 6; le reste correspondant est 499; en 49 combien de fois 12? 4 fois. Actuellement, je suppose que, dans la crainte d'écrire à la racine un chiffre trop fort, je ne pose que 3 *sans essayer* 4; quel sera le reste correspondant? 130, c'est-à-dire un nombre plus grand que le double 126 de la racine trouvée; que conclure? Que 4099 contient, 1° le carré de 63, puisqu'on a pu l'en retrancher, 2° 130 ou le double de 63, 3° 4 unités; or, d'après le n° **326** $(63)^2 + 63 \cdot 2 + 1 = (64)^2$, donc $4099 = (64)^2 + 3$; si 4099 contient le carré de 64, on a eu tort d'écrire 63; ainsi,

*la plus grande valeur que le reste puisse atteindre est le double de
la racine trouvée.* *

Extraction de la racine carrée d'un nombre décimal.

337. Extraire la racine carrée de 40,96.

$$\begin{array}{r|l} 4\,0,9\,6 & 6,4 \\ 4\,9.6 & \overline{1\;2\;4} \\ 0 & \quad 4 \end{array}$$

De la règle de la multiplication des nombres décimaux, résulte immédiatement que le carré d'un nombre décimal renferme toujours
un nombre de décimales *double* dé celui qui se trouve dans ce
nombre; donc, réciproquement, si un nombre décimal est un
carré, sa racine contient un nombre de décimales *moitié* du nombre de celles qui sont au carré.

D'après cela, j'extrais la racine de 40,96 comme s'il était un
nombre entier, ce qui donne 64; puis, comme il faut une décimale à la racine, je divise par 10, et j'ai 6,4 pour le résultat
cherché.

338. Extraire la racine carrée de 95,61.

$$\begin{array}{r|l} 9\,5,6\,1 & 9,7 \\ 1\,4\,6.1 & \overline{1\;8\;7} \\ 1\,5\,2 & \quad 7 \end{array}$$

En opérant par analogie, c'est-à-dire comme si ce nombre était
un carré, je trouve 9,7 pour résultat, et 152 (centièmes) pour reste.
Comme le carré de 97 est contenu dans 9561, tandis que le carré
de 98 est plus grand, je conclus que le carré de 9,7 est plus petit
que le nombre proposé, et que le carré de 9,8 est plus grand; par
conséquent, je n'ai extrait en réalité que la racine carrée du plus
grand carré composé de centièmes, contenu dans 95,61.

C'est là ce qu'on entend par extraire la racine carrée d'un nombre à moins d'un dixième près. En général,

*Extraire la racine carrée d'un nombre à moins d'un dixième, d'un
centième, d'un millième, etc., c'est trouver le plus grand nombre de*

---

* On peut démontrer que lorsque le reste est inférieur à la racine, on l'a
obtenue *à moins d'une demi-unité*, par défaut; si, au contraire, le reste est plus
grand que la racine, on l'a forcé d'une unité, et on a le résultat à moins d'une
demi-unité par excès.

*dixièmes, de centièmes, de millièmes, etc., dont le carré soit contenu
dans le nombre proposé.*

339. On peut avoir par le même procédé autant de décimales
que l'on veut à la racine d'un nombre, lorsque cette racine ne
s'extrait pas exactement; il suffit pour cela de mettre des zéros à
la droite du nombre proposé, de manière à avoir au carré deux fois
autant de décimales que l'on en veut à la racine.

Exemple. Extraire la racine carrée de 3,141 à moins d'un millième près.

```
3 1 4 1 0 0 0  |  1,7 7 2
2 1.4          |  2 7      3 4 7      3 5 4 2
   2 5 1.0     |  7          7            2
        8 1 0 0
        1 0 1 6
```

Je mets trois zéros à la droite du nombre, ce qui donne 3,141000 ;
j'extrais la racine de 3 141 000 *à moins d'une unité entière près*, et
j'ai 1772; je divise par 1000, et 1,772 est la racine cherchée *à moins
d'un millième près*, avec 1016 (millionièmes) pour reste.

Remarque. Si le nombre dont on veut extraire la racine carrée
par approximation, renferme plus du double du nombre des décimales contenues dans la racine, on néglige les chiffres superflus.
La racine carrée du nombre 95,6128069, à moins d'un dixième,
est la même que celle du nombre 95,61 au même degré d'approximation, ce qui donne 9,7 ou 9,8.

340. L'application de la méthode précédente à un nombre
entier qui n'est pas un carré, fournira autant de décimales que
l'on voudra.

Exemple. Extraire la racine carrée de 7 à moins d'un millième
près.

```
7.0 0.0 0.0 0  |  2,6 4 5
   3 0.0       |  4 6      5 2 4      5 2 8 5
      2 4 0.0  |  6          4            5
        3 0 4 0.0
        3 9 7 5
```

Je mets six zéros; j'applique la méthode, et j'ai 2,645 avec 3975
(millionièmes) pour reste.

Dans la pratique, au lieu d'écrire tous les zéros à la droite du
nombre proposé, on les écrit successivement deux par deux à la

droite des restes, à mesure que l'on veut un chiffre de plus à la racine.

Idée que l'on doit se faire de l'extraction de la racine carrée d'un nombre par approximation.

341. Si dans l'évaluation de la racine carrée d'un nombre, 7 par exemple, je m'arrête aux *dixièmes*, j'ai 2,6 dont le carré est plus petit que 7, tandis que le carré de 2,7 serait plus grand que 7. Or, d'après la formation du carré d'un nombre composé de deux parties, comme 2,7 vaut 2,6 $+ \frac{1}{10}$, le carré du second nombre vaut le carré du premier, plus le double produit du premier par $\frac{1}{10}$, plus le carré de $\frac{1}{10}$; par suite, la différence des deux carrés qui comprennent 7 sera

$$2 \text{ fois } 2,6 \times \tfrac{1}{10} + \tfrac{1}{100}.$$

Si je m'arrête aux *centièmes*, 7 sera compris entre le carré de 2,64 et le carré de 2,65; la différence de ces carrés sera

$$2 \text{ fois } 2,64 \times \tfrac{1}{100} + \tfrac{1}{10000}.$$

De même, 7 sera compris entre le carré de 2,645 et celui de 2,646; la différence des carrés est

$$2 \text{ fois } 2,645 \times \tfrac{1}{1000} + \tfrac{1}{1000000};$$

et ainsi de suite.

Dans toutes ces différences, les secondes parties $\frac{1}{100}$, $\frac{1}{10000}$, $\frac{1}{1000000}$..., décroissent indéfiniment; dans les premières parties successives, les plus hautes unités sont de 10 en 10 fois plus petites : donc les différences deviennent de plus en plus petites, et peuvent dépasser tout degré de petitesse :

L'approximation décimale revient donc à trouver les nombres décimaux dont les carrés peuvent différer de moins en moins du nombre proposé; ces carrés ont le nombre pour limite.

Extraction de la racine carrée des fractions ordinaires.

342. Exemple I. Extraire la racine carrée de $\frac{25}{36}$.

Ici les deux termes sont des carrés ; j'extrais la racine du numérateur, puis celle du dénominateur, et j'obtiens $\frac{5}{6}$ pour la fraction demandée. Ainsi,

$$\sqrt{\frac{25}{36}} = \frac{\sqrt{25}}{\sqrt{36}} = \frac{5}{6}.$$

Il est bon de remarquer qu'ici la racine est plus grande que le carré.

Exemple II. Extraire la racine carrée de $\frac{75}{108}$.

Bien que les deux termes ne soient pas des carrés, je n'en conclus pas que l'on ne puisse point extraire exactement la racine de la fraction, parce que cette fraction n'est pas *irréductible*; simplification faite, elle revient à $\frac{25}{36}$; sa racine est donc la même que précédemment, c'est-à-dire $\frac{5}{6}$.

Exemple III. Extraire la racine carrée de $\frac{7}{13}$.

La fraction est irréductible; ses deux termes ne sont pas des carrés, il est donc impossible de trouver un fraction $\frac{a}{b}$ (que l'on peut toujours supposer irréductible) dont le carré soit égal à $\frac{7}{13}$; en effet, de l'égalité :

$$\frac{7}{13} = \frac{a^2}{b^2}$$

on déduirait, d'après le n° **151**, $7 = a^2$ et $13 = b^2$, ce qui est contraire à la supposition; ainsi, pour qu'une fraction soit un carré, il faut et il suffit, qu'après l'avoir rendue irréductible, on puisse extraire exactement la racine de ses deux termes.

Dans la pratique, on n'extrait pas, comme l'indique l'analogie, la racine carrée des deux termes, afin de ne pas commettre deux erreurs; puis, comme il vaut mieux se tromper sur le nombre que sur l'espèce, on rend, de préférence, le dénominateur un carré, en multipliant les deux termes de la fraction par ce dénominateur.

D'après cela,

$$\sqrt{\frac{7}{13}} = \sqrt{\frac{7 \times 13}{(13)^2}} = \frac{\sqrt{91}}{13} = \frac{9}{13} \text{ ou } \frac{10}{13},$$

à $\frac{1}{13}$ près.

Exemple IV. Extraire la racine carrée de $\frac{7}{48}$.

Ici j'observe que $48 = 2^4 \times 3$, et qu'alors au lieu de multiplier haut et bas par 48, pour avoir un carré, il suffit de multiplier par 3; il vient ainsi

$$\sqrt{\frac{7}{48}} = \sqrt{\frac{7 \times 3}{2^4 \times 3^2}} = \frac{\sqrt{21}}{2^2 \times 3} = \frac{\sqrt{21}}{12} = \frac{4}{12} \text{ ou } \frac{5}{12},$$

à $\frac{1}{12}$ près.

Toutefois, on aurait un plus grand degré d'aproximation (à $\frac{1}{48}$ près), si l'on opérait comme dans le cas précédent ; mais le calcul serait un peu plus compliqué.

Exemple V. Extraire la racine carrée de $24 + \frac{5}{7}$, à une unité près.

Comme les carrés 16 et 25, qui comprennent entre eux 24, comprennent aussi $24 + \frac{5}{7}$, la fraction *proprement dite* n'a aucune influence sur le degré d'approximation, et alors on peut écrire

$$\sqrt{24\,\tfrac{5}{7}} = 4 \text{ ou } 5,$$

à une unité près.

Exemple VI. Extraire la racine carrée de $\frac{7}{11}$ à moins d'un centième près.

Je convertis $\frac{7}{11}$ en décimales jusqu'à ce que j'aie 4 chiffres décimaux, ce qui donne 0,6363 ; j'extrais la racine carrée de 6363 *à moins d'une unité près;* j'obtiens 79 ; je divise par 100, et j'ai 0,79 pour la racine cherchée, *à moins d'un centième près.*

Exemple VII. Extraire la racine carrée de $29\,\frac{8}{11}$ à moins d'un millième près.

J'extrais, *à moins d'une unité près*, la racine carrée de 29727272, puis je divise par 1000 la racine trouvée 5452, ce qui donne 5,452 pour la racine cherchée.

343. On a quelquefois besoin dans la pratique d'extraire la racine carrée d'un nombre qui n'est pas connu exactement. Il y a lieu alors de chercher avec quelle approximation il faut prendre le nombre proposé pour obtenir sa racine carrée avec une approximation décimale déterminée.

S'il s'agit, par exemple, d'extraire la racine carrée de la racine carrée de 7, on trouve d'abord que la racine carrée de 7 est 2,645751... ; conservons seulement les 4 premières décimales, et extrayons la racine carrée du nombre 2,6457 ; nous trouverons 1,62 par défaut : ainsi, le carré de ce nombre 162 centièmes est un nombre de dix-millièmes plus petit que 26457 dix-millièmes, et, par conséquent, plus petit; à plus forte raison, que le nombre proposé 2,645751 .... Mais le carré de 163 centièmes serait plus grand que 2,6457, et surpasserait ce nombre au moins d'un dix-millième. Comme le nombre proposé est plus petit que 2,6458, il sera plus petit que le carré de 163 centièmes ; donc, le nombre 1,62 est le plus grand nombre composé de centièmes dont le carré soit contenu dans le nombre proposé : 1,62 est donc la racine carrée du nombre proposé à moins d'un centième par défaut; 1,63 est la racine à moins d'un centième par excès.

On voit donc par là que si l'on évalue le nombre proposé à moins d'un dix-millième par défaut, et si l'on extrait à moins d'un centième la racine carrée du nombre approché, on aura à moins d'un centième la racine carrée du nombre proposé; d'où l'on tire cette règle :

Pour extraire la racine carrée d'un nombre avec une approximation décimale déterminée, on évalue ce nombre avec deux fois autant de décimales qu'on en veut à la racine, et l'on extrait la racine comme à l'ordinaire.

Si le nombre proposé était connu avec plus de décimales qu'il n'en faut, on supprimerait avant l'extraction toutes celles qui seraient inutiles.

Problème général. — Formule.

344. Les différents cas, précédemment examinés, peuvent être formulés ainsi qu'il suit :

Extraire la racine carrée d'un nombre N *à moins de* $\dfrac{1}{p}$ *près.*

Extraire la racine carrée de N à moins de $\dfrac{1}{p}$ près, c'est chercher deux fractions ayant pour dénominateur commun le dénominateur p de l'approximation, et pour numérateurs deux nombres entiers consécutifs x et $x+1$ tels que les quantités $\dfrac{x}{p}$, $\sqrt{N}$, $\dfrac{x+1}{p}$ soient par ordre de grandeur, ce qui peut s'écrire

$$\frac{x}{p} < \sqrt{N} < \frac{x+1}{p},$$

d'où, en élevant au carré,

$$\frac{x^2}{p^2} < N < \frac{(x+1)^2}{p^2};$$

multipliant tout par p^2, il vient

$$x^2 < N \times p^2 < (x+1)^2,$$

et par suite

$$x < \sqrt{N \times p^2} < x+1,$$

c'est-à-dire que x est la racine du plus grand carré (entier) contenu dans $N \times p^2$; de là la règle générale suivante.

345. *Pour extraire la racine carrée d'un nombre, à moins d'une fraction dont le numérateur est l'unité, et le dénominateur un nombre (entier) quelconque, 1° multipliez le nombre proposé par le carré du dénominateur de la fraction qui indique le degré d'approximation; 2° extrayez la racine carrée de ce produit à moins d'une unité (entière); 3° donnez à cette racine le dénominateur de l'approximation*.*

Application.

346. Exemple I. Extraire la racine carrée de $8\frac{3}{4}$ à $\frac{1}{5}$ près.

Ici $N = 8\frac{3}{4} = \frac{35}{4}$; $p = 5$; j'applique la règle, et je trouve $2\frac{4}{5}$ par défaut, et 3 par excès.

Exemple II. Extraire la racine carrée de 10 à 0,0001 près.

$N = 10$; $p = 10000$; $x = \sqrt{10} = 3,1622$ (par défaut).

Exemple III. Extraire la racine carrée de 0,05672053 à 0,001 près.

$N = 0,05672053$; $p = 1000$; $x = \sqrt{0,05672053} = 0,238$.

Exemple IV. Extraire la racine carrée de $\frac{5}{7}$ à $\frac{1}{4}$ près.

Réponse $\frac{3}{4}$.

Exemple V. Dégager l'inconnue de l'égalité de rapports

$$\frac{121}{x} = \frac{x}{225};$$

de là je tire $x^2 = 121 \times 225$; d'où $x = \sqrt{121 \times 225} = 165$.

On appelle *moyenne proportionnelle* (ou *géométrique*) entre deux nombres, la racine carrée du produit de ces nombres; ainsi 165 est la moyenne proportionnelle entre 121 et 225. La *formule* de la moyenne proportionnelle entre deux nombres donnés a et b est exprimée par $x = \sqrt{ab}$; il est facile de voir que l'on a $\frac{a+b}{2} > \sqrt{ab}$, c'est-à-dire que *la moyenne arithmétique entre deux nombres est plus grande que leur moyenne géométrique*, à moins que ces deux

---

* Si l'on demandait la racine à moins de $\frac{3}{11}$ près, par exemple (dans la pratique on l'extrairait à moins de $\frac{1}{11}$), on remplacerait $\frac{3}{11}$ par $\frac{1}{\left(\frac{11}{3}\right)}$; puis généralisant la règle ci-dessus, on poserait $p = \frac{11}{3}$.

14*

nombres ne soient égaux, auquel cas les deux moyennes seraient égales.

EXEMPLE VI. Trouver à 0,01 près la moyenne proportionnelle entre 649 et 1927,3.

$$x = \sqrt{649 \times 1927,3} = 1118,39 \text{ à } 0,01 \text{ près.}$$

EXEMPLE VII. Trouver la moyenne proportionnelle entre $\frac{6}{49}$ et $\frac{24}{25}$.

$$x = \sqrt{\frac{6}{49} \times \frac{24}{25}} = \frac{12}{35} \text{ (exactement).}$$

Questions diverses sur les carrés et les racines carrées.

347. **I.** *Le produit de plusieurs carrés est un carré.*

II. *Le quotient de deux carrés est un carré.*

III. *Le produit d'un carré par un nombre qui n'est pas un carré, n'est jamais un carré.*

IV. *Le quotient de la division de deux nombres dont un seul est un carré, ne peut jamais être un carré.*

V. *Le produit ou le quotient de deux nombres qui ne sont pas des carrés, peut être un carré.*

VI. *Tout nombre qui est un carré est un multiple de 3, ou le devient lorsqu'il est diminué d'une unité. Même propriété pour 4.*

VII. *Tout nombre qui est un carré est un multiple de 5, ou le devient, lorsqu'il est augmenté (ou diminué) d'une unité.*

VIII. *Tout nombre qui est un carré, et dont le chiffre des unités n'est pas 6, a un chiffre pair de dizaines.*

IX. *Le carré d'un nombre impair, diminué d'une unité, est un multiple de 8.*

X. *Quel est le nombre dont la racine carrée diminuée de 5 donne 8?*
La racine carrée de ce nombre est $8 + 5 = 13$; le nombre demandé est par conséquent $(13)^2 = 169$.

XI. *La différence des carrés de deux nombres entiers consécutifs est 127; quels sont ces nombres?*
D'après le n° 326, la différence des carrés de deux nombres entiers consécutifs est égale au double du plus petit augmenté

d'une unité ; 127 diminué de 1 , ou 126, est donc le double du plus petit nombre; par suite, la moitié de 126 ou 63 est ce plus petit nombre; le plus grand est donc 64. En effet, $(64)^2 - (63)^2 = 4096 - 3969 = 127$ [*].

XII. *Trouver un nombre dont le carré augmenté de 9 soit égal à 25.*

Le carré du nombre demandé est évidemment égal à $25-9=16$; $\sqrt{16} = 4$ est donc le nombre cherché. En effet, $25 = 16 + 9$, autrement dit, $(5)^2 = (4)^2 + (3)^2$; en sorte que les trois nombres entiers consécutifs 3, 4, 5 ont entre eux cette relation remarquable que *le carré de l'un est égal à la somme des carrés des deux autres.*

XIII. *Trouver trois nombres proportionnels à 3, 7, 10, et tels que la somme des carrés de ces nombres soit égale à 2528.*

Mettant en pratique l'observation qui a été faite au n° **315**, je désigne les nombres cherchés par $3x$, $7x$ et $10x$; par suite $9x^2 + 49x^2 + 100x^2$ ou $158x^2 = 2528$;

$$\text{d'où} \qquad x^2 = \frac{2528}{15} = 16,$$

$$\text{par suite} \qquad x = 4.$$

Les nombres demandés sont donc 12, 28 et 40 ainsi qu'on peut le vérifier.

XIV. *Les 3 côtés d'un triangle sont entre eux comme les nombres 3, 4, 5; sa surface est 24; quels en sont les côtés?* (Baccalauréat ès Sciences.)

Je désigne ces côtés par $3x$, $4x$ et $5x$; or, d'après la géométrie, la surface S d'un triangle en fonction des trois côtés est exprimée par

$$S = \sqrt{p\,(p-a)\,(p-b)\,(p-c)},$$

p désignant le demi-périmètre, c'est-à-dire

$$\frac{a+b+c}{2}.$$

---

[*] Plus laconiquement,

$$(x + 1)^2 - x^2 = 127,$$
$$x^2 + 2x + 1 - x^2 = 127,$$
$$2x + 1 = 127,$$
$$2x = 126,$$
$$x = 63.$$

D'après cela il vient successivement :

$$24 = \sqrt{6x \times 3x \times 2x \times x,}$$

$$24 = \sqrt{36\,a^2 \times x^3,}$$

$$24 = 6 \times x \times x = 6\,x^2,$$

$$x^2 = \frac{24}{6} = 4,$$

$$x = 2.$$

Par suite, les côtés demandés sont 6, 8 et 10.

§ 3. Cube. — Racine cubique.

348. Nous parlerons sommairement de la racine cubique, pour trois raisons : 1° à quelques mots près, cette théorie est la même que la précédente ; 2° les applications sont moins nombreuses ; 3° en général, on opère par *logarithmes* [*].

349. Les cubes des dix premiers nombres sont

1	2	3	4	5	6	7	8	9	10
1	8	27	64	125	216	343	512	729	1000

D'après cela, la racine cubique de 64 est 4 ; celle de 343 est 7 ; s'il s'agit d'un nombre tel que 73, il tombe entre 64 et 125 ; le plus grand cube contenu dans 73 est 64, dont la racine cubique est 4 : ainsi, 4 *est la racine cubique de* 73 *à moins d'une unité près*. On peut donc obtenir, soit exactement, soit à moins d'une unité, la racine cubique d'un nombre qui n'a pas plus de trois chiffres.

Le signe indicatif des racines cubiques (ou troisièmes) est $\sqrt[3]{\ \ }$; ici on met en évidence le chiffre 3 qu'on appelle l'*indice* de la racine.

D'après cela on peut écrire :

$$\sqrt[3]{27} = 3,$$

$$\sqrt[3]{512} = 8,$$

$$\sqrt[3]{73} = 4 \text{ à une unité près.}$$

350. Pour connaître la *loi* d'après laquelle se forme le cube de la somme de deux nombres 9 et 4, il suffit de multiplier le carré

---

[*] Nous parlerons de ces nombres dans le chapitre suivant.

de $9+4$ ou $9^2+9\times4.2+4^2$ par $9+4$, ce qui donne lieu à l'opération suivante :

$$9^2+9\times4.2+4^2$$
$$9+4$$
$$\overline{\quad\quad\quad\quad\quad\quad}$$
$$9^3+9^2\times4.2+4^2\times9.$$
$$9^2\times4\quad+4^2\times9.2+4^3$$
$$\overline{\quad\quad\quad\quad\quad\quad}$$
$$9^3+9^2\times4.3+4^2\times9.3+4^3$$

En général, $\qquad (a+b)^3 = a^3+3\,a^2\,b+3\,ab^2+b^3,$
c'est-à-dire que :

Le cube de la somme de deux nombres se compose du cube du premier, du triple produit du carré du premier par le second ; du triple produit du premier par le carré du second, et du cube du second.

Ce principe comprend comme cas particulier : 1° la composition du cube d'un nombre composé de dizaines et d'unités [*]; 2° la différence des cubes de deux nombres entiers consécutifs.

351. Principes. I. *Le cube d'un produit est égal au produit des cubes de ses facteurs.*

II. *Le cube d'une puissance s'obtient en triplant l'exposant de la puissance.*

III. *Le cube d'une fraction s'obtient en élevant ses deux termes au cube.*

IV. *Un nombre entier qui n'est pas le cube d'un autre nombre entier, ne peut pas être le cube d'un nombre fractionnaire exact.*

V. *Pour qu'une fraction soit le cube d'une autre fraction, il faut et il suffit qu'après l'avoir rendue irréductible, ses deux termes soient des cubes.*

IV. Remarque. Faute de pouvoir extraire exactement la racine cubique d'un nombre, on l'extrait par approximation.

---

[*] Le cube d'un nombre entier est terminé par le même chiffre que le cube du dernier chiffre de ce nombre. Contrairement à ce qui a lieu pour les carrés (332), les cubes des neuf premiers nombres sont terminés par la suite naturelle des nombres 1, 8, 7, 4, 5, 6, 3, 2, 9, placés dans un ordre différent de celui de la numération. D'après cela, on peut dire immédiatement que la racine cubique d'un nombre tel que 262144 est 64, si d'ailleurs on sait d'avance que ce nombre est le cube d'un nombre entier.

Extraction de la racine cubique d'un nombre entier, soit exactement, soit à une unité près.

352. Soit proposé d'extraire la racine cubique du nombre 636056.

$$
\begin{array}{r|l}
6\,3\,6.0\,5\,6 & 8\,6 \\
\underline{5\,1\,2} & \overline{1\,9\,2} \\
\overline{1\,2\,4\,0.5\,6} & 1\,4\,4 \\
1\,2\,4\,0\,5\,6 & 3\,6 \\
\hline
0 & \overline{2\,0\,6\,7\,6}\times 6 = 1\,2\,4\,0\,5\,6
\end{array}
$$

Ce nombre étant compris entre 1000 et 1 000 000, sa racine cubique est comprise entre 10 et 100; elle se compose donc de dizaines et d'unités. Le nombre donné, qui est le cube de cette racine, peut donc être regardé comme composé de quatre parties.

La première de ces parties est un nombre exact de *mille ;* le cube des dizaines ne peut donc être contenu que dans les 636 mille du nombre proposé; je sépare par un point les trois premiers chiffres à droite.

Le plus grand cube contenu dans 636 est 512, dont la racine cubique est 8. C'est le chiffre des dizaines de la racine[*]. Retranchant 512 de 636, j'ai 124, qui avec l'autre tranche donne 124056. Ce reste doit renfermer les trois autres parties. Le produit du triple carré des dizaines par les unités donne un nombre exact de centaines qui ne peut se trouver que dans les 1240 centaines du reste; je sépare les deux premiers chiffres à droite.

Le carré des dizaines est 64; le triple est 192; divisant 1240 par 192, j'ai 6 pour quotient, qui peut être trop fort à cause des retenues provenant des autres parties.

Pour le vérifier, je puis faire le cube de 86.

Mais comme le chiffre des dizaines est exact, souvent on préfère former les trois parties contenues dans le reste.

Dans ces trois parties, les unités sont *facteur commun ;* je réserve ce facteur; j'ai déjà le triple carré des dizaines, qui est 192 centai-

---

* Même raisonnement que pour la racine carrée. On peut aussi dire :

$$512 < 636 < 729,$$
$$512000 < 636000 < 729000,$$
$$512000 < 636056 < 729000,$$
$$80 < \sqrt[3]{636056} < 70; \text{ donc, etc.}$$

nes ; je fais le produit du triple des dizaines par les unités, qui est 1440; je fais le carré des unités, qui est 36; j'ajoute ces trois nombres, ce qui donne 20677; je multiplie par le facteur réservé, c'est-à-dire par les unités, et je retranche le produit du reste. Ici la soustraction réussit; ainsi le chiffre est bon : d'ailleurs le nombre proposé est un cube, puisque le reste est nul.

Remarque. Si j'avais obtenu un reste, je n'aurais extrait en réalité que la racine cubique du plus grand cube contenu dans le nombre donné. Comme la crainte d'écrire un chiffre *trop fort* peut (surtout pour la racine cubique) en faire écrire un *trop faible*, il est nécessaire de retenir que

Le RESTE *est au plus égal au triple carré de la racine augmenté du triple de cette racine.*

353. Soit actuellement proposé *d'extraire la racine cubique d'un nombre* N *à moins de* $\dfrac{1}{p}$ *près.*

Raisonnant comme au nº **344**, on a successivement :

$$\frac{x}{p} < \sqrt[3]{N} < \frac{x+1}{p},$$

$$\frac{x^3}{p^3} < N < \frac{(x+1)^3}{p^3},$$

$$x^3 < N \times p^3 < (x+1)^3,$$

$$x < \sqrt{N \times p^3} < (x+1),$$

d'où suit la règle.

En voici quelques applications :

EXEMPLE I. *Quelle est la racine cubique de* 23 $\frac{7}{8}$ *à* $\frac{1}{13}$ *près ?*
RÉP. $\frac{37}{13} = 2\frac{11}{13}$.

EXEMPLE II. *Quelle est la racine cubique de* 2 *à* 0,01 *près?*
RÉP. 1,25.

EXEMPLE III. *Quelle est la racine cubique de* $\frac{2}{3}$ *à* 0,01 *près?*
RÉP. 0,87.

Racines successives.

354. Les extractions de racines carrées et cubiques peuvent servir à extraire des racines d'un degré qui ne renferme pas d'autres facteurs premiers que 2 et 3.

EXEMPLE I. *Quelle est la racine quatrième de* 4096?

Soit x cette racine.

$$x = \sqrt[4]{4096},$$

d'où

$$x^4 = 4096,$$

$$(x^2)^2 = 4096,$$

$$x^2 = \sqrt{4096},$$

$$x = \sqrt{\sqrt{4096}}.$$

Ainsi, *une racine quatrième s'obtient au moyen de deux racines carrées successives.* — La racine carrée de 4096 est 64; celle de 64 est 8; telle est la racine cherchée, donc

$$\sqrt[4]{4096} = 8.$$

EXEMPLE II. *Quelle est la racine huitième de* 1953125?

Par un raisonnement semblable on verrait que

$$\sqrt[8]{1953125} = \sqrt[2.2.2]{1953125} = \sqrt{\sqrt{\sqrt{1953125}}};$$

extrayant ces trois racines successives, on trouve que 5 est la racine cherchée.

EXEMPLE III. *Quelle est la racine sixième de* 729?

$$x = \sqrt[6]{729},$$

$$x^6 = 729,$$

$$x^{3\times2} = 729,$$

$$(x^3)^2 = 729,$$

$$x^3 = \sqrt{729},$$

$$x = \sqrt[3]{\sqrt{729}}.$$

Ainsi, *la racine sixième d'un nombre s'obtient en extrayant la racine cubique de la racine carrée de ce nombre.*

Puisqu'on peut changer l'ordre des facteurs, on peut changer l'ordre des indices; en général, il vaudra mieux commencer par extraire la racine du degré le moins élevé. — Dans l'exemple actuel, comme on connaît la racine cubique de 729, il est mieux d'écrire :

$$x = \sqrt{\sqrt[3]{629}} = \sqrt{9} = 3.$$

EXEMPLE IV. *Quelle est, à une unité près, la racine sixième de* 4528 ?

La racine carrée de 4528 est 67, à une unité près ; la racine cubique de 67 est 4, à une unité près ; 4 est la racine demandée. — En effet,

$$4^3 < 67 < 5^3,$$

$$4^6 < (67)^2 < 5^6;$$

mais $\qquad (67)^2 < 4528 < (68)^2.$

D'ailleurs, 67 diffère de 5^3 d'au moins d'une unité; $(67)^2$ diffère donc de 5^6 d'au moins $67.2 + 1$, et comme $(67)^2$ diffère de 4528 de 67×2 au plus, on aura

$$4^6 < 4528 < 5^6;$$

4 est donc, en effet, la racine sixième de 4528, à une unité près.

Questions diverses sur les cubes et les racines cubiques.

555. I. *Un nombre terminé par 2 ou par 6 ne peut être le cube d'un nombre entier que lorsque le chiffre des dizaines est impair (à démontrer).*

II. *Trouver un nombre qui soit à la fois un cube et un carré.*
Le problème est indéterminé :

$$7^{2\times3}; \quad 11^{2\times3}, \quad \text{etc., etc.}$$

III. *Quel est le nombre dont le produit du tiers par le carré de ce nombre est égal à 219501 ?*

$$\frac{x^3}{3} = 219501,$$

$$x^3 = 658503,$$

$$x = \sqrt[3]{658503},$$

$$x = 87.$$

IV. *Trois nombres sont entre eux comme 7, 5 et 3; leur produit est 840, quels sont ces nombres ?*

Je les désigne par $7\,x$, $5\,x$ et $3\,x$; par suite,

$$105\,x^3 = 840,$$

$$x^3 = \frac{840}{105} = 8,$$

d'où
$$x = 2.$$

Les nombres demandés sont donc 14, 10 et 6 *.

---

* Ce calcul est la réponse à cette question : Le volume d'un parallélipipède rectangle est 840 mètres cubes; ses trois arêtes contiguës sont proportionnelles aux nombres 7, 5, 3; quelles sont ces arêtes? (Nous ne saurions trop recommander cette manière de représenter les inconnues lorsqu'on connaît des nombres qui leur sont proportionnels.)

CHAPITRE IX.

THÉORIE DES APPROXIMATIONS.

356. Généralement dans la pratique on ne calcule un résultat que par approximation ; alors tantôt on modifie le mode d'opération, tantôt on ne le modifie pas ; dans ce dernier cas on omet les chiffres qui dépassent un certain ordre soit dans les données, soit dans le résultat.

Les deux seules opérations pour lesquelles il soit utile de modifier le procédé de calcul, sont la *multiplication* et la *division* qui forment l'objet du premier paragraphe ; dans le second, nous nous occupons des *relations entre l'approximation des données et celle du résultat*.

§ 1. Multiplication et division abrégées.

Multiplication.

357. Lorsqu'on a à faire une multiplication ou une division dont le résultat ne doit être qu'approché, le mode ordinaire de calcul est souvent beaucoup trop long ; que, par exemple, deux facteurs renferment chacun huit décimales, leur produit en renfermera seize ; or généralement cinq ou six suffisent ; souvent même, les dernières ne sont pas exactes à cause de l'inexactitude des données ; dans un cas comme dans l'autre, la partie du calcul qui a donné les dernières décimales est inutile ; c'est pour éviter cette complication superflue qu'on modifie, ainsi que nous allons l'expliquer, la manière ordinaire de multiplier et de diviser deux nombres donnés.

358. *Calculer le produit de deux nombres décimaux à moins d'une unité près d'un ordre décimal donné.*

RÈGLE. *On écrit les chiffres du multiplicateur, dans un ordre inverse, au-dessous des chiffres du multiplicande, en plaçant celui des unités (simples) sous le chiffre qui, dans le multiplicande, exprime des unités* CENT *fois plus petites que celles de l'approximation.*

On multiplie successivement par chaque chiffre du multiplicateur le chiffre au-dessus et ceux, à gauche dans le multiplicande en négligeant ceux qui sont à droite ; on écrit les produits les uns sous les autres, de manière que leurs derniers chiffres soient dans une même colonne ; on ajoute ces produits partiels ; dans la somme, on supprime les deux derniers chiffres ; on augmente d'une unité le dernier chiffre conservé ; on place la virgule, ou on écrit des zéros de manière que le dernier chiffre représente des unités du même ordre que celle de l'approximation.

359. Exemple 1. *Soit proposé d'obtenir à* 0,01 *près le produit suivant :*

$$357,8254321754.\ldots \times 42,7432481074012\ldots$$

Les unités cent fois plus petites que celles de l'approximation, sont les dix-millièmes ou les unités de la quatrième décimale ; c'est donc sous la quatrième décimale qu'il faut écrire le chiffre 2 des unités du multiplicateur ; à sa droite celui qui est à gauche, à sa gauche ceux qui sont à droite, ainsi qu'il suit :

$$3578254321754.\ldots$$
$$\ldots 470184234724$$

Comme les chiffres du multiplicande et ceux du multiplicateur, qui n'ont pas de chiffre correspondant dans la même colonne, ne seront pas employés, on se contente d'écrire :

$$35782543$$
$$84234724$$

Tirant un trait sous ces deux nombres, et procédant aux multiplications partielles suivant la règle, on obtient :

$$
\begin{array}{r}
3\,5\,7\,8\,2\,5\,4\,3 \\
8\,4.2.3.4.7.2.4 \\
\hline
1\,4\,3\,1\,3\,0\,1\,7\,2 \\
7\,1\,5\,6\,5\,0\,8 \\
2\,5\,0\,4\,7\,7\,5 \\
1\,4\,3\,1\,2\,8 \\
1\,0\,7\,3\,4 \\
7\,1\,4 \\
1\,4\,0 \\
2\,4 \\
\hline
1\,5\,2\,9\,4\,6\,1\,9\,5
\end{array}
$$

Supprimant les deux derniers chiffres, on a 1529461.

Augmentant le dernier chiffre d'une unité, cela donne 1529462.

Le dernier chiffre devant représenter des centièmes, on sépare les

deux derniers chiffres par une virgule , et l'on obtient finalement
15294,62 qui représente le produit demandé à un centième près.

360. Démonstration. Dans le courant de la multiplication , à
mesure qu'on avance de la droite vers la gauche, le chiffre du
multiplicateur représente des unités de dix en dix fois plus petites; au contraire celui qui, dans le multiplicande, est au-dessus,
représente des unités de dix en dix fois plus grandes; le chiffre à
droite de chaque produit partiel représente donc pour tous, des
unités du même ordre; c'est pourquoi on a dû les écrire les uns
sous les autres pour en faire l'addition.

Le chiffre 2 des unités étant placé sous les unités cent fois plus
petites que celle qu'indique l'approximation , le produit partiel
correspondant représente lui-même des unités cent fois plus petites que celle de cette approximation ; par suite tous les produits
partiels, ainsi que leur somme, représentent aussi des unités
cent fois moindres que celle de l'approximation.

Après avoir supprimé les deux derniers chiffres , le dernier conservé représente des unités du même ordre que celle de l'approximation ; on doit donc placer la virgule de manière que ce dernier
chiffre représente des unités de cet ordre.

Quant à l'unité qu'on a ajoutée au dernier chiffre, elle est des-
tinée à compenser à peu près les parties omises dans la multiplication, ainsi qu'on va l'expliquer.

Dans chaque multiplication partielle , l'ensemble des chiffres négligés au multiplicande est moindre qu'une unité du chiffre à
gauche par lequel on commence la multiplication, et le chiffre par
lequel on multiplie est au plus égal à 9 ; or $1 \times 9 = 9$, la partie
négligée dans chaque multiplication partielle est donc moindre
que 9 unités du dernier chiffre du produit; en supposant que le
nombre des produits partiels ne dépasse pas dix (ce qui arrive toujours dans la pratique), le total des parties omises dans les produits partiels est plus petit que 90 unités du dernier chiffre.

Les chiffres négligés dans le multiplicateur .... 4701 ne valent
pas une unité du chiffre qui est à leur droite, et le multiplicande
est plus petit que dix unités de son premier chiffre; par conséquent le produit négligé du multiplicande par la partie omise au
multiplicateur est moindre que 10×1 ou 10; la somme des produits partiels n'est donc pas inférieure au vrai produit de $90 + 10$
ou 100 unités de son dernier chiffre.

Le nombre exprimé par les deux chiffres qu'on supprime est
plus petit que 100; la somme des parties omises est donc moindre

que 200 unités du dernier chiffre des produits partiels, ou que 2 unités du dernier chiffre conservé ; or j'ai ajouté une unité à ce chiffre ; si ce n'est pas assez, il ne manquera pas une unité, puisqu'une seconde unité ajoutée rendrait le produit trop grand ; si c'est trop, ce ne peut pas être une unité de trop, puisque, avant d'ajouter cette unité, le résultat était trop petit ; dans un cas comme dans l'autre, le produit définitif est donc à une unité près de son dernier chiffre, par excès, ou par défaut. c. q. f. d.

361. EXEMPLE II. *Trouver à un mille près, le produit de 3,75475 par 457398.*

$$
\begin{array}{r}
0\ 3\ 7\ 5\ 4\ 7\ 5 \\
8\ 9.3.7.5.4 \\
\hline
1\ 5.0\ 1\ 8\ 8 \\
1\ 8\ 7\ 7\ 0 \\
2\ 6\ 2\ 5 \\
1\ 1\ 1 \\
2\ 7 \\
\hline
1\ 7\ 1\ 7\ 2\ 1
\end{array}
$$

Dans cet exemple, les unités cent fois plus petites que celles de l'approximation, sont les dizaines ; j'ai donc dû placer le chiffre 8 des unités du multiplicateur sous le chiffre 0 des dizaines du multiplicande.

Supprimant les deux derniers chiffres et augmentant le précédent d'une unité, j'obtiens 1718, et comme ce résultat doit représenter des mille, je le fais suivre de trois zéros, et j'ai 1718000.

362. EXEMPLE III. *Trouver, à une unité près, le produit de 43582 par 3,1415926. . . . .*

$$
\begin{array}{r}
4358200 \\
2951413 \\
\hline
13074600 \\
435820 \\
174328 \\
4358 \\
2175 \\
387 \\
8 \\
\hline
13691676
\end{array}
$$

Les unités cent fois plus petites que celle de l'approximation sont les centièmes ; j'ai donc dû placer le chiffre 3 des unités du multiplicateur sous le chiffre 0 des centièmes du multiplicande.

Supprimant les deux derniers chiffres et augmentant le précédent d'une unité, j'obtiens 136917 pour le produit demandé ; ici il n'y a ni zéros à écrire, ni décimales à séparer, puisque le résultat doit représenter des unités.

Division.

363. *Calculer le quotient de deux nombres décimaux à une unité près d'un ordre décimal donné.*

Pour résoudre cette question, *on cherche d'abord le nombre des chiffres du quotient :* pour cela, on transpose la virgule dans le dividende jusqu'à ce qu'il contienne le diviseur moins de dix fois ; le nombre de rangs dont on l'aura transposée à gauche ou à droite, représente le nombre de chiffres qu'il y aura à gauche de celui des unités, ou le nombre de zéros qu'il y aura à gauche du quotient, y compris celui qui tient la place des unités ; d'autre part, l'approximation donnée fait connaître le rang du dernier chiffre du quotient ; connaissant le rang du premier chiffre et celui du dernier, on en conclut le nombre des chiffres du quotient.

ExEMPLE I. *Soit demandé le quotient de 854,82.... par 5,27.... à* 0,01 *près.*

Je vois qu'il faut transposer la virgule dans le dividende de deux rangs vers la gauche pour qu'il contienne le diviseur moins de dix fois ; il y aura donc deux chiffres à gauche de celui des unités ; par conséquent le quotient aura trois chiffres à sa partie entière ; d'ailleurs on demande deux décimales, il y aura donc cinq chiffres.

ExEMPLE II. *Soit demandé le quotient de 43,57.... par 8,43.... à* 0,001 *près.*

Comme le dividende tel qu'il est contient le diviseur moins de dix fois, il n'y a pas à transposer la virgule ; il n'y aura donc aucun chiffre à la gauche de celui des unités ; il y aura donc un seul chiffre à la partie entière ; comme d'ailleurs on demande trois décimales, le quotient aura quatre chiffres.

ExEMPLE III. *Soit demandé le quotient de 4,574325.... par* 543,48.... *à 0,000001 près.*

Pour que le dividende contienne le diviseur moins de dix fois, il faut transposer la virgule de trois rangs à droite ; il y aura donc trois zéros à la gauche du quotient, y compris celui qui occupera la place des unités ; d'ailleurs on demande six décimales, les deux premières sont des zéros, il y aura donc quatre chiffres au quotient.

EXEMPLE IV. *Soit demandé le quotient de 2583745 par 0,352....
à une centaine près.*

Il faut transposer la virgule dans le dividende, de six rangs à gauche ; il y aura donc six chiffres à gauche de celui des unités , et par conséquent sept à la partie entière ; d'ailleurs, les deux derniers devront être des zéros ; il y a donc cinq chiffres à calculer au quotient.

EXEMPLE V. *Soit demandé le quotient de 3478,47.... par 0,0432....
à une unité près.*

Il faut transposer la virgule de quatre rangs à gauche dans le dividende ; il y aura donc quatre chiffres à gauche de celui des unités ; il y aura donc cinq chiffres à la partie entière ; d'ailleurs, il n'y aura ni décimales ni zéros à la droite du quotient, il aura donc cinq chiffres.

364. Je passe maintenant à la manière de faire la division.

RÈGLE. *On prend sur la gauche du diviseur deux chiffres de plus qu'il ne doit y en avoir au quotient ; on prend sur la gauche du dividende un nombre de chiffres suffisant pour qu'il contienne le diviseur tronqué moins de dix fois, sans avoir égard à la virgule ; on divise l'un par l'autre le dividende et le diviseur ainsi tronqués ; cela donne le premier chiffre du quotient ; on divise le reste par le diviseur, en omettant un chiffre à sa droite ; cela donne le second chiffre du quotient ; on divise le second reste par le diviseur, en omettant deux chiffres à sa droite, et ainsi de suite jusqu'à ce qu'on ait trouvé au quotient le nombre de chiffres qu'il doit avoir. On place une virgule au quotient, ou on le fait suivre d'un nombre de zéros convenable, pour qu'il représente les unités de l'approximation demandée.*

365. EXEMPLE I. *Soit demandé le quotient de 8548,21753.... par 52,740348917.... à 0,01 près.*

Le quotient aura cinq chiffres, je prends donc sept chiffres à la gauche du diviseur, autant à la gauche du dividende, et je divise l'un par l'autre :

$$
\begin{array}{c|l}
8548217 & 5274034 \\
3274183 & 1 \\
\end{array}
$$

Je divise le reste 3274183 par le diviseur en omettant dans celui-ci le dernier chiffre, c'est-à-dire par 527403 :

$$
\begin{array}{c|c}
8548217 & 5274034 \\
3274183 & \overline{16} \\
109765 &
\end{array}
$$

Je divise le second reste par le diviseur en omettant les deux derniers chiffres :

$$
\begin{array}{c|c}
8548217 & 5274034 \\
3274183 & \overline{162} \\
109765 & \\
4285 &
\end{array}
$$

En omettant trois chiffres sur la droite du diviseur, il n'est pas
contenu dans le reste, je mets un zéro au quotient ; j'omets quatre
chiffres à droite au diviseur, et je divise le reste par le diviseur
ainsi réduit à trois chiffres :

Type du calcul.

$$
\begin{array}{c|c}
8548217 & 5274034 \\
3274183 & \overline{16208} \\
109765 & \\
4285 & \\
69 &
\end{array}
$$

Le quotient ayant cinq chiffres, l'opération est terminée ; je sépare
deux décimales sur la droite, et j'obtiens 162,08 pour le quotient
demandé à 0,01 près.

366. On trouve souvent plus commode d'indiquer l'omission
successive des chiffres sur la droite du diviseur, en écrivant au-
dessous de ces chiffres ceux du quotient à mesure qu'on les obtient ;
alors il est inutile de les barrer ; voici la première division partielle :

$$
\begin{array}{c|c}
8548217 & 5274034 \\
3274183 & \overline{1}
\end{array}
$$

Dans la seconde division partielle, je prends pour diviseur la partie
du diviseur total au-dessous de laquelle il n'y a rien d'écrit ; il en
est de même pour chaque division partielle.

Second type du calcul.

$$
\begin{array}{c|c}
8548217 & 5274034 \\
3274183 & \overline{80261} \\
109765 & \\
4285 & \\
69 &
\end{array}
$$

Le quotient est donc 162,08.

Dans ce second type, le quotient se trouve écrit dans un ordre inverse sous le diviseur; dans chaque multiplication partielle, on multiplie par le chiffre obtenu au quotient, le chiffre qui est au-dessus de lui et ceux qui sont à gauche, en négligeant ceux qui sont à droite, ainsi qu'on l'a fait dans la multiplication abrégée.

367. Il s'agit maintenant de démontrer que le quotient diffère du vrai quotient de moins d'une unité du même ordre que celle de l'approximation donnée. Je supposerai dans le raisonnement que le premier chiffre du dividende est plus grand que le premier chiffre du diviseur, j'examinerai ensuite comment le raisonnement devrait être modifié si le contraire avait lieu.

J'observe d'abord que le dernier diviseur aura toujours trois chiffres, car le diviseur a deux chiffres de plus que le quotient; il y aura donc (dans le second type) deux chiffres à gauche du diviseur qui n'auront pas de chiffres au-dessous d'eux; le dernier chiffre écrit au quotient sera donc sous le troisième chiffre.

Pour fixer les idées, et rendre le raisonnement plus facile, je transposerai vers la droite la virgule du dividende, d'autant de rangs qu'on demande de décimales; dans l'exemple précédent je remplace 8548,2175.... : 52,7403489.... par 854821,75... : 52,7403489; alors il faut déterminer le quotient à une unité près, car ayant été rendu 100 fois plus grand, au lieu de représenter des centièmes, il représentera des unités.

Secondement, je transposerai la virgule du dividende et du diviseur d'un même nombre de rangs, de manière qu'au diviseur elle soit entre le premier et le second chiffre; ainsi je remplace 854821,75. ..:52,7403489... par 85482,175....:5,27403489... ce qui ne change pas le quotient.

Cela fait, le dividende renferme à la partie entière autant de chiffres qu'il y en a au quotient demandé, car 8 étant plus grand que 5, en transposant la virgule entre 8 et 5, le dividende contiendra le diviseur, et le contiendra moins de dix fois.

J'ai pris au diviseur deux chiffres de plus qu'au quotient, par conséquent deux chiffres de plus qu'à la partie entière du dividende; je devrai donc au dividende, pour qu'il contienne le diviseur, prendre également deux chiffres de plus qu'à la partie entière; le dividende employé représente, par conséquent, des centièmes.

Le dernier diviseur, celui qu'on multiplie par le chiffre des unités du quotient trouvé, contient trois chiffres; il se compose donc de centièmes; par suite le dernier produit partiel se compose de centièmes.

A mesure qu'on avance dans l'opération, le chiffre multiplicateur représente des unités de dix en dix fois plus petites; le chiffre au-dessus de lui, celui par lequel on commence la multiplication partielle, représente des unités de dix en dix fois plus grandes; par conséquent, tous les produits partiels représentent des unités du même ordre; or, le dernier représente des centièmes; tous, ainsi que le dividende, représentent donc des centièmes, on doit donc les retrancher de ce dividende chiffre à chiffre à partir de la droite, comme la règle énoncée le prescrit; il en résulte encore que le reste se compose de centièmes.

Reste à apprécier l'influence des parties négligées dans la multiplication.

Pour faciliter le raisonnement, je représente le quotient trouvé par q; le dividende complet par D; le diviseur complet par d et par r le reste suivi des chiffres omis au dividende, de sorte que dans l'exemple précédent on a

$$D = 85482,1753.\dots$$
$$d = 5,27403489.\dots$$
$$r = 0,6953.\dots$$
$$q = 16208.$$

Je représente par e l'ensemble des parties négligées en faisant le produit du diviseur par le quotient trouvé, de sorte que le produit qu'on a retranché du dividende n'est pas le produit exact $d \times q$, mais $d \times q - e$, et comme il est resté r, on a

$$D = d\,q - e + r;$$

divisant de part et d'autre par d, j'obtiens

$$\frac{D}{d} = q - \frac{e}{d} + \frac{r}{d},$$

c'est-à-dire que pour avoir le vrai quotient $\frac{D}{d}$, il faudrait, du quotient trouvé, retrancher $\frac{e}{d}$ et ajouter $\frac{r}{d}$; la différence entre le quotient trouvé et le quotient vrai est donc égale à la différence entre $\frac{e}{d}$ et $\frac{r}{d}$; il faut donc que cette différence soit plus petite que l'unité; pour le démontrer, il suffit de prouver que chacune des quantités

$\frac{e}{d}$ et $\frac{r}{d}$ est plus petite que l'unité, ou que r et e sont l'un et l'autre moindres que d.

Or le reste tel qu'on l'a trouvé en faisant la division est moindre que le dernier diviseur employé qui avait trois chiffres, et quels que soient les chiffres qu'on suppose à la suite de l'un et de l'autre, l'ordre de grandeur est le même.

Ainsi, dans l'exemple précédent, le reste 0,69 étant moindre que 5,27, on aura également $0,6953\ldots < 5,27403\ldots$ ou $r < d$, d'où 1° $\frac{r}{d} < 1$.

Dans chaque multiplication partielle l'ensemble des chiffres, négligé au multiplicande (qui est le diviseur), ne vaut pas une unité du dernier chiffre conservé; le chiffre multiplicateur est tout au plus 9; le produit négligé est donc moindre que 1×9 ou que 9 unités du dernier chiffre du produit obtenu, c'est-à-dire 0,09; en supposant qu'il n'y ait pas plus de onze chiffres au quotient (ce qui arrivera toujours dans la pratique), l'ensemble des produits négligés sera moindre que $0,09 \times 11$ ou 0,99; on a donc $e < 1$, et comme le diviseur est plus grand que 1, puisqu'il a un chiffre à la partie entière, on a $e < d$, d'où 2° $\frac{e}{d} < 1$, ce qui démontre la règle énoncée.

Remarque. J'ai supposé, dans la démonstration précédente, que le premier chiffre du dividende était plus grand que le premier chiffre du diviseur; si le contraire avait lieu, il faudrait un peu modifier le raisonnement, et la conclusion serait la même.

Lorsque le premier chiffre du dividende est moindre que le premier chiffre du diviseur, il faut transporter la virgule après le second chiffre du dividende pour qu'il contienne le diviseur et qu'il le contienne moins de dix fois: il y aura donc au quotient un chiffre de moins qu'à la partie entière du dividende; d'autre part, il faudra prendre au dividende un chiffre de plus qu'au diviseur, ou trois de plus qu'au quotient, et, comme la partie entière en contient un de plus, il faudra prendre deux chiffres de plus que la partie entière; le dividende employé représentera donc des centièmes comme dans l'autre cas, et la suite du raisonnement ne change pas.

Si le premier chiffre du dividende était *égal* au premier chiffre du diviseur, on prendrait les deux premiers dans l'un et dans l'autre, et si les deux du dividende formaient un nombre plus grand que ceux du diviseur, le raisonnement serait le même que lorsque le premier chiffre du dividende est plus grand que le premier chiffre du diviseur; et de même dans le cas contraire.

Si les deux premiers chiffres du dividende étaient égaux aux deux premiers chiffres du diviseur, on aurait recours au troisième chiffre, et ainsi de suite.

La place que nous avons assignée à la virgule, a servi à faciliter le raisonnement, mais les conclusions seraient les mêmes si on la plaçait partout ailleurs; si, par exemple, on la plaçait de deux rangs plus à gauche, le dividende, le diviseur, les produits partiels et le reste deviendraient tous cent fois plus petits; alors e, r et d seraient tous multipliés par un même nombre, par suite $\dfrac{e}{d}$ et $\dfrac{r}{d}$ ne changeraient pas; il est donc inutile, dans la pratique de l'opération, de faire attention à la virgule; il est nécessaire d'y avoir égard seulement dans la détermination préalable du nombre des chiffres du quotient.

568. EXEMPLE II. *Trouver, à une centaine près, le quotient de* 2583745 *par* 0,35284398....

Il y aura cinq chiffres au quotient, j'en prends donc sept au diviseur et huit au dividende.

$$
\begin{array}{r|l}
25837450 & 3528439 \\
\cline{2-2}
1138377 & 62237 \\
79848 & \\
9280 & \\
2224 & \\
112 & \\
\end{array}
$$

Le quotient demandé est donc 7322600 à 100 unités près.

569. EXEMPLE III. *Trouver, à une unité près, le quotient de* 648000 *par* 3,1415926..... *

---

* Ce quotient représente le nombre de secondes contenues dans un arc éga au rayon de la circonférence dont cet arc fait partie; en effet,

$$\pi r = 180 \times 60 \times 60 = 648000'',$$

d'où
$$r = \frac{648000''}{\pi} = 206265''.$$

Le nombre 206265 représente la distance d'une étoile à la terre, la parallaxe annuelle de cette étoile étant d'une seconde; ajoutons que l'unité de distance est le rayon de l'orbite terrestre.

$$\begin{array}{r|l} 64800000 & 31415926 \\ 1968148 & \overline{462602} \\ 83194 & \\ 20364 & \\ 1518 & \\ 262 & \end{array}$$

Dans cet exemple, il est facile de voir que le quotient est par défaut, et, qu'en l'augmentant d'une unité, il devient plus exact ; dans le premier produit partiel, l'ensemble des chiffres négligés au multiplicande est moindre qu'une unité du dernier chiffre conservé, le chiffre multiplicateur est 2, l'erreur est donc moindre que 0,02 ; on prouverait de même que dans le second, l'erreur est moindre que 0,06, etc., par conséquent j'ai $e < 0,02 + 0,06 + 0,02 + 0,06 + 0,04 = 0,20$; d'ailleurs, $r > 2,62$; par conséquent j'ai : $r > e$ et $r - e > 2,62 - 0,20$ ou $2,42$; par suite, la quantité $\dfrac{r - e}{d}$, qu'il faudrait ajouter au quotient, est plus grande que $\dfrac{2,42}{3,14} > 0,5$; le quotient sera donc 206265, à $\frac{1}{2}$ unité près.

570. EXEMPLE IV. *Trouver, à une unité près, le quotient de* 170379000000 *par* 3752843.

Cet exemple offre une circonstance très-particulière. Dans la division habituelle, la quotient de chaque division partielle ne dépasse pas 9 ; dans celle-ci, l'un des quotients partiels est égal à 10 ; cela ne change rien à l'application de la règle telle que je l'ai énoncée ni à la conclusion de la démonstration que j'en ai donnée.

Le quotient devant avoir cinq chiffres, j'en prends sept dans le diviseur, et huit dans le dividende.

$$\begin{array}{r|l} 17037900 & 3752843 \\ 2026528 & \overline{0.354} \\ 150108 & \\ 37524 & \\ 4 & \end{array}$$

Le troisième reste 37524 contenant le diviseur partiel 3752 dix fois, j'ai mis 10 pour quatrième chiffre du quotient ; ce quotient se compose donc de 4 dizaines de mille, 5 mille, 3 centaines et 10 dizaines ou 45400. Ce quotient est, il est vrai, par excès, mais il n'en est pas moins exact à une unité près ; si on fait à la manière ordinaire la division des deux nombres donnés, on trouve 45399,9... par conséquent 45400 est bien, à une unité près, et même (dans cet exemple) à $\frac{1}{2}$ unité près, c'est-à-dire plus exact que le quotient par défaut 45399.

Cette circonstance change peu de chose au raisonnement par lequel j'ai démontré la règle; dans ce raisonnement, j'ai supposé que chaque quotient partiel était au plus 9, tandis qu'ici l'un d'eux est 10, mais il y en a un autre (au moins) qui est 0, les deux ensemble ne valent pas 18, c'est donc la même chose que si chacun était moindre que 9.

§ 2. Relations entre les erreurs des données et celle du résultat.

PRÉLIMINAIRES.

571. L'erreur que l'on commet en substituant à un nombre une valeur approchée, peut être considérée sous deux points de vue.

Tantôt on considère l'erreur elle-même, et on la nomme *erreur absolue*.

L'*erreur absolue* est donc la différence entre la valeur exacte d'une quantité et sa valeur approchée.

Tantôt on considère la grandeur de l'erreur relativement au nombre dont elle fait partie, et alors on la nomme *erreur relative*.

L'*erreur relative* est donc le rapport de l'erreur absolue au nombre exact dont celle-ci fait partie.

Il résulte de ces définitions que, 1° en divisant l'erreur absolue par le nombre vrai, on obtient l'erreur relative; 2° en multipliant l'erreur relative par le nombre vrai, on obtient l'erreur absolue.

Souvent la considération de l'erreur relative a plus d'importance que celle de l'erreur absolue.

Une erreur de quelques centimes sur une somme qui contient des millions est sans importance; il n'en est pas de même sur une somme de quelques francs.

Lorsqu'on mesure une longue ligne, on ne peut le faire qu'en portant successivement le long de cette ligne des lignes plus petites, par exemple des règles dont on connaît la mesure; alors l'erreur imperceptible qu'on commet sur chaque règle, se répète autant de fois qu'une règle est contenue dans la longueur qu'on mesure; l'erreur absolue augmente donc à mesure que la ligne à mesurer est de plus en plus longue; mais l'erreur relative n'augmente pas, car l'erreur absolue (en la supposant toujours dans le même sens) se répète autant de fois que la règle, ce qui n'augmente pas le rapport de l'erreur totale à la longueur totale. En supposant que chaque règle soit de deux mètres, et qu'on distingue les cinq-centièmes de millimètre, cela fait une erreur de moins de un millième de millimètre pour chaque mètre, et, par conséquent, une erreur relative de un millionième; l'expression de la ligne totale n'aura donc pas plus de six chiffres exacts, c'est la plus haute précision qu'on puisse espérer; il en est de même s'il s'agit d'un *angle* ou du *poids* d'un corps; pour les autres grandeurs, telles que les *températures*, les *densités*, les *chaleurs spécifiques*, on ne les connaît qu'avec un nombre moindre de chiffres; la *densité de la terre* n'est connue qu'avec deux chiffres au plus.

Dans les calculs par approximation, presque toujours le nombre exact est inconnu; par conséquent, l'erreur qui est la différence entre ce nombre et sa valeur approchée, est pareillement inconnue; il en est de même de l'erreur relative : on n'en connaît que les *limites**.

372. Cette limite, dans la pratique, ne s'exprime que par un chiffre; si, par exemple, un nombre est connu à 322 dix-millièmes près, c'est-à-dire si l'erreur de sa valeur approchée est moindre que 322 dix-millièmes, on dira qu'elle est moindre que 400 dix-millièmes ou 0,04. Cette dernière expression m'apprend aussi bien que la première que les décimales qui suivent la seconde ne sont pas exactes; souvent même on substitue 0,01 à la limite précédente.

Pour un motif analogue, on dit que dans l'estimation de l'erreur une *quantité est négligée vis-à-vis d'une plus grande;* si par exemple on sait qu'un erreur est moindre que $0,4 + 0,003$, on se contentera de prendre 0,4; ou, si on veut conserver une certitude absolue, on dira qu'elle est moindre que 0,5.

373. Lorsqu'une valeur approchée se compose de chiffres tous exacts, excepté le dernier, on prend pour limite de l'*erreur relative, le quotient de la limite de l'erreur du dernier chiffre par le premier chiffre du nombre suivi d'autant de zéros qu'il y a de chiffres après le premier.*

EXEMPLE. $x = 35,437$ à deux unités près de son dernier chiffre, ce qui signifie que l'erreur absolue est plus petite que 0,002; on prendra pour limite de l'erreur relative $\dfrac{2}{30000}$ ou $\dfrac{1}{10000}$. En effet, le numérateur de l'erreur relative, qui est l'erreur absolue, est

---

moindre que 0,002 ; son dénominateur, qui est le nombre vrai, est plus grand que 300 ; par cette double raison, l'erreur relative est moindre que $\dfrac{0,002}{300} = \dfrac{2}{30000}$ et, à plus forte raison, que $\dfrac{1}{10000}$.

574. Réciproquement, lorsqu'on connaît l'erreur relative d'un nombre approché, *l'erreur absolue est moindre que l'erreur relative multipliée par la valeur relative du premier chiffre du nombre, en augmentant ce chiffre d'une unité.*

EXEMPLE I. $x = 752,43817\ldots$ avec une erreur relative moindre que 0,0001 ; l'erreur absolue sera moindre que $0,0001 \times 800$ ou 0,08 ; il n'y a donc que le chiffre des dixièmes qui soit exact, et j'aurai $x = 752,5$ à un dixième près.

EXEMPLE II. $x = 0,004567824\ldots$ avec une erreur relative moindre que 0,00001 ; l'erreur absolue sera moindre que $0,00001 \times 0,005$ ou 0,00000005 ; il n'y a donc que sept décimales exactes, et j'aurai $x = 0,0045678$ à une unité près de la septième décimale.

La plupart du temps, pour abréger, on supprime dans les énoncés le mot *limite;* mais il faut toujours sous-entendre que ce qu'on appelle erreur n'en est que la limite.

Je vais faire l'application de ces principes aux six opérations de l'arithmétique : *addition*, *soustraction*, *multiplication*, *division*, *puissances et racines.*

575. Dans chaque cas, il y a à résoudre deux problèmes inverses l'un de l'autre : 1° connaissant l'erreur des données, trouver l'erreur du résultat ; 2° connaissant l'erreur dont le résultat doit être affecté, trouver ce que doit être l'erreur de chaque donnée.

La manière la plus simple, mais presque toujours la plus longue, de résoudre le premier problème, consiste à faire deux fois le calcul proposé, une fois en calculant le résultat par excès, la seconde fois en le calculant par défaut; le résultat vrai devant être compris entre les deux résultats obtenus, il n'y aura d'exacts que les chiffres communs à ces deux résultats ; nous n'emploierons cette méthode expérimentale que comme exercice et pour faire la preuve de l'exactitude du résultat obtenu à l'aide des principes ou formules que nous démontrerons.

Si on voulait employer cette méthode pour le second problème, on ne pourrait arriver à la résolution de ce problème qu'à la suite d'un long tâtonnement; après avoir pris au hasard des valeurs approchées des données, on ferait le calcul par excès ou par défaut, et, si l'approximation obtenue n'était pas suffisante, on recommencerait en prenant des nombres plus approchés ; dans ce second problème, à plus forte raison que dans le premier, je n'emploierai cette méthode que comme vérification.

Lorsque l'erreur relative d'un nombre est exprimée par une fraction dont le numérateur est l'unité, il y a dans le nombre autant de chiffres exacts qu'il y a de chiffres au dénominateur, pourvu que le premier chiffre du nombre soit plus petit que celui du dénominateur ; dans le cas contraire il y en a un de moins.

EXEMPLES. Un nombre est égal à 27,42531.... avec une erreur relative de $\frac{1}{40000}$; je dis qu'il y a dans le nombre cinq chiffres exacts ; en effet, pour que 27,425 soit exact jusqu'à son dernier chiffre, il suffit que l'erreur relative soit moindre que $\frac{1}{27425}$; et elle l'est en effet, puisqu'elle est $\frac{1}{40000}$ qui est plus petit que $\frac{1}{27425}$.

Il n'en est pas de même lorsque le premier chiffre du nombre est plus grand que celui du dénominateur ; ainsi par exemple 53,8247... avec une erreur relative de $\frac{1}{40000}$, n'aurait pas cinq chiffres exacts ; car, si 53,824 était exact, l'erreur relative serait $\frac{1}{53824}$, et elle peut être plus grande, puisque sa limite connue est $\frac{1}{40000}$ qui surpasse $\frac{1}{53824}$; mais si on prend seulement 53,82, les quatre chiffres sont exacts, car il suffit pour cela que l'erreur relative soit moindre que $\frac{1}{5382}$, et elle l'est en effet puisqu'elle est représentée par $\frac{1}{40000}$.

Dans ce dernier cas, si on prend dans le nombre autant de chiffres qu'il y en a dans le dénominateur, le dernier ne sera pas exact à une unité près ; mais il le sera à *deux* unités près, si le *double* du premier chiffre du dénominateur surpasse le premier chiffre du nombre ; en effet, dans le dernier exemple on a $2 \times 4 > 5$. Il en résulte : $\frac{1}{2 \times 40000} < \frac{1}{53824}$ et $\frac{1}{40000} < \frac{2}{53824}$ et cette dernière fraction est celle qu'on obtient pour erreur relative, en supposant 53,824 exact à 0,002 près.

On verrait de même que si le *triple* du premier chiffre du dénominateur surpasse le premier chiffre du nombre, le dernier sera exact à *trois* unités près.

Addition.

376. THÉORÈME. *L'erreur d'une somme ne surpasse jamais la somme des erreurs des nombres qu'on ajoute.*

En effet, il est clair que toute augmentation de l'un des nombres qu'on ajoute augmente d'autant leur somme, et que toute diminution diminue la somme d'autant ; si donc les nombres approchés qu'on ajoute sont tous par défaut, c'est-à-dire si les nombres vrais sont tous diminués, la somme est diminuée de la somme des mêmes quantités ; elle est donc par défaut, et son erreur est égale à la somme des erreurs des nombres à ajouter ; il est aussi facile de voir que, si tous les nombres sont par excès, la somme est par excès, et que son erreur est encore la somme des nombres ajoutés.

Si les nombres qu'on ajoute sont les uns par défaut, les autres par excès, leur somme est diminuée d'une part et augmentée de l'autre ; on ignore donc si elle est par défaut ou par excès ; son erreur sera la différence entre les erreurs en plus et les erreurs en moins ; elle sera donc moindre que la somme des erreurs ; donc encore dans ce cas l'erreur de la somme ne surpasse pas la somme des erreurs.

On peut donc, dans tous les cas, prendre pour limite de l'erreur d'une somme la somme des limites des erreurs des nombres à ajouter.

377. EXEMPLE I. *Soit à ajouter cinq nombres dont les valeurs, approchées à une unité près de leur dernier chiffre, sont :* 35,437 3,45281. 834,2121 0,732581 2,4732.

La somme des erreurs est 0,001211 que je réduis à un seul chiffre 0,002, ce qui m'apprend que la somme n'aura que deux décimales exactes et à peu près la troisième ; il est donc inutile dans l'addition de tenir compte des décimales qui dépassent la troisième :

35,437
3,452
834,212
0,732
<u>2,473</u>
876,306

La somme demandée est donc 876,30 à 0,01 près; ou, si l'on aime mieux, 876,306 à 0,005 près.

Exemple II. *Calculer l'expression* $x = 43,571\ldots + \sqrt{2} + \sqrt{5}$.

Le premier nombre n'étant connu qu'à un millième près, il est impossible, quelle que soit l'approximation avec laquelle on calculera $\sqrt{2}$ et $\sqrt{3}$, d'obtenir les dix-millièmes de la somme, même approximativement ; je détermine donc ces racines avec quatre décimales seulement ; je ne calcule les quatrièmes décimales qu'à cause de l'influence qu'elles peuvent avoir sur la troisième :

$$
\begin{array}{r}
43,571 \\
\sqrt{2} = 1,4142 \\
\sqrt{5} = 2,2360 \\
\hline
47,2212
\end{array}
$$

La somme demandée est donc 47,221 à 0,001 près.

578. Je passe au problème inverse : L'erreur d'une somme étant donnée, trouver avec quelle approximation chaque nombre doit être employé.

Règle. *Il suffit que l'erreur de chaque nombre soit égale à l'erreur donnée divisée par le nombre des nombres qu'on ajoute.*

En effet, supposons pour fixer les idées qu'il y ait cinq nombres à ajouter ; si l'erreur de chacun est moindre que le cinquième de l'erreur donnée, il est évident que la somme des cinq erreurs, et par suite l'erreur du total, sera moindre que cinq fois l'une d'elles, et par conséquent moindre que l'erreur donnée.

Exemple I. *Calculer, à 0,1 près, l'expression*

$$x = 3,7528\ldots + 43,4725\ldots + 213,27543\ldots + 0,8734\ldots$$

L'erreur de chaque nombre doit être moindre que $\dfrac{0,1}{4} = 0,025$, il suffira donc d'employer chacun à 0,01 près.

$$
\begin{array}{r}
3,75 \\
43,47 \\
213,27 \\
0,87 \\
\hline
261,36
\end{array}
$$

Chacune des erreurs étant moindre que 0,01, leur somme est moindre que 0,04 qui, ajoutés aux 0,06 de la somme obtenue, feraient 0,1 ; la somme demandée est donc 261,3 à 0,1 près et par défaut, ou mieux 261,4 par excès, et à un demi-dixième près.

EXEMPLE II. *Calculer, à une unité près, l'expression*

$$x = 1831,47528\dots + 44,57242\dots + 248,42041\dots$$
$$+ 7,42104\dots + 97,22242\dots$$

L'erreur de chaque nombre doit être moindre que $\frac{1}{6} = 0,2$; il suffira donc d'employer chacun à 0,1 près.

$$
\begin{array}{r}
1831,4 \\
44,5 \\
248,4 \\
7,4 \\
97,2 \\
\hline
2228,9
\end{array}
$$

Chacune des erreurs étant moindre que 0,1 , leur somme est moindre que 0,5, qui, ajoutés aux 0,9 que contient la somme, feraient 1,4 ; on ne peut donc pas répondre du chiffre 8 des unités ; la somme demandée est 2229, à une unité près, peut-être par excès, peut-être par défaut.

EXEMPLE III. *Calculer, à 0,001 près, l'expression*

$$x = \sqrt{3} + \sqrt[3]{5} + \sqrt[4]{6} + \sqrt[6]{7}.$$

L'erreur de chaque nombre doit être moindre que $\frac{0,001}{4} = 0,0002\dots$; il suffit donc de calculer chaque racine avec quatre décimales :

$$
\begin{array}{r}
\sqrt{3} = 1,7320 \\
\sqrt[3]{5} = 1,7099 \\
\sqrt[4]{6} = 1,5650 \\
\sqrt[6]{7} = 1,3830 \\
\hline
6,3899
\end{array}
$$

Ainsi la somme est 6,390, à 0,001 près, peut-être par défaut, peut-être par excès.

Soustraction.

379. THÉORÈME. *L'erreur de la différence de deux nombres ne surpasse jamais la somme des erreurs de ces nombres.*

En effet, toute augmentation du plus grand des deux nombres, augmente leur différence d'autant; toute diminution du plus petit des deux nombres augmente leur différence d'autant.

Il en résulte que, si le premier nombre est par excès et le second par défaut, la différence obtenue sera trop grande, et son erreur sera la somme des erreurs des nombres donnés.

On verrait aussi facilement que si le premier nombre est par défaut et le second par excès, la différence obtenue sera trop petite, et que son erreur sera la somme des erreurs des nombres donnés.

Si les deux nombres donnés sont tous deux par excès ou tous deux par défaut, l'une des erreurs s'ajoutera à la différence, et l'autre s'en retranchera, par conséquent l'erreur de la différence sera la différence entre les deux erreurs; elle sera donc dans ce cas moindre que leur somme, et le résultat sera tantôt par défaut, tantôt par excès, suivant celle des deux erreurs qui sera la plus grande.

EXEMPLE I. *Trouver la différence de deux nombres dont les valeurs approchées à une unité près de leur dernier chiffre, en plus ou en moins, sont* 413,42734, 92,71.

L'erreur du résultat sera moindre que 0,01001 ou que 0,02; les chiffres qui suivront les centièmes seront donc inexacts, et il est inutile d'y avoir égard :

$$413,42$$
$$92,71$$
$$\overline{\quad\;}$$
$$320,71$$

La différence demandée est donc 320,71, à 0,02 près.

EXEMPLE II. *Trouver la différence de deux nombres dont les valeurs approchées par défaut et à une unité près de leur dernier chiffre sont* 43,473, 9,8124173.

L'erreur du résultat sera moindre que 0,0010001 ou que 0,002; les chiffres qui suivent les millièmes ne seront donc pas exacts, c'est pourquoi je les supprime :

$$43,473$$
$$9,812$$
$$\overline{\quad\;}$$
$$33,661$$

La différence demandée est donc 33,661, à 0,002 près.

Dans cet exemple, il n'est pas difficile de s'assurer que le résultat est à 0,001 près, car les nombres donnés étant supposés par défaut, le premier est entre 43,473 et 43,474; le second entre 9,812 et 9,813 ; je fais alors les deux soustractions suivantes :

$$
\begin{array}{cc}
43,473 & 43,474 \\
9,813 & 9,812 \\
\hline
33,660 & 33,662
\end{array}
$$

La différence demandée est donc entre 33,660 et 33,662 ; elle est donc 33,661, à 0,001 près.

580. Je passe au problème inverse : l'erreur de la différence de deux nombres étant donnée, que doit être celle de chacun d'eux ?

Règle. *Il suffit que l'erreur de chaque nombre soit moindre que la moitié de l'erreur de leur différence.*

En effet, l'erreur de la différence étant au plus égale à la somme des erreurs des deux nombres, si chacune d'elle est moins de la moitié de l'erreur donnée, leur somme, et par conséquent l'erreur de la différence, sera moindre que l'erreur donnée.

Exemple I. *Calculer, à 0,01 près, l'expression*

$$x = 7,813471\ldots - 2,47523\ldots$$

L'erreur de chaque nombre doit être moindre que $\dfrac{0,01}{2}$ ou que 0,005 ; il sera donc suffisant de prendre chacun avec trois décimales :

$$
\begin{array}{c}
7,813 \\
2,475 \\
\hline
5,338
\end{array}
$$

La différence demandée est par conséquent 5,33, à 0,01 près.

Exemple II. *Calculer, à 0,0001 près, l'expression*

$$x = \sqrt[3]{3} - \sqrt{2}.$$

L'erreur de chaque nombre doit être moindre que $\dfrac{0,0001}{2}$ ou que 0,00005 ; il sera donc suffisant de déterminer $\sqrt[3]{3}$ et $\sqrt{2}$ avec cinq décimales :

$$
\begin{array}{l}
\sqrt[3]{3} = 1,44224 \\
\sqrt{2} = 1,41421 \\
\hline
0,02803
\end{array}
$$

Ainsi la différence demandée est 0,0280, à 0,0001 près.

Multiplication.

381. RÈGLE. *L'erreur relative d'un produit est la somme des erreurs relatives des facteurs.*

Cet énoncé, pris à la lettre, n'est pas rigoureusement exact, mais son inexactitude n'a pas d'inconvénient dans la pratique, parce qu'on ne cherche jamais qu'une *limite* de l'erreur du résultat, et qu'on substitue nécessairement aux erreurs des données des quantités plus grandes, en leur donnant pour numérateurs des quantités plus grandes que les erreurs absolues, et pour dénominateurs des quantités plus petites que les nombres vrais ; par conséquent, quand même l'erreur relative du produit serait plus grande que la somme de celles des facteurs (ce qui arrive quelquefois), comme l'excès est toujours très-petit, cette erreur relative est moindre que la somme des quantités qu'on substitue aux erreurs relatives des facteurs ; donc celle-ci est en effet une limite de l'erreur relative du produit.

Pour démontrer la règle ci-dessus, j'observe d'abord que, multiplier l'un des facteurs, c'est multiplier le produit ; si donc on diminue le multiplicande de $\frac{1}{7}$ de sa valeur, par exemple, cela diminue le produit de $\frac{1}{7}$ de sa valeur ; en effet, diminuer un nombre de $\frac{1}{7}$ de sa valeur, c'est multiplier ce nombre par $\frac{6}{7}$.

Cela posé, supposons qu'ayant à multiplier deux nombres dont on n'a que des valeurs approchées, on diminue l'un des facteurs de $\frac{1}{7}$ de sa valeur et l'autre de $\frac{1}{11}$ de la sienne ; ce qui signifie qu'on commet des erreurs relatives respectivement égales à $\frac{1}{7}$ et $\frac{1}{11}$; concevons trois produits : le premier, celui des facteurs exacts ; le second, celui du multiplicande diminué de $\frac{1}{7}$ par le multiplicateur exact ; le troisième, celui du multiplicande diminué de $\frac{1}{7}$ par le multiplicateur diminué de $\frac{1}{11}$; il résulte des observations précédentes que le second produit sera égal au premier diminué de $\frac{1}{7}$ de la valeur de ce premier produit ; le troisième sera égal au second diminué de $\frac{1}{11}$ de la valeur de ce second produit ; par conséquent, le troisième produit, ou produit approché, sera inférieur au premier, ou produit vrai, de $\frac{1}{7}$ du premier plus $\frac{1}{11}$ du second ; mais le second est moindre que le premier, le produit approché est donc inférieur au produit vrai d'une quantité moindre que $\frac{1}{7}+\frac{1}{11}$ du produit vrai.

En faisant le même raisonnement dans le cas où les deux facteurs seraient par excès, on conclura que le produit approché est supérieur au produit vrai, de $\frac{1}{7}$ du produit vrai plus $\frac{1}{11}$ du second produit; mais celui-ci, dans le cas actuel, est un peu plus grand que le produit vrai, par conséquent l'erreur relative du produit approché est un peu supérieure à la somme de celles des facteurs; mais cet excès est fort petit, et n'a aucune influence dans la pratique, par les raisons que j'ai données ci-dessus.

Enfin, dans le cas où l'un des facteurs serait par défaut et l'autre par excès, un raisonnement pareil ferait voir que l'erreur relative du produit serait sensiblement égale à la *différence* de celles des facteurs; elle serait donc moindre que leur somme.

On passerait facilement du cas d'un produit de deux facteurs que nous venons d'examiner, au cas d'un produit d'un plus grand nombre de facteurs.

EXEMPLE I. *Trouver le produit de* 43,573.... *par* 124,4792....

L'erreur relative du multiplicande est $\frac{1}{40000}$, celle du multiplicateur $\frac{1}{1000000}$; cette dernière étant beaucoup plus petite que la première, je la néglige (372), et je conclus que l'erreur relative du produit sera $\frac{1}{40000}$; mais le produit sera moindre que 50×130 ou que 7000; l'erreur absolue du produit sera donc moindre que $\frac{7000}{40000}$ ou $\frac{7}{40} = 0,1....$; les entiers et probablement les dixièmes du produit seront exacts, $43,573 \times 124,4792 = 5423,93....$; le produit demandé est donc 5424, à une unité près; et probablement 5424,0 est exact, à un dixième près. Si on veut s'en assurer, il suffit d'effectuer le produit par excès :

$$43,574 \times 124,4793 = 5424,06....,$$

ainsi le produit est entre 5423,9 et 5424,1, il est donc 5424,0, à 0,1 près.

EXEMPLE II. *On a trouvé pour la graduation d'un arc* 18° 17', *à une minute près, et pour le rayon de la circonférence à laquelle il appartient* 8ᵐ,473, *à un millimètre près. Quelle est la longueur de cet arc?*

La circonférence est égale à $8^m,473 \times 2\pi$; or, elle contient 360×60 ou 21600 minutes; la valeur de chaque minute est donc $\frac{8^m,473 \times 2\pi}{21600}$ ou $\frac{8^m,473.\pi}{10800}$; par conséquent 18° 17' ou 1097' vaudront $\frac{8^m,473.\pi.1097}{10800}$.

L'erreur relative du premier facteur est $\frac{1}{8000}$; celle du troisième $\frac{1}{1000}$, je néglige la première, qui n'est que $\frac{1}{8}$ de la seconde; pour que celle du second facteur π soit aussi négligeable, je prendrai $\pi = 3,1415$, car alors elle sera $\frac{1}{30000}$.

L'erreur relative du résultat devant être de $\frac{1}{1000}$, il n'y aura que trois chiffres exacts, peut-être quatre ; je ne calculerai par conséquent que cinq chiffres, le cinquième ayant pour but d'éviter l'accumulation de nouvelles erreurs avec celles qui résultent de l'inexactitude des données ; quant à la division par 10800, elle revient à une multiplication par $\frac{1}{10800}$, et ce facteur étant exact n'ajoutera aucune erreur à celles dont j'ai tenu compte ; en faisant le calcul, j'obtiens :

1° $8,473 \times 3,1415 = 26,617\ldots$;

2° $26,617 \times 1097 = 29198,\ldots$;

3° $29198 : 10800 = 2,7035\ldots$

L'erreur de ce résultat étant un millième de sa valeur ou $0,0027\ldots$, il n'y a d'exactes que deux décimales ; j'ai donc $2^m,70$ pour la longueur demandée, à 1 centimètre près.

Si on veut conserver les millimètres, j'observe que le résultat vrai est compris entre 2,7035 et $2,7035\ldots + 0,0027\ldots$ ou 2,7062, ou bien entre 2,703 et 2,707 ; il est donc $2^m,705$, à 2 millimètres près.

Vérification. Pour vérifier l'exactitude du produit trouvé, je refais le calcul en prenant tous les résultats par excès, j'obtiens :

1° $8,474 \times 3,1416 = 26,621\ldots$;

2° $26,622 \times 1098 = 29230,\ldots$;

3° $29231 : 10800 = 2,706\ldots$

Le produit est donc en effet moindre que 2,707.

382. Problème inverse. *Connaissant l'erreur du produit, trouver celle de chaque facteur.*

Règle. *Il suffit que l'erreur relative de chaque facteur soit moindre que celle du produit divisée par le nombre des facteurs.*

Car l'erreur d'un produit étant la somme de celles des facteurs, sera moindre que la plus grande répétée autant de fois qu'il y a de facteurs ; il suffit donc que cette plus grande erreur relative, multipliée par le nombre des facteurs, soit moindre que l'erreur donnée.

Exemple I. *Calculer, à 0,01 près, l'expression*

$$72,4732442\ldots \times 7,819382\ldots$$

L'erreur absolue du produit devant être moindre que 0,01, l'erreur relative sera moindre que $\dfrac{0,01}{72,4\ldots\times 7,8\ldots}$, il suffit pour cela qu'elle soit moindre que $\dfrac{0,01}{80\times 8}$ ou $\dfrac{1}{64000}$; il suffit donc que l'erreur relative de chaque facteur soit moindre que $\dfrac{1}{130000}$; par conséquent j'emploierai chacun d'eux avec six chiffres; j'obtiens ainsi $72,4732\times 7,81938 = 566,695\ldots$

Le produit demandé est donc $566,69$, à $0,01$ près.

VÉRIFICATION. $72,4733\times 7,81939 = 566,696\ldots$

REMARQUE. Si on avait voulu déterminer le même produit par la multiplication abrégée, on aurait disposé l'opération ainsi qu'il suit

$$7\,2,4\,7\,3\,2\,4\,4\,2..$$
$$2\,8\,3\,9\,1\,8\,7$$

ou simplement

$$7\,2,4\,7\,3\,2$$
$$8\,3\,9\,1\,8\,7.$$

On voit qu'on aurait employé quatre décimales au lieu de trois dans le multiplicande, et cinq au lieu de quatre dans le multiplicateur; la raison de cette différence est que, lorsqu'on emploie la multiplication abrégée, on néglige de nouveaux chiffres dans le courant de l'opération, ce qui ajoute de nouvelles erreurs à celles qui résultent de l'inexactitude des données; on est donc obligé, par compensation, d'employer des facteurs plus approchés.

La multiplication abrégée n'en conserve pas moins ses avantages; si dans la première multiplication partielle on emploie un chiffre de plus, dans la seconde on en emploie le même nombre, et moins dans les suivantes.

Il y a néanmoins des cas où la multiplication abrégée perd ses avantages en tout ou en partie : c'est lorsque les facteurs qu'on doit multiplier ne sont obtenus que par le moyen d'opérations préalables; alors ces opérations devenant plus longues, cela peut compenser et même dépasser l'abréviation de la multiplication, comme on peut le voir dans l'exemple suivant.

EXEMPLE II. *Calculer, à $0,01$ près, l'expression*

$$x = (1 + \sqrt{5})\times(2 + \sqrt[3]{6}).$$

Le produit sera un peu plus grand que 9, son erreur relative sera à peu près $\dfrac{0,01}{9}$ ou $\dfrac{1}{900}$; il suffit donc que l'erreur relative de chaque facteur soit moindre que $\frac{1}{1800}$, je calculerai chacun avec quatre chiffres ou trois décimales, j'obtiens ainsi :

$$1 + \sqrt{5} = 3{,}236, \quad 2 + \sqrt[3]{6} = 3{,}817, \quad 3{,}236 \times 3{,}817 = 12{,}351\ldots$$

Le produit demandé est donc 12,35, à 0,01 près.

Vérification. $3{,}237 \times 3{,}818 = 12{,}358\ldots$.

Remarque. Si on voulait, dans cet exemple, employer la multiplication abrégée, on écrirait l'opération ainsi qu'il suit

$$3{,}237.$$
$$. \, 8183 \, ,$$

et on voit qu'il faudrait connaître un chiffre de plus dans les valeurs de $\sqrt{5}$ et $\sqrt[3]{6}$, et la recherche de ce chiffre serait plus longue que l'abréviation de la multiplication.

Exemple III. *Pour pouvoir obtenir, à* 10 *centimètres carrés près, la surface d'un secteur dont l'arc est d'environ* 13°, *et le rayon d'environ* 3ᵐ ; *avec quelle approximation faut-il mesurer l'arc et le rayon ?*

En prenant pour unité linéaire le mètre, l'aire demandée est d'environ $\frac{13}{360} \times \pi \times 3^2$. Elle est plus petite que $\frac{14 \times 4 \times 10}{360}$ ou $\frac{56}{36}$, ou 1,5... ; l'erreur absolue devant être moindre que 0,001, il suffit que l'erreur relative soit moindre que $\frac{0{,}001}{1{,}5}$ ou $\frac{1}{1500}$; il suffit donc que l'erreur relative de chacun des quatre facteurs 13, π, 3, 3 soit moindre que $\frac{1}{6000}$, il sera donc suffisant de connaître chacun avec cinq chiffres (quatre suffiraient si le premier chiffre était 6 ou plus grand que 6). Pour le facteur 13, comme les degrés ne se divisent pas en parties décimales, je réduis 13° en minutes, cela fait 780', ce nombre n'ayant pas cinq chiffres, je réduis les minutes en secondes, ce qui fait 46800″, et alors la surface demandée est exprimée par $\frac{46800}{1296000} \times 3{,}14\ldots \times 3 \times 3$, et on doit connaître chaque facteur (excepté $\frac{1}{1296000}$ qui est exact) avec cinq chiffres. De là je conclus qu'il faut mesurer l'arc à une seconde près, le rayon à 0ᵐ,0001 près, et employer π avec quatre décimales.

Je suppose qu'on trouve pour l'arc 13° 18′ 42″ ou 47922″, et pour le rayon 3ᵐ,4732. Le résultat doit avoir quatre chiffres exacts ; j'en calculerai cinq, et pour éviter l'accumulation de nouvelles erreurs, j'en prendrai six pour chaque résultat intermédiaire, j'obtiens ainsi successivement. :

$$3,4732 \times 3,4732 = 12,0631\ldots; \quad 12,0631 \times 3,1415 = 37,8962\ldots;$$

$$37,8962 \times 47922 = 1816061\ldots; \quad 1816061 : 1296000 = 1,40128\ldots$$

Le résultat demandé est donc $1^{mq},401$ à 10 centimètres carrés près; il est même probable que $1^{mq},4013$ s'écarte peu de la vérité.

VÉRIFICATION.

$$3,4733 \times 3,4733 = 12,0638\ldots; \quad 12,0639 \times 3,1416 = 37,8999\ldots;$$

$$37,9 \times 47923 = 1816281\ldots; \quad 1816282 : 1296000 = 1,40145\ldots;$$

on voit qu'en effet 1,401 est exact à 0,001 près, et que 1,4013 est exact à 0,0002 près.

Division.

383. RÈGLE. *L'erreur relative d'un quotient est la somme des erreurs relatives du dividende et du diviseur.*

Cet énoncé, pris à la lettre, n'est pas rigoureusement exact, mais l'inexactitude n'a pas d'inconvénient dans la pratique, par les mêmes raisons que j'ai données dans la multiplication.

J'ai démontré que l'erreur relative d'un produit est sensiblement égale à la somme ou à la différence des erreurs relatives des facteurs; or, un dividende est toujours le produit du diviseur par le quotient, par conséquent l'erreur relative d'un dividende est la somme ou la différence des erreurs relatives du diviseur et du quotient, d'où l'on conclut que l'erreur relative du quotient est la différence ou la somme des erreurs relatives du dividende et du diviseur; lorsqu'elle est leur somme, cela est conforme au principe énoncé ci-dessus; lorsqu'elle est leur différence, elle est moindre que leur somme, et on peut sans inconvénient pratique appliquer encore la règle ci-dessus.

D'ailleurs, il n'est pas difficile de voir quelle est la somme lorsque les erreurs du dividende et du diviseur sont en sens contraire, puisqu'une augmentation du dividende augmente le quotient, et qu'une diminution du diviseur augmente aussi le quotient, et *vice versa*.

Elle est la différence lorsque les erreurs du dividende et du diviseur sont dans le même sens, car une augmentation du dividende augmente le quotient, et une augmentation du diviseur diminue le quotient. Il en est de même pour une diminution du dividende et du diviseur.

On verra encore facilement que, 1° lorsque le dividende est par défaut et le diviseur par excès, le quotient est par défaut; 2° lorsque le dividende est par excès et le diviseur par défaut, le quotient est par excès; 3° lorsque le dividende et le diviseur sont par défaut, il y a incertitude sur le sens de l'erreur du quotient, celles du dividende et du diviseur produisant des effets contraires; 4° lorsque le dividende et le diviseur sont par excès, il y a encore incertitude; 5° il y a, à plus forte raison, incertitude lorsqu'on ne connaît pas le sens des erreurs du dividende et du diviseur.

EXEMPLE I. *Trouver le quotient de* 413,43.... *par* 2,3842....

La somme des erreurs relatives est $\frac{1}{40000} + \frac{1}{20000}$ ou $\frac{3}{40000}$ qui est moindre que $\frac{1}{10000}$; il y aura donc quatre chiffres exacts au quotient.

Je fais la division en employant le diviseur par excès, et j'obtiens

$$413,43 : 2,3843 = 173,396....$$

Le quotient demandé est donc 173,40, à 0,1 près.

REMARQUE. L'erreur relative étant moindre que $\frac{1}{10000}$, l'erreur absolue est moindre que 0,017.... ou que 0,02; on peut donc dire que le quotient est 173,40, à 0,02 près.

VÉRIFICATION. 413,44 : 2,3842 = 173,408; le quotient vrai est donc entre 173,39 et 173,41, par conséquent 173,40 est exact, non-seulement à 0,02 près comme cela était prévu, mais à 0,01 près.

EXEMPLE II. *Un nombre est égal à* 4,756 *à* 0,003 *près, en plus ou en moins; un autre à* 3,72 *à* 0,002 *près, en plus ou en moins; trouver le quotient du premier par le second.*

L'erreur relative du quotient sera $\frac{3}{4000} + \frac{2}{3000}$ ou $\frac{17}{12000}$, un peu plus de $\frac{1}{1000}$; il aura donc à peu près trois chiffres exacts, mais l'erreur du troisième pourra être plus grande qu'une unité, et sera plus petite que deux unités; exécutant la division, je trouve
4,756 : 3,472 = 1,369....

Le quotient demandé est donc 1,37 à 0,02 près, peut-être à 0,01 près; c'est-à-dire qu'il est probablement compris entre 1,36 et 1,38, et certainement compris entre 1,35 et 1,39.

VÉRIFICATION. 4,759 : 3,470 = 1,371...; 4,753 : 3,474 = 1,368...; le vrai quotient est donc en effet compris entre 1,36 et 1,38.

EXEMPLE III. *Trouver le quotient de 2,4753.... par 7,28142793....*

L'erreur relative du quotient sera $\frac{1}{20000} + \frac{1}{700000000}$; la seconde erreur étant beaucoup plus petite que la première, il est permis de la négliger, et cela serait encore permis si elle était mille fois plus grande; je puis donc négliger les trois derniers chiffres connus du diviseur sans que cela influe sur ceux des chiffres du quotient qui seront exacts; l'erreur relative du quotient étant $\frac{1}{20000}$, et son premier chiffre étant plus grand que 2, il n'y aura que quatre chiffres exacts, le cinquième sera douteux; je trouve

$$2,4753 : 7,28143 = 0,33994....$$

Le quotient demandé est donc 0,3399, à 0,0001 près.

Si on prenait un chiffre de plus, on ne serait pas sûr de son exactitude, car pour que le cinquième chiffre fût exact, l'erreur relative devrait être $\frac{1}{300000}$, tandis qu'elle est $\frac{1}{20000}$, qui est plus grand; néanmoins, comme $\frac{0,33....}{20000}$ est moindre que 0,00002, et qu'on a calculé le quotient par défaut, le vrai quotient est moindre que 0,33996.... et à plus forte raison que 0,33997; il est donc compris entre 0,33994 et 0,33997; il est 0,33995 à 0,00002 près.

VÉRIFICATION. $2,4754 : 7,28142 = 0,33996....$, qui est en effet moindre que 0,33997.

EXEMPLE IV. *Un arc est égal à $17^m,432$ à un millimètre près, par défaut ou par excès; le rayon du cercle auquel il appartient est de $47^m,735$, aussi à un millimètre près, par défaut ou par excès; calculer la graduation de l'arc.*

La circonférence est égale à $47^m,735 \times 2\pi$, et contient 360°; 1 mètre vaut donc $\dfrac{360°}{47,735.2\pi}$, et l'arc de $17^m,432$ vaut

$$\frac{360° \times 17,432}{47,735 \times 2\pi}, \quad \text{ou bien} \quad \frac{180.17432}{47735.\pi} \text{ degrés.}$$

Il est clair qu'il suffit d'employer π avec une approximation suffisante, pour que son erreur n'ajoute qu'une quantité négligeable aux erreurs introduites par les deux autres nombres; d'un autre côté, l'erreur relative du diviseur étant la somme des erreurs relatives de ses deux facteurs, celle du quotient sera la somme de celles des trois nombres 17432; 47735, π. La somme des erreurs relatives des deux premières est $\frac{1}{10000} + \frac{1}{40000}$ ou $\frac{5}{40000}$ qui est un peu plus grande $\frac{1}{10000}$; mais si on prend deux chiffres à gauche du premier nombre, au lieu d'un, on obtient $\frac{1}{17000} + \frac{1}{40000}$ ou $\frac{57}{680000}$ qui est moindre que $\frac{1}{10000}$; il faudra donc employer π avec assez de chiffres pour que son erreur relative soit beaucoup plus petite que $\frac{1}{10000}$, c'est-à-dire avec plus de cinq chiffres; en employant six chiffres 3,14159, l'erreur relative sera $\frac{1}{300000}$, et par conséquent négligeable vis-à-vis de $\frac{1}{10000}$, puisqu'elle n'en est que le trentième; d'ailleurs j'emploierai le dividende et le diviseur avec six chiffres, afin que les nouvelles erreurs que j'ajouterai aux précédentes soient beaucoup moindres que $\frac{1}{10000}$; enfin le quotient trouvé étant à $\frac{1}{10000}$ près de sa valeur, il aura quatre chiffres justes, et à peu près le cinquième.

$$17432 \times 180 = 3137760; \quad 3,14159 \times 47735 = 149964;$$
$$3137760 : 149964 = 20,923\ldots$$

La graduation demandée est donc 20°,92 à $\frac{1}{100}$ de degré près.

Si on veut prendre un chiffre de plus, l'erreur absolue devient $\frac{1}{10000} \times 21$ ou 0,0021; elle est donc d'un peu plus de 0,002, et 20°,923 n'est exact qu'à deux ou trois millièmes.

Comme l'usage est de diviser les degrés en minutes ou soixantièmes, je transforme 0,923 en minutes en multipliant par 60, j'obtiens 55',38, et l'erreur est devenue 0,003×60 ou 0,18; elle est donc de 1 à 2 dixièmes de minute; j'ai ainsi 20°55',4, à 0,2 près.

VÉRIFICATION.

$$17431 \times 180 = 3137580; \quad 3,14160 \times 47736 = 149967,\ldots;$$
$$3137580 : 149968 = 20,921\ldots \quad 0,921 \times 60 = 55,26;$$

la graduation cherchée est donc supérieure à 20°55',26.

$$17433 \times 180 = 3137940; \quad 3,14159 \times 47734 = 149960,\ldots;$$
$$3137940 : 149960 = 20,925\ldots \quad 0,926 \times 60 = 55,56;$$

la graduation demandée est donc moindre que 20° 55',56.

Concluons de là qu'elle est entre 20°55',2 et 2°55',6; elle est par conséquent de 20° 55',4, à 0,2 près.

384. PROBLÈME INVERSE. *Connaissant l'erreur d'un quotient, trouver celles du dividende et du diviseur.*

RÈGLE. *Il suffit que les erreurs relatives du dividende et du diviseur soient chacune la moitié de l'erreur relative du quotient.*

Car l'erreur relative du quotient étant la somme des erreurs relatives du dividende et du diviseur, est moindre que le double de la plus grande ; il suffit donc que celle-ci soit la moitié de celle du quotient.

EXEMPLE I. *Calculer le quotient de* 32,5732923.... *par* 1,374247503.... *à* 0,01 *près.*

Le quotient est moindre que 33, il suffit donc que son erreur relative soit moindre que $\frac{0,01}{33}$ ou que $\frac{1}{3300}$; je prendrai pour erreur relative de chaque nombre $\frac{1}{7000}$; il suffit pour cela de prendre chacun avec cinq chiffres ; l'erreur du dividende 32,573 sera moindre que $\frac{1}{30000}$; celle du diviseur 1,3742 sera moindre que $\frac{1}{13000}$. Quatre chiffres auraient suffi, si les premiers chiffres avaient été supérieurs à 7.

Je calcule le quotient par défaut, et j'obtiens

$$32,573 : 1,3743 = 23,701.... ;$$

le quotient demandé est donc 23,70 à 0,01 près.

VÉRIFICATION. Je calcule le quotient par excès, et j'obtiens

$$32,574 : 1,3742 = 23,703.....$$

On voit qu'en effet 23,70 est exact à 0,01 près ; on voit de plus que 23,702 est exact à 0,002 près.

REMARQUE. Dans cet exemple, on peut avec avantage employer la division abrégée ; il faut employer six chiffres au lieu de cinq ; j'en ai expliqué la raison à l'article de la *multiplication.*

$$
\begin{array}{r|l}
325732 & 137424 \\
50884 & 0732 \\
9658 & \\
40 & \\
\end{array}
$$

EXEMPLE II. *Dans une sphère creuse de 2 mètres environ de diamètre intérieur, on voudrait couper une calotte sphérique capable de contenir* 1200 *litres ; pour pouvoir calculer la hauteur de cette zone à un millième près, avec quelle approximation faut-il mesurer le diamètre ?*

La hauteur de la calotte sphérique sera environ $\frac{1,2}{2\pi} = 0,1.... $;

l'erreur relative sera donc environ $\frac{0,001}{0,1} = 0,01$; celle du dividende étant nulle, il suffit que celle du diviseur soit moindre que 0,01 ; et comme je peux employer π avec assez de chiffres pour que son erreur soit négligeable, il suffit que le diamètre $2^m,\ldots$ soit connu avec une erreur relative moindre que $\frac{1}{100}$; trois chiffres suffisent pour cela, puisque le premier chiffre est plus grand que 1 ; je dois donc mesurer le diamètre à un centimètre près. Je suppose que je trouve $2^m,48$; j'emploierai π avec quatre chiffres pour que son erreur relative, qui sera $\frac{1}{3000}$, soit négligeable, et j'obtiens, en faisant le calcul par défaut ,

$$2,49 \times 3,142 = 7,823\ldots ; \quad 1,2 : 7,824 = 0,153\ldots ;$$

en ajoutant à ce nombre l'erreur qui en est le centième , on obtient $0,154\ldots$ ou $0,155\ldots$; la hauteur demandée est donc $0^m,154$, à $0^m,001$ près.

VÉRIFICATION. Je fais le même calcul par excès :

$$2,47 \times 3,141 = 7,758\ldots ; \quad 1,2 : 7,758 = 0,154\ldots$$

Puissances.

385. Une puissance n'étant qu'un produit de facteurs égaux, les règles de la multiplication lui sont applicables, j'en parlerai très-brièvement.

L'erreur relative d'une puissance d'un nombre est égale à celle de ce nombre multipliée par l'exposant de la puissance.

EXEMPLE. *Trouver la cinquième puissance de* $3,5723\ldots$

L'erreur relative du nombre connu étant $\frac{1}{30000}$, celle de la cinquième puissance sera $\frac{5}{30000}$ ou $\frac{1}{6000}$; il y aura trois chiffres exacts. Il y en aura quatre, si le premier est moindre que 6.

$$3,5723 \times 3,5723 = 12,7613\ldots ; \quad 12,7613 \times 3,5723 = 45,5871\ldots ;$$
$$45,5871 \times 3,5723 = 162,850\ldots ; \quad 162,850 \times 3,5723 = 581,749\ldots ;$$

la puissance demandée est donc 581,8 à 0,1 près.

VÉRIFICATION. $\quad 3,5724 \times 3,5724 = 12,7620\ldots ;$
$$12,7621 \times 3,5724 = 45,5913\ldots ; \quad 45,5914 \times 3,5724 = 162,870\ldots ;$$
$$162,871 \times 3,5724 = 581,840\ldots .$$

386. PROBLÈME INVERSE. *Pour obtenir la puissance d'un nombre à une approximation déterminée, avec quelle approximation faut-il connaître ce nombre ?*

RÈGLE. *L'erreur relative du nombre doit être égale à l'erreur relative assignée à la puissance divisée par l'exposant.*

Cette règle résulte immédiatement de celle de la multiplication.

EXEMPLE. *On demande le cube de* $2 - \sqrt{2}$ *à* 0,00001 *près.*

Le nombre $2 - \sqrt{2}$ est 0,5...; l'erreur relative du résultat doit donc être $\dfrac{0,00001}{(0,5...)^2}$ ou $\dfrac{0,00001}{0,2...}$, environ $\dfrac{1}{20000}$; celle du nombre doit donc être $\dfrac{1}{60000}$; cinq chiffres suffiraient si le premier était plus grand que 6; mais comme il s'en éloigne peu, il est très-probable que cinq chiffres suffiront.

$$\sqrt{2} = 1,41421\ldots; \quad 2 - \sqrt{2} = 0,58578\ldots;$$
$$0,58578 \times 0,58578 = 0,3431382\ldots;$$
$$0,3431382 \times 0,58578 = 0,2010034\ldots;$$

le cube demandé est donc 0,20100, probablement à 0,00001 et certainement à 0,00002 près.

Pour m'en assurer, j'observe que l'erreur relative de 0,58578 est $\frac{1}{60000}$; celle de son cube est donc $\frac{3}{60000}$ ou $\frac{6}{100000}$; or $\frac{6}{100000}$ de 0,201.... valent 0,000012....; ce nombre ajouté à 0,2010034.... donne 0,201015.... pour valeur par excès; par conséquent 0,20101 est le cube démandé, à 0,00001 près.

VÉRIFICATION. $0,58579 \times 0,58579 = 0,3431499\ldots;$
$$0,34315 \times 0,58579 = 0,201013\ldots.$$

Racines.

587. *L'erreur relative de la racine d'un nombre est égale à l'erreur relative de ce nombre, divisée par l'indice de la racine.*

Cela résulte de ce qu'un nombre est la puissance de sa racine; son erreur relative est donc égale à celle de cette racine multipliée par l'indice; par suite, cette dernière est égale à l'erreur relative du nombre divisée par l'indice.

EXEMPLE I. *Calculer l'expression* $x = \sqrt{573,24}\ldots$

L'erreur relative du nombre est $\frac{1}{60000}$; par suite, celle de la racine sera $\frac{1}{60000} : 2$ ou $\frac{1}{100000}$; il y aura donc cinq chiffres exacts, et le sixième le sera à peu près.

$\sqrt{573,24} = 23,94243\ldots;$ la racine demandée est donc 23,942 à 0,001 près; si on prend un chiffre de plus, 23,9424, le dernier chiffre n'est pas certain. Pour savoir jusqu'à quel point il est exact, j'observe que l'erreur relative de 23,94243.... étant $\frac{1}{100000}$, l'erreur absolue est 0,000239. ... En ajoutant ce nombre au précédent, j'obtiens pour valeur par excès 23,94268.; le nombre demandé est donc entre 23,9424 et 23,9427; il est donc 23,9425 à 0,0002 près.

Vérification. $\sqrt{573,25} = 23,9426....$

Remarque. On voit par cet exemple que deux décimales seulement connues dans le nombre, ont permis de calculer la racine avec trois décimales (presque quatre), tandis que la règle ordinaire prescrit d'en avoir au nombre deux fois autant qu'on en veut à la racine ; le nombre de décimales exigées par la règle ordinaire est toujours suffisant, mais il est souvent surabondant ; par conséquent, la connaissance des relations entre les erreurs des données et celle du résultat fournira souvent le moyen d'abréger les calculs dans lesquels il entrera des extractions de racines.

Exemple II. *Trouver la racine quatrième d'un nombre qui est compris entre 5 et 5,3.*

L'erreur relative du nombre est $\frac{0,3}{5}$, celle de la racine quatrième sera donc $\frac{0,3}{20}$ ou $\frac{3}{200}$, un peu plus de $\frac{1}{100}$; il y aura donc à la racine deux chiffres exacts et à peu près le troisième.

$\sqrt{5} = 2,236...$; $\sqrt{2,236} = 1,495....$ La racine demandée est donc 1,4 à 0,1 près. Si on veut connaître jusqu'à quel point le troisième chiffre est exact, il faut à 1,495.... ajouter $1,495....\times\frac{3}{200}$ ou 0,022..., ce qui donne par excès 1,52 ; ainsi la racine demandée est entre 1,49 et 1,52 ; elle est donc 1,50 à 0,02 près.

Vérification. $\sqrt{5,3} = 2,302...$; $\sqrt{2,302} = 1,51....$

388. Problème inverse. *Pour avoir la racine d'un nombre avec une approximation déterminée, à quelle approximation doit-on connaître ce nombre ?*

Règle. *L'erreur relative du nombre doit être égale à celle de la racine multipliée par l'indice.*

Cela résulte immédiatement de ce que l'erreur relative de la racine est égale à celle du nombre divisée par l'indice de la racine.

Exemple I. *Un nombre étant un peu plus grand que 36 , avec quelle approximation faut-il le connaître pour déterminer sa racine quatrième à 0,001 près?*

L'erreur relative de la racine doit être égale à $\dfrac{0,001}{\sqrt[4]{36}}$ ou $\dfrac{0,001}{\sqrt{6}}$, ce qui fait $\dfrac{1}{2400}$ environ.

Par conséquent, celle du nombre doit être $\dfrac{4}{2400}$ ou $\dfrac{1}{600}$.

Il faut donc connaître quatre chiffres du nombre. Je suppose qu'on ait trouvé $36{,}47\ldots$, alors j'ai

$$\sqrt{36{,}47} = 6{,}039\ldots; \quad \sqrt{6{,}039} = 2{,}457\ldots;$$

la racine demandée est donc $2{,}458$; je prends $2{,}458$, parce que l'erreur $\dfrac{1}{2400} \times 2{,}4\ldots$, ou $0{,}001\ldots$ ajoutée à $2{,}457\ldots$, donnerait plus de $2{,}458$.

VÉRIFICATION. $\sqrt{36{,}48} = 6{,}039\ldots; \quad \sqrt{6{,}040} = 2{,}457\ldots;$ on voit donc que $2{,}458$ est en effet à $0{,}001$ près; le calcul de vérification nous apprend de plus que ce résultat est par excès.

Exemples divers.

389. EXEMPLE I. *Calculer à* $0{,}001$ *près l'expression*

$$x = \sqrt{\dfrac{2}{\sqrt[3]{3} - \sqrt{2}}}.$$

La difficulté de cet exemple [*] consiste en ce que, pour passer de l'erreur absolue $0{,}001$ à l'erreur relative, il faut connaître le premier chiffre du nombre demandé; or, $\sqrt[3]{3}$ et $\sqrt{2}$ contiennent l'une et l'autre une unité qui se détruit dans la soustraction, et il faut savoir si les dixièmes, centièmes, etc., se détruiront aussi; je suis donc obligé de calculer préalablement ces deux racines jusqu'à ce que j'arrive à un chiffre différent.

J'ai $\sqrt[3]{3} = 1{,}44\ldots; \sqrt{2} = 1{,}41\ldots$, la différence est donc $0{,}03\ldots$ ou $0{,}02\ldots$; en la supposant $0{,}02$, j'aurai $\dfrac{2}{0{,}02} = 100$ et $\sqrt{100} = 10$; le nombre demandé sera donc à peu près 10; son erreur relative sera $\dfrac{0{,}001}{10}$ ou $\dfrac{1}{10000}$; celle de la quantité sous le radical doit être

---

* Proposé aux examens de la marine.

$\dfrac{2}{10000}$ ou $\dfrac{1}{5000}$; le dividende étant exact, celle du diviseur doit être également $\dfrac{1}{5000}$; il faut donc le calculer avec quatre ou cinq chiffres ; j'en calculerai cinq ; mais il ne renferme ni unités ni dixièmes, il faut donc connaître cinq chiffres après les dixièmes, c'est-à-dire six décimales ; j'effectue le calcul par défaut, et j'ai successivement :

$$\sqrt[3]{3} = 1{,}442249\ldots; \quad \sqrt{2} = 1{,}414213\ldots;$$

$$1{,}442250 - 1{,}414213 = 0{,}028037 ; \quad 2 : 0{,}028037 = 71{,}334\ldots;$$

$$\sqrt{71{,}334} = 8{,}4459\ldots \text{ Le nombre demandé est donc } 8{,}446.$$

Vérification.

$$1{,}442249 - 1{,}414214 = 0{,}028035 ; \quad 2 : 0{,}028035 = 71{,}339\ldots;$$

$$\sqrt{71{,}340} = 8{,}446\ldots$$

Exemple II. *Quelle est la surface de la terre à un myriamètre carré près?* On fait abstraction de l'aplatissement, et l'on suppose 40 millions de mètres dans le méridien. (Cosmographie.)

Le myriamètre étant l'unité, la circonférence de la terre est égale à 4000, par conséquent le rayon est $\dfrac{4000}{2\pi}$ ou $\dfrac{2000}{\pi}$; or la surface est représentée par $4\pi R^2$, elle est donc égale à $4\pi \times \dfrac{4000000}{\pi^2}$ ou $\dfrac{16000000}{\pi}$. Le dividende est exact, le diviseur π est connu avec autant de chiffres qu'on voudra, dès lors il convient d'employer la division abrégée ; le quotient renfermant sept chiffres, j'en prendrai neuf au diviseur et dix au dividende :

$$
\begin{array}{r|l}
1600000000 & 314159265 \\
\cline{2-2}
29203675 & 8592905 \\
929347 & \\
301029 & \\
18294 & \\
2589 & \\
77 & \\
\end{array}
$$

Concluons de là que la surface demandée est de 5092958 myriamètres carrés, à 1 myriamètre carré près.

J'ajoute que ce résultat est par défaut ; dans la première multiplication, la partie négligée au diviseur ne vaut pas une unité du chiffre conservé, cette unité multipliée par le chiffre multiplicateur 5 donnerait 5 ; de même dans chaque multiplication partielle l'erreur est moindre que le chiffre multiplicateur ; leur somme est donc moindre que la somme des chiffres du quotient ou 38 ; or 38 pourrait se retrancher du reste, qui est 77 ; le produit exact du diviseur par le quotient trouvé pourrait donc se retrancher du dividende ; le quotient trouvé est donc par défaut.

Remarque. Le mètre *théorique* est exactement la dix-millionième partie du quart du méridien, puisque c'est sa définition ; pour déterminer sa longueur, on a mesuré le quart du méridien, on a trouvé 5130740 toises, on a partagé cette quantité en dix millions de parties égales ; il en est résulté le mètre *pratique*, dont l'étalon est déposé au Conservatoire des Arts et Métiers ; mais les opérations qu'on a effectuées pour l'obtenir, ont nécessairement été affectées d'erreurs plus ou moins grandes, d'où résulte la différence entre le mètre pratique et le mètre théorique, différence qui doit être fort petite. Il paraîtrait, d'après des mesures plus récentes, que le mètre pratique est un peu trop court, et que le quart du méridien dépasse dix millions de mètres, de quelques centaines de mètres, en adoptant 10000800 mètres pour ce quart de méridien, l'expression $\dfrac{16000000}{\pi}$ est remplacée par $\dfrac{16002560,1024}{\pi}$; et la division ci-dessus par la suivante :

$$
\begin{array}{r|l}
1600256010 & 311459265 \\
\cline{2-2}
29459685 & 3773905 \\
1135357 & \\
262880 & \\
22975 & \\
988 & \\
46 & \\
\end{array}
$$

et la surface demandée serait 5093773 myriamètres carrés.

Exemple III. *Calculer, à 0,001, l'expression* $\dfrac{3\sqrt{3}}{\pi}$.

(Cette expression représente le rapport du périmètre d'un triangle équilatéral à la circonférence inscrite.)

Je change l'expression proposée en $\dfrac{\sqrt{27}}{\pi}$; le résultat est entre 1 et 2 ; on demande trois décimales, cela fait quatre chiffres ; il faut donc, pour appliquer la division abrégée, employer six chiffres au diviseur et autant au dividende ; si on n'employait pas la division abrégée, il faudrait un chiffre de moins ; mais l'abréviation qui en résulterait dans le calcul de $\sqrt{27}$ serait plus que compensée par la longueur de la division :

$$\sqrt{27} = 5,19615\ldots; \quad \pi = 3,14159\ldots;$$

$$
\begin{array}{c|c}
519615 & 314159 \\
205456 & \overline{4561} \\
16966 & \\
1261 & \\
5 &
\end{array}
$$

Le nombre demandé est donc 1,654.

Exemple IV. *Calculer l'expression* $\dfrac{2h}{\alpha^2}$, *dans laquelle* $h = 33^{\mathrm{m}},33$ *à 1 centimètre près, en plus ou en moins; α représente le rapport d'un arc à son rayon; on sait d'ailleurs que la graduation de cet arc est de $11'7''$, à une seconde près en plus ou en moins* [*].

La circonférence se compose de 360^0 ou de $1296000''$; elle est égale à $2\pi r$; on a donc $1'' = \dfrac{2\pi r}{1296000}$ et $11'7''$ ou $667'' = \dfrac{2\pi r . 667}{1296000}$, le rapport de l'arc au rayon, ou α, est donc $\dfrac{2\pi . 667}{1296000}$; par suite, le nombre demandé est représenté par

$$\frac{2.33,33\,(1296000)^2}{(2\pi.667)^2} \quad \text{ou} \quad \frac{3333.12960.648000}{(\pi.667)^2};$$

l'erreur relative de 667 est $\dfrac{1}{600}$, et comme ce nombre est au carré, il faut la prendre deux fois, ce qui fait $\dfrac{1}{300}$; je néglige l'erreur relative de 3333 qui n'est que le dixième de la précédente; je néglige aussi celle de π que j'emploierai avec cinq chiffres; l'erreur du résultat sera donc $\dfrac{1}{300}$; par conséquent il aura deux chiffres exacts, et à peu près le troisième; j'effectue le calcul avec cinq chiffres, et j'ai successivement :

$$3333 \times 1296 = 4319568; \quad 43196 \times 648 = 27991008;$$

$$31416 \times 667 = 2095,4472; \quad 2095,4^2 = 4390701,16;$$

$$27991000000000 : 4390700 = 6375\ldots;$$

---

* Cette formule représente le rayon de la terre exprimé en fonction de la *dépression* de l'horizon, c'est-à-dire de l'angle que fait le plan horizontal avec une génératrice de la surface conique tangente à la surface de la mer, et ayant pour sommet l'œil de l'observateur; surface qu'on nomme *horizon apparent*; h est la hauteur de l'observateur audessus du niveau de la mer. (Cosmographie.)

le nombre demandé est donc environ 637,5 myriamètres. L'erreur de ce résultat étant $\frac{637}{300}$ ou 2,1...; 637,5 — 2,1 ou 635, est trop petit; et 637,5 + 2,1 ou 640, est trop grand; le nombre demandé est donc 637 myriamètres, à 2 ou 3 myriamètres près.

Vérification. En faisant le calcul par défaut, j'obtiens successivement :

$$3332 \times 1296 = 4318272; \quad 4318272 \times 648 = 27982036;$$

$$3,1416 \times 668 = 2098,5888; \quad 2098,6^2 = 4404121,96;$$

27982000000000 : 4404200 = 6353...; 635 myriamètres est donc trop petit.

En faisant le calcul par excès, j'obtiens successivement :

$$3334 \times 1296 = 4320864; \quad 43209 \times 648 = 27999432;$$

$$3,1415 \times 666 = 2092,2390; \quad 2092,2^2 = 4377300,84;$$

28000000000000 : 4377300 = 6396...; 640 myriamètres est donc trop grand.

CHAPITRE X.

LOGARITHMES*.

590. Les *logarithmes des nombres* sont d'autres nombres qui permettent de remplacer :

Les multiplications par des additions,

Les divisions par des soustractions,

Les formations de puissances par des multiplications,

Les extractions de racines par des divisions.

Pour le démontrer, la table à la main, prenons celle de *Lalande***, qui comprend les 10000 premiers nombres entiers consécutifs, et en regard leurs logarithmes avec *cinq* décimales.

A la page 1 je trouve les nombres 0, 1, 2, 3,... jusqu'à 90, et disposés en trois colonnes en tête desquelles je lis l'abréviation *nomb.*; à côté de chacun d'eux je trouve leurs logarithmes rangés dans trois colonnes en tête desquelles je lis l'abréviation *logarit.* Cette disposition est la même dans toute l'étendue de la table, et l'on peut voir que les logarithmes croissent en même temps que les nombres.

Cela posé, le nombre 45, par exemple, de la page 1, a pour logarithme 1,65321 ; le nombre 178 de la page 2 a pour logarithme 2,25042 ; si je fais la *somme* de ces deux logarithmes, ce qui

---

* « L'emploi des tables de logarithmes, pour l'abréviation des calculs, est placé à la fin du cours d'Arithmétique et vers le milieu de l'année de troisième, dans un double but. L'expérience a montré que la théorie de ces opérations n'est saisie qu'avec difficulté par les jeunes intelligences, et que l'embarras qu'elles éprouvent s'accroît lorsqu'il faut à la fois graver dans l'esprit la marche des opérations, leur sens et leur portée. On remédie à cet inconvénient en commençant par faire acquérir aux élèves, *sans démonstration*, la pratique du calcul par logarithmes ; en n'exposant la théorie elle-même, qui, du reste, a été renvoyée en seconde année, que lorsque les opérations sont devenues familières. Il est donc essentiel que le professeur, après avoir expliqué, dans le cours de troisième, l'usage pratique des logarithmes, ait soin d'en prescrire fréquemment l'emploi dans l'exécution des calculs réclamés pour la résolution complète des questions. C'est le seul moyen d'en faciliter l'usage aux élèves : en outre, en simplifiant les calculs, on économisera le temps qu'on peut y consacrer. » (Extrait de l'instruction générale du 15 novembre 1854.)

** Les tables de Lalande, perfectionnées par M. Dupuis, ont été publiées en 1856 à la librairie Hachette et Cⁱᵉ.

donne 3,90363, puis, qu'après avoir cherché ce dernier nombre parmi les logarithmes, je prenne le nombre qui lui correspond, j'aurai 8010; or, ce nombre est précisément le *produit* de la multiplication des deux nombres 45 et 178, et je l'ai obtenu par une simple addition.

Agissons de même à l'égard de deux autres nombres, 134 et 26 par exemple.

Le logarithme du multiplicande est 2,12710; celui du multiplicateur est 1,41497; leur somme est 3,54207; ce logarithme n'est pas, comme précédemment, parmi les logarithmes de la table; mais 3,54208 n'en diffère que d'un cent-millième; je le prends pour l'autre, et il se trouve que le nombre correspondant est 3484, qui est exactement le produit des deux nombres proposés.

Soient les trois nombres 7, 23, 34.

Le logarithme de 7 est 0,84510; celui de 23 est 1,36173, celui de 34 est 1,53148, la somme de ces logarithmes est 3,73831, qui ne diffère que d'un cent-millième du logarithme *tabulaire* 3,73830 auquel correspond 5474, qui est exactement le produit des trois nombres.

Ces exemples, que l'on peut multiplier, permettent de conclure que :

591. *Le logarithme d'un produit est égal à la somme des logarithmes de ses facteurs.*

Le nombre 3066 a pour logarithme 3,48657; le nombre 73 a pour logarithme 1,86332; si je *soustrais* le second logarithme du premier, ce qui donne 1,62325, puis que je cherche ce nombre parmi les logarithmes de la table, et enfin le nombre correspondant, je trouve 42. Or, c'est précisément le *quotient* de la division de 3066 par 73.

Comme on peut opérer de même avec d'autres nombres, et tirer des conséquences analogues, sinon exactement, du moins très-approximativement, nous concluons que :

Le logarithme d'un quotient est égal au logarithme du dividende moins le logarithme du diviseur.

Remarque. Cette propriété est implicitement renfermée dans la précédente, que l'on regarde comme le *principe fondamental des logarithmes*. En effet, dans toute division, le dividende est égal au produit du diviseur par le quotient; donc le logarithme du dividende est égal au logarithme du diviseur augmenté du logarithme du quotient ; réciproquement, le logarithme du quotient est égal au logarithme du dividende diminué du logarithme du diviseur.

Le nombre 64 a pour logarithme 1,80618 ; si je le *double*, ce qui donne 3,61236, puis que je cherche le nombre correspondant, je trouverai 4096. Or, c'est précisément le *carré* de 64 ; par conséquent,

Le logarithme du carré d'un nombre est égal à deux fois le logarithme de ce nombre.

Soit encore le nombre 13, dont le logarithme est 1,11394 ; si je le *triple*, ce qui donne 3,34182, puis que je cherche le nombre correspondant, je trouverai 2197. Or, c'est précisément le *cube* de 13 ; ainsi,

Le logarithme du cube d'un nombre est égal au triple du logarithme de ce nombre. En général,

392. *Le logarithme de la puissance d'un nombre est égal au logarithme de ce nombre répété autant de fois qu'il y a d'unités dans le degré de la puissance,* ce qui découle encore du principe fondamental. En effet, si tous les facteurs d'un produit sont égaux, le produit est une puissance de l'un d'eux, et la somme des logarithmes des facteurs est le produit de l'un de ces logarithmes par leur nombre.

Le nombre 529 a pour logarithme 2,72346 ; la *moitié* de ce logarithme est 1,36173, qui a pour nombre correspondant 23. Or, ce nombre est précisément la *racine carrée* de 529 ; par conséquent, *le logarithme de la racine carrée d'un nombre est égal à la moitié du logarithme de ce nombre.*

Le logarithme de 1728 est 3,23754 ; le *tiers* de ce logarithme est 1,07918, auquel correspond 12, qui est la *racine cubique* de 1728. Ainsi, *le logarithme de la racine cubique d'un nombre vaut le tiers du logarithme de ce nombre.*

Le logarithme de 1024 est 3,01030 ; le *cinquième* de ce logarithme est 0,60206, auquel correspond 4, *racine cinquième* de 1024, car la cinquième puissance de 4 reproduit 1024. Ainsi, *le logarithme de la racine cinquième d'un nombre vaut le cinquième du logarithme de ce nombre;* plus généralement,

393. *Le logarithme d'une racine d'un nombre est égal au quotient de la division du logarithme de ce nombre par l'indice de la racine à extraire.*

Cette propriété découle encore du principe déjà cité. En effet, la racine d'un nombre élevée à une puissance d'un degré marqué par l'indice de la racine reproduit le nombre proposé; donc le logarithme de ce nombre est égal au logarithme de la racine multiplié par son indice, d'où résulte ce que nous avons dit ci-dessus.

Remarque. Dans le cas où l'on considère un produit de plus de deux facteurs, comme chaque logarithme est approché *à moins d'un demi-cent-millième*, les erreurs pourraient en s'accumulant donner plus d'un cent-millième ; alors le logarithme du produit pourra ne pas se trouver exactement dans la table. Il en sera de même quand on élèvera un nombre à une puissance d'un degré assez élevé, parce que l'erreur du logarithme se trouvera multipliée par le degré de la puissance. Dans les autres cas, les erreurs ne s'accumulant point, le logarithme ne peut différer de celui de la table que de moins d'une unité de son dernier chiffre. Mais, comme l'erreur peut être par excès ou par défaut, elle pourra s'élever en apparence à une unité. Ce genre d'imperfection se présente dans tous les calculs d'approximation, et nous verrons bientôt comment on doit s'y prendre en pareil cas.

394. Les avantages des logarithmes seraient très-bornés si les nombres donnés et cherchés ne devaient jamais dépasser 10 000. Il s'agit de voir comment on peut suppléer au peu d'étendue de la table.

Un examen rapide montre que les nombres 1, 10, 100, 1000 et 10000 ont respectivement pour logarithmes 0, 1, 2, 3, 4. Avec des tables plus étendues, on trouverait que 100000 a 5 pour logarithme. En général, *le logarithme d'une puissance de* 10 *est un nombre entier, et contient autant d'unités qu'il y a de zéros dans le degré de la puissance.*

Tous les autres nombres ont pour logarithmes des nombres décimaux ; mais une étude attentive de la table montre que la *partie entière* des logarithmes des nombres d'un seul chiffre, et, par conséquent, compris entre 1 et 10, est 0 ; que celle des logarithmes des nombres de deux chiffres (compris entre 10 et 100) est 1 ; elle est 2 de 100 à 1000, et 3 de 1000 à 10000 ; cette partie entière est donc égale au nombre des chiffres moins un du nombre correspondant. On lui a donné le nom de *caractéristique.*

395. Considérons un nombre compris entre deux nombres consécutifs de la table. Soit, par exemple, 25,38. Je ne trouve pas ce nombre dans la table, mais j'y trouve le nombre 2538, dont le logarithme est 3,40449 ; le logarithme de 100 est 2 ; si je le retranche du logarithme précédent, j'aurai le logarithme du quotient de la division de 2538 par 100, c'est-à-dire de 25,38 ; donc, pour que le principe fondamental fût applicable à ce nombre, il faudrait prendre pour son logarithme 1,40449, et il aurait ainsi la même caractéristique que tous les nombres compris entre 10 et 100. Avec

des tables plus étendues, on pourrait généraliser davantage cette propriété. Ainsi nous admettrons que :

La caractéristique du logarithme d'un nombre (c'est-à-dire la partie entière de son logarithme) *est égale au nombre des chiffres moins un de la partie entière du nombre donné.*

Cela posé, si je considère d'une part le nombre 47, et de l'autre son logarithme 1,67210, je vois dans la table que le logarithme de 470 est 2,67210, et que le logarithme de 4700 est 3,67210; comme il en est de même pour d'autres exemples pris au hasard, nous voyons que si le nombre est multiplié par 10, 100, 1000, etc., la caractéristique du logarithme est augmentée de une, deux, trois, etc., unités; par suite, si l'on divise un nombre par 10, 100, 1000, etc., la caractéristique diminue de 1, 2, 3, etc., unités. En résumé,

Si l'on multiplie ou si l'on divise un nombre par une puissance de 10, on augmente ou on diminue la caractéristique du logarithme de ce nombre d'autant d'unités qu'il y en a dans le degré de la puissance.

Réciproquement, si l'on augmente ou si l'on diminue la caractéristique du logarithme d'un nombre d'un certain nombre d'unités, on multiplie ou l'on divise ce nombre par une puissance de 10 d'un degré marqué par le nombre des unités ajoutées ou retranchées; donc :

Tous les nombres de même figure ont le même logarithme, à la caractéristique près.

Cette propriété est d'une très-grande importance, car elle permet, par une simple division, de faire rentrer un nombre quelconque dans les limites de la table. La caractéristique seule se trouve modifiée, ce qui ne présente aucun inconvénient, car on peut écrire la véritable caractéristique à la seule inspection de la partie entière du nombre proposé, et la partie décimale du logarithme s'obtiendra en considérant seulement le nombre modifié, sans s'occuper de la caractéristique.

596. Avant d'aller plus loin, je ferai remarquer une *propriété fondamentale de la table.*

J'ouvre cette table à la page dont le premier nombre est 7290, et je vois que tous les logarithmes consécutifs, depuis celui de 7314 jusqu'à celui de 7328, diffèrent de 6 unités du cinquième ordre. Ainsi, au degré d'approximation de la table, pour des différences égales entre les nombres, il y a des différences égales entre les logarithmes; d'où il suit que *les différences entre les nombres sont proportionnelles aux différences des logarithmes qui leur correspondent:* par exemple, la différence entre les nombres 7317 et 7314 est triple de la différence entre les nombres 7315 et 7314; et, en même temps, la différence 18 des logarithmes des premiers est triple de la différence 6 des logarithmes des derniers.

Quand on prend la différence entre les logarithmes des nombres 7315 et 7314, on a le logarithme 0,00006 qui est le logarithme du quotient $\frac{7315}{7314}$ ou de $1 + \frac{1}{7314}$.

De même, on trouve avec la table que 0,00006 est le logarithme du quotient $\frac{7316}{7315}$ ou de $1 + \frac{1}{7315}$. Ces logarithmes égaux ne répondent donc pas à des nombres parfaitement égaux; par conséquent, l'égalité des différences des logarithmes ne répond pas exactement à l'égalité des différences entre les nombres; par conséquent, la proportionnalité qui se déduit de cette égalité n'est elle-même qu'approchée.

Mais, plus les nombres sont grands, plus les différences entre les fractions $\frac{1}{7314}$, $\frac{1}{7315}$, $\frac{1}{7316}$ sont petites; par suite, il y a d'autant moins d'erreur relative à les prendre les unes pour les autres; d'où il suit que *la proportionnalité des différences entre les nombres, aux différences entre leurs logarithmes, est d'autant plus approchée que les nombres considérés sont plus avancés dans la table.*

Et, en effet, en remontant, on trouve entre les logarithmes des nombres consécutifs des différences de plus en plus inégales. Lors donc qu'on voudra faire usage de la proportionnalité énoncée, il faudra préparer les nombres de manière qu'ils soient le plus près possible de la fin de la table.

Proposons-nous maintenant de trouver le logarithme d'un nombre donné, et réciproquement.

Trouver le logarithme d'un nombre.

397. Exemple I. *Trouver le logarithme de 6347.*

Je trouve ce nombre dans la table; j'obtiens immédiatement son logarithme, et j'écris, par abréviation,

$$\log 6347 = 3,80257.$$

Exemple II. *Trouver le logarithme de 6347,5.*

La partie entière étant composée de 4 chiffres, la caractéristique du logarithme cherché est 3; reste à en trouver la partie décimale. Le nombre proposé tombe entre les nombres de la table 6347 et 6348 qui diffèrent entre eux d'une unité; le logarithme du premier est 3,80257; le logarithme du second est 3,80264; la différence de ces logarithmes ou la différence tabulaire est de 7 (cent-millièmes).

Invoquant ici la proportionnalité reconnue au n° 596, je dirai ; pour une unité de différence entre les nombres, j'ai 7 parties de différence entre les logarithmes ; donc pour 0,5 ou une demi-unité de différence entre les nombres 6347 et 6347,5, j'aurai entre les logarithmes une différence égale à la moitié de 7 ou à 3 ; je dois donc ajouter 3 parties au logarithme du plus petit nombre, ce qui donne 3,80260 pour le logarithme cherché.

Type du calcul.

$$\begin{array}{llr}
\log 6347 = 3{,}80257 & \qquad & 7 \\
\text{pour} \quad 0{,}5 = \phantom{3{,}802}3 & & \underline{0{,}5} \\
\log 6347{,}5 = \overline{3{,}80260} & & 3{,}5
\end{array}$$

EXEMPLE III. *Trouver le logarithme de* 6347,9.

Le logarithme de 6347 est 3,80257 ; pour une unité de différence, et d'après la table, le logarithme augmenterait de 7 parties ; donc pour 0,9 de différence, il augmenterait des 0,9 de ces 7 parties ; il faut donc multiplier 7 par 0,9, ce qui donne 6,3. Ainsi j'ajouterai 6 parties au logarithme, en négligeant les 0,3 (de cent-millièmes), et j'aurai 3,80263 pour le logarithme cherché.

Type du calcul.

$$\begin{array}{llr}
\log 6347 = 3{,}80257 & \qquad & 7 \\
\text{pour} \quad 0{,}9 \phantom{= 3{,}80}6 & & \underline{0{,}9} \\
\log 6347{,}9 = \overline{3{,}80263} & & 6{,}3
\end{array}$$

EXEMPLE IV. *Trouver le logarithme de* 6347,98.

Je dois prendre les 0,98 de la différence tabulaire ; ce qui donne 6,86 ; j'ajoute 7 au logarithme, puisque la partie négligée dans le produit est plus grande que 5 ; j'obtiens ainsi 3,80264 pour le logarithme cherché.

Type du calcul.

$$\begin{array}{llr}
\log 6347 = 3{,}80257 & \qquad & 7 \\
\text{pour} \quad 0{,}98 \phantom{= 3{,}80}7 & & \underline{0{,}98} \\
\log 6347{,}98 = \overline{3{,}80264} & & 6{,}86
\end{array}$$

EXEMPLE V. *Trouver le logarithme de* 634700.

La caractéristique est 5 ; pour trouver la partie décimale, je divise par 100, et je prends pour partie décimale celle du logarithme de 6347, ce qui me donne

$$\log 634700 = 5{,}80257.$$

EXEMPLE VI. *Trouver le logarithme de* 63,47.

La caractéristique est 1 ; pour trouver la partie décimale, je supprime la virgule, ce qui revient à multiplier par 100 le nombre donné, et je trouve

$$\log 63,47 = 1,80257.$$

REMARQUE. Si l'on avait à chercher les logarithmes des nombres tels que 63,4798, 6347980, on écrirait d'abord la caractéristique ; puis, pour trouver la partie décimale du logarithme, on opérerait comme s'il y avait 4 chiffres entiers séparés des autres par une virgule.

Quand on fait ainsi rentrer un nombre dans les limites de la table, il faut toujours le garder le plus grand possible.

Quand le nombre a moins de 4 chiffres, on peut trouver le logarithme en le traitant comme un nombre de 4 chiffres ou en le cherchant directement au-dessous de 1000. Mais on voit qu'on aurait pu supprimer les premières pages de la table, et se contenter d'y écrire les logarithmes des nombres depuis 1000 jusqu'à 10000, car la caractéristique n'intervient pas essentiellement dans l'usage de cette table.

De ce qui précède, nous déduirons la règle générale suivante :

598. *Pour trouver le logarithme d'un nombre quelconque* (plus grand que l'unité), *après avoir écrit la caractéristique d'après le nombre des chiffres de la partie entière, on cherche les quatre premiers chiffres à gauche dans la colonne des nombres; on trouve à côté et à droite une partie décimale que l'on écrit à part ; on multiplie la différence tabulaire qu'on trouve un peu au-dessous dans la colonne intitulée* D, *par l'ensemble des autres chiffres du nombre proposé; on sépare à la droite du produit, par une virgule, autant de chiffres qu'il y en a dans le multiplicateur, et l'on ajoute à la partie décimale trouvée dans la table la partie entière de ce produit, forcée s'il y a lieu, et considérée comme exprimant des cent-millièmes; enfin, on met la somme à côté de la caractéristique préalablement écrite.*

Trouver le nombre correspondant à un logarithme donné.

599. EXEMPLE I. *Trouver le nombre qui a pour logarithme* 3,80257.

Je trouve ce logarithme exactement dans la table, et j'ai

$$3,80257 = \log 6347.$$

EXEMPLE II. *Trouver le nombre qui a pour logarithme* 3,80263.
Je cherche ce logarithme comme s'il était dans la table; je ne l'y

trouve pas ; mais il est compris entre 3,80257 et 3,80264, qui sont respectivement les logarithmes des nombres 6347 et 6348 ; le nombre cherché tombe donc entre 6347 et 6348. Cela posé, la différence des logarithmes de ces nombres (diff. tabul.) est de 7 cent-millièmes ; la différence entre le premier de ces logarithmes et le logarithme donné est de 6 cent-millièmes ; dès lors je dirai : puisque pour 7 (cent-millièmes) de différence entre les logarithmes, on a une unité de différence entre les nombres, pour 1 (cent-millième) de différence entre les logarithmes, on aurait $\frac{1}{7}$ de différence entre les nombres ; par conséquent, pour 6 (cent-millièmes) de différence entre les logarithmes, on aura $\frac{6}{7}$ d'unité de différence entre les nombres. Convertissant cette fraction en décimales, on obtient 0,85 ; mais comme on ne peut compter que sur le chiffre des dixièmes, parce que la proportionnalité n'a pas lieu en toute rigueur, je l'écrirai seul à la droite de la partie entière, et j'aurai 6347,8 pour le nombre cherché.

Type du calcul.

3,80263 $=$ log 6347,8

57

60	7
40	0,85
5	

REMARQUE. Lorsque la caractéristique est quelconque, on opère comme si elle était 3. Le nombre cherché une fois obtenu, on place une virgule, et même au besoin des zéros, de manière que la partie entière renferme autant de chiffres plus un qu'il y a d'unités dans la caractéristique du logarithme donné.

D'après cela, on comprendra aisément les trois exemples suivants :

4,78956 $=$ log 61597

1

50	7
10	0,71

En opérant comme si la caractéristique était 3, je trouverais 6159,7 ; mais comme elle est 4, le nombre cherché doit avoir 5 chiffres à sa partie entière, et sera 61597.

6,78956 $=$ log 6159700

1

50	7
10	0,71

Si la caractéristique était 3, on aurait 6159,7 ; mais comme elle est 6, il faut 7 chiffres à gauche de la virgule ; il faut donc suppléer par deux zéros aux décimales qui manquent pour la placer convenablement.

$$2{,}78956 = \log 615{,}97$$

$$
\begin{array}{c|c}
1 & \\
\hline
50 & 7 \\
10 & 0{,}71
\end{array}
$$

400. Règle. *Pour trouver le nombre correspondant à un logarithme donné, on cherche la partie décimale dans la portion de la table où la caractéristique est 3 ; on prend, abstraction faite de la caractéristique, le logarithme qui en approche le plus par défaut ; on trouve à gauche les quatre premiers chiffres du nombre cherché ; on prend la différence entre le logarithme donné et le logarithme tabulaire approché ; on met un 0 à sa droite, et on divise par la différence tabulaire immédiatement inférieure au logarithme approché ; on écrit le premier chiffre du quotient, forcé s'il y a lieu, à la droite des quatre premiers chiffres écrits ; dans le nombre ainsi trouvé, on met une virgule ou assez de zéros à sa droite pour que le rang des plus hautes unités réponde à la caractéristique donnée.*

Éléments du calcul logarithmique.

401. 1° *Calculer le produit de* 3,1416 *par* 27,985.

$$
\begin{aligned}
\log \ \ 3{,}1416 &= 0{,}49715 \\
\log \ 27{,}985 \ &= 1{,}44692 \\
\hline
\log \ \text{prod.} \ \ &= 1{,}94407 = \log 87{,}916.
\end{aligned}
$$

J'ai cherché dans la table le logarithme dè 3,1416 et j'ai trouvé 0,49715 ; j'ai cherché le logarithme de 27,985, ce qui m'a donné 1,44692 ; le logarithme du produit est la somme 1,94407 des logarithmes des deux facteurs ; j'ai cherché le nombre correspondant à 1,94407 ; le nombre trouvé 87,916 est le produit demandé. (En faisant directement la multiplication, on trouve 87,91767, après quoi, en forçant le chiffre des millièmes, il vient 87,918 qui diffère de 2 millièmes du résultat logarithmique.)

2° *Calculer le quotient de la division de* 27,985 *par* 3,1416.

$$
\begin{aligned}
\log \ 27{,}985 \ &= 1{,}44692 \\
\log \ \ 3{,}1416 &= 0{,}49715 \\
\hline
\log \ \text{quot.} \ \ &= 0{,}94977 = \log 8{,}9078.
\end{aligned}
$$

J'ai cherché le logarithme du dividende, puis celui du diviseur ; j'ai retranché le second du premier, et j'ai obtenu 0,94977 pour le logarithme du quotient, après quoi le retour au nombre m'a donné 8,9078 pour le quotient demandé. (La division donne par excès 8,9079, qui est plus fort d'une unité que le résultat logarithmique.)

3° *Élever* 3,1416 *à la septième puissance.*

$$\log 3,1416 = 0,49715 ,$$

$$7 \log 3,1416 = 3,48005 = \log 3020,3.$$

J'ai cherché le logarithme du nombre, je l'ai multiplié par 7 et j'ai eu 3,48005 pour le logarithme de la puissance ; puis le retour au nombre m'a donné 3020,3 pour la valeur approchée de cette puissance.

4° *Extraire la racine cinquième de* 3,1416.

$$\log 3,1416 = 0,49715 ,$$

$$\tfrac{1}{5} \log 3,1416 = 0,09943 = \log 1,2573.$$

J'ai pris le $\tfrac{1}{5}$ du logarithme du nombre, et j'ai eu 0,09943 ; le retour au nombre m'a donné 1,2573 pour la racine cherchée.

Remarque. Les tables ne renferment que les logarithmes des nombres plus grands que l'unité ; mais on peut tout ramener à ce cas.

Qu'il s'agisse, par exemple, d'avoir le logarithme de la fraction décimale proprement dite, 0,6347 ; je la multiplie par 10, et j'ai 6,347, dont le logarithme est 0,80257 ; mais il faudra se rappeler que c'est le logarithme d'un nombre 10 fois trop grand, et tenir compte des altérations qui pourraient en résulter dans les calculs ultérieurs, ce qui ne présente jamais de difficulté.

S'il s'agissait de la fraction 0,06347, on la multiplierait par 100, ce qui donnerait 6,347, dont le logarithme 0,80257 serait le logarithme d'un nombre 100 fois trop grand, et ainsi de suite.

Si l'on voulait revenir au nombre, on diviserait par 10 dans le premier cas, par 100 dans le second, etc.

A l'aide de cet artifice, on peut opérer sur des fractions décimales proprement dites avec la même facilité que sur les nombres entiers ou décimaux.

Quelques exemples suffiront pour écarter toute difficulté.

1° *Calculer le produit de* 0,31416 *par* 0,0297.

Je multiplie par 10 le premier de ces nombres, et par 100 le second, ce qui multiplie le produit par 1000. Or,

$$\log 3,1416 = 0,49715$$
$$\log 2,97\quad = 0,47276$$
$$\overline{}$$
$$\log \text{prod.}\quad = 0,96991$$

La somme 0,96991 est le logarithme d'un nombre 1000 fois trop grand; je cherche le nombre correspondant, et je trouve 9,3306; je divise par 1000, et j'obtiens 0,0093306 pour le produit cherché. (La multiplication ordinaire conduit à 0,009330552.)

2° *Calculer le quotient de la division de* 0,31416 *par* 0,0297.

En préparant les deux nombres comme dans l'exemple précédent, le quotient sera divisé par 10; je devrai donc, après le retour au nombre, multiplier par 10; j'obtiens ainsi 10,578.

$$\log 3,1416 = 0,49715$$
$$\log 2,97\quad = 0,47276$$
$$\overline{}$$
$$\log \text{quot.}\quad = 0,02439 = \log 1,0578$$

On aurait pu rendre les deux nombres 0,31416 et 0,0297, 100 fois plus grands, ce qui ne changerait pas le quotient, et les deux nouveaux nombres étant plus grands que 1 ne présenteraient plus aucune difficulté dans le calcul.

3° *Former la septième puissance de* 0,31416.

Je multiplie d'abord par 10, ce qui donne 3,1416; le logarithme de ce nombre est 0,49715; mais.il répond à un nombre 10 fois trop grand; si, pour élever à la septième puissance, je multiplie ce logarithme par 7, le résultat 3,48005 répondra à un nombre 10^7 fois trop grand. Si je retranche la caractéristique, le nombre correspondant sera divisé par 10^8; dès lors, il sera encore 10^4 fois trop grand; il restera donc à diviser par 10^4 après le retour au nombre : j'obtiens ainsi 0,00030203 pour le résultat cherché.

402. *Par abréviation*, au lieu de dire que le nombre est 10 fois trop grand, on dit qu'il y a une *unité* de trop dans son logarithme; après la multiplication de ce logarithme par 7, il y aura *sept* unités de trop; après la suppression de la caractéristique, qui est 3, il y aura encore 4 unités de trop : le nombre correspondant sera donc 10^4 fois trop grand, et par conséquent, lorsqu'on aura cherché ce nombre, il restera à le diviser par 10^4 ou 10000.

4° *Extraire la racine cinquième de* 0,31416.

Je multiplie par 10 et j'ai 3,1416, dont le logarithme 0,49715 est trop fort d'une unité; mais, comme j'ai une division par 5 à faire, j'augmente la caractéristique de 4 unités, afin que le logarithme de la racine cherchée soit trop fort en tout de 5 unités, c'est-à-dire

d'un nombre d'unités multiple de 5, indice de la racine à extraire ;
j'ai alors 4,49715. Le cinquième de ce nombre 0,89943 n'est trop
fort que d'une seule unité ; cherchant le nombre correspondant,
je trouve 7,9328 qui, étant divisé par 10, donne 0,79328 pour la
racine cherchée.

REMARQUE. S'il s'agissait de calculer en décimales le quotient de
la division de deux nombres entiers, et que le diviseur fût plus
grand que le dividende, par exemple le quotient de 2 par 13, je
rendrais possible la soustraction des logarithmes en augmentant
celui du dividende d'une unité, ce qui reviendrait à opérer absolument comme si ce dividende était 10 fois plus grand ; puis, après
le retour au nombre, je diviserais par 10, ce qui donnerait
0,15385.

Voici le calcul :

$$\begin{aligned}\log 20 &= 1{,}30103 \\ \log 13 &= 1{,}11394 \\ \hline \log \tfrac{20}{13} &= 0{,}18709 = \log 1{,}5385\end{aligned}$$

On a donc $\tfrac{20}{13} = 1{,}5385$, et, par suite, 0,15385 pour la valeur de
la fraction ordinaire $\tfrac{2}{13}$ en décimales.

On voit que cette méthode consiste à rendre la soustraction possible, en ajoutant au logarithme trop faible un certain nombre
d'unités, absolument comme si le nombre correspondant avait été
multiplié par une puissance de 10 du degré marqué par le nombre
des unités ajoutées.

On pourra l'appliquer sans peine toutes les fois qu'on rencon-
trera dans la pratique un dividende plus petit que le diviseur, lors
même qu'on ne s'apercevrait pas d'avance de cette circonstance.

Soit encore proposé d'extraire la racine cubique de $\tfrac{2}{13}$.

Je calcule comme précédemment le logarithme de $\tfrac{2}{13}$; je trouve
0,18709 ; mais il est trop fort d'une unité ; j'ajoute deux unités et
j'ai 2,18709, qui est trop fort de trois unités ; je prends le tiers, auquel cas le quotient 0,72903 est seulement trop fort d'une unité ;
je cherche le nombre correspondant ; je trouve 5,3584 ; enfin je divise par 10, et le résultat 0,53584 est la racine cubique cherchée.

CHAPITRE XI.

RÈGLE A CALCUL.

403. La *règle à calcul*, ou *règle logarithmique*, est un instrument destiné à trouver à vue le résultat approché des principales opérations de l'Arithmétique, et plus spécialement ici de la multiplication et de la division.

DESCRIPTION. Cet instrument (que le lecteur doit avoir sous les yeux) se compose d'une *règle* dans laquelle est creusée une rainure qui contient une *réglette* que l'on fait glisser à volonté dans cette rainure.

La règle et la réglette portent des divisions et des chiffres qui se correspondent chacun à chacun, lorsqu'on fait coïncider une division portant le même nombre.

CONSTRUCTION. On a porté sur la partie supérieure de la règle et sur la réglette, à partir du trait initial, des longueurs proportionnelles aux logarithmes des nombres, et l'on a inscrit ces nombres à côté. On a ainsi une sorte de table de logarithmes dans laquelle les divisions représentent les logarithmes, et les chiffres de ces divisions les nombres eux-mêmes.

EXEMPLES. Du chiffre 1 au chiffre 8, la longueur est le logarithme de 8 ; le chiffre 1 coïncide avec le trait initial, parce que $\log 1 = 0$; la distance de 1 à 10 est le logarithme de 10, ou 1, c'est-à-dire que c'est cette longueur qu'on a dû prendre pour unité dans la division de la règle; par conséquent, la distance de 1 à 2 est les $\frac{301}{1000}$ de cette unité linéaire, puisque $\log 2 = 0,301$. De même, la distance de 1 à 3 est les $\frac{477}{1000}$ de la distance de 1 à 10, parce que $\log 3 = 0,477$.

404. Les divisions placées sur la règle, et les chiffres, les uns écrits, les autres sous-entendus, sont de trois ordres :

1° Du commencement au milieu de la règle, dans la partie supérieure, on a inscrit les chiffres de 1 à 10, et les longueurs sont les logarithmes des nombres 1, 2, 3,..., 9.

2° Les intervalles entre les chiffres dont je viens de parler sont divisés chacun en dix parties ; à côté des traits formant ces subdivisions, sont sous-entendus les chiffres 1, 2, 3, ..., 9, qui sont du second ordre, c'est-à-dire qu'ils représentent des unités dix fois plus petites que les chiffres écrits. Ainsi la distance du chiffre écrit 1 au troisième trait qui suit le chiffre 4 représente le logarithme de 4,3.

3° Ces subdivisions doivent être considérées comme subdivisées elles-mêmes en dix parties qui correspondent à des chiffres du troisième ordre ; mais, à cause de la petitesse de l'instrument, on n'a pu y marquer qu'en partie ces subdivisions du troisième ordre : de 1 à 2, elles sont marquées de 2 en 2 ; de 2 à 5, elles sont marquées de 5 en 5 ; de 5 à 10, elles ne sont pas marquées. (On estime à vue les divisions sous-entendues *.) Par exemple, si entre 4 et 5 je prends le trait qui est entre la troisième et la quatrième subdivision du second ordre, la distance de ce trait au trait initial représente le logarithme de 4,35.

Ce que je viens de dire se rapporte à la première moitié de la règle. Sur la seconde moitié on trouve les mêmes subdivisions que sur la première ; par conséquent, les distances d'un point quelconque de cette moitié au point milieu représentent les logarithmes des nombres écrits. Mais si je prends la distance d'un trait quelconque de cette moitié au trait initial de la règle, cela représente les logarithmes de nombres dix fois plus grands, puisque ces distances sont supérieures d'une unité aux précédentes ; par exemple, si je prends dans la seconde moitié entre 10 et 2 le troisième des traits contenus dans la sixième subdivision, la distance de ce trait au trait initial de la règle est le logarithme de 15,6.

Remarque. Les divisions consécutives ne sont pas égales, parce que les logarithmes des nombres consécutifs ne sont pas équidifférents.

Propriété fondamentale.

405. *Dans quelque position que l'on place la réglette, le rapport entre les deux nombres qui se correspondent est le même tout le long de l'instrument ; ce rapport constant ne varie qu'avec la position de la réglette.*

---

* Cette opération de subdivision à vue est considérablement facilitée et rendue plus précise à l'aide d'un appendice, appelé *curseur*, qu'il importerait de voir adapté à toutes les règles.

Exemple I. Mettez 2 sur 1; chaque nombre de la règle sera le double de celui qui est au-dessous.

Exemple II. Mettez 3 sur 5; chaque nombre de la règle sera les $\frac{3}{5}$ de celui qui est au-dessous de lui.

En effet, les logarithmes des deux nombres qui se correspondent sont représentés par les distances de ces nombres aux traits initiaux de la règle et de la réglette; par conséquent, la différence de ces deux logarithmes est représentée par la distance de ces deux traits initiaux; par suite, tant qu'on ne change pas la position de la réglette, cette différence est la même, quels que soient les deux nombres correspondants qu'on considère.

Les nombres correspondants, ainsi pris deux à deux, ont donc des logarithmes équidifférents; par conséquent, leurs quotients ou rapports sont égaux.

Multiplication. D'après la définition générale de la multiplication, le rapport du produit à l'un des facteurs est le même que le rapport de l'autre facteur à l'unité. Si donc je place l'un des facteurs sur l'unité, le produit sera sur l'autre facteur, d'où je tire cette règle :

Pour trouver le produit de deux nombres, on place l'unité de la réglette sous l'un des facteurs; on cherche l'autre facteur sur la réglette; au-dessus de lui on trouve le produit [*].

Exemple I. *Trouver le produit de 2,73 par 3,52.*

Je place l'unité de la réglette sous 2,73 (les 3 centièmes sont estimés à vue, parce que dans cet endroit la règle n'indique les centièmes que de 5 en 5); je cherche 3,52 sur la réglette, et je lis le nombre au-dessus : je trouve ainsi 9,60. Le dernier chiffre est incertain, car il suppose qu'on distingue exactement les subdivisions de subdivision, bien qu'elles ne soient par marquées.

Exemple II. *Trouver le produit de 5,37 par 3,82.*

Je place 1 sous 5,37 ; au-dessus de 3,82 je trouve 20,5, qui est le produit cherché. (Les 7 centièmes de 5,37 s'estiment à vue, parce que dans cette partie de la règle les dixièmes seuls sont marqués.)

Remarque. Lorsque les unités des deux facteurs ne sont pas exprimées par un chiffre, on commence par les ramener à cet état

---

[*] On pourrait fonder cette manière d'opérer sur le principe que le logarithme d'un produit est la somme des logarithmes des facteurs. Nous avons préféré déduire d'un même principe toutes les opérations faites avec la règle.

à l'aide d'une multiplication ou d'une division par une puissance de 10.

Exemple III. *Trouver le produit de* 0,371 *par* 13,8.

Je multiplie 3,71 par 1,38; rien n'est changé dans le produit, et je trouve 5,12.

Exemple IV. *Trouver le produit de* 473 *par* 327.

Je remplace les nombres donnés par ceux-ci : 4,73 et 3,27; je trouve 15,5 (le premier chiffre 1 représente une dizaine, parce qu'il est sur la seconde moitié de la règle); puis multipliant par 10000, j'obtiens 155000.

406. Division. D'après la définition de la division, le dividende est le produit de deux facteurs dont l'un est le diviseur, et l'autre le quotient; par suite, d'après ce qui précède, on placera le diviseur sur l'unité, et l'on trouvera le quotient sous le dividende, ou bien encore, on placera le dividende sur le diviseur, et le quotient sera sur l'unité.

Ce second moyen est moins commode; parce qu'il faut suivre de l'œil deux nombres pour les mettre en regard l'un de l'autre, ce qui est plus difficile que de suivre l'unité pour la mettre en regard du diviseur.

Exemple I. *Diviser* 4,52 *par* 3,79.

1° Je cherche sur la règle le diviseur 3,79; 2° j'amène au-dessous l'unité de la réglette; 3° je cherche sur la règle le dividende 4,52; 4° je lis le nombre qui est au-dessous du dividende; je trouve 1,19 : c'est le quotient cherché.

Remarque. On déplace, au préalable, si cela est nécessaire, les virgules décimales, et l'on corrige le résultat dans le cas où le quotient a été modifié.

Exemple II. *Diviser* 351 *par* 223.

Je divise 3,51 par 2,23, et j'ai 1,57.

Exemple III. *Diviser* 35,7 *par* 1,32.

Je cherche le quotient de 3,57 par 1,32; je trouve 2,70, qui est 10 fois trop petit : le quotient est donc 27.

Le procédé que nous employons exige que le dividende ne soit pas dans la partie de la règle laissée vide par la réglette; il faut, par conséquent, que le dividende soit plus grand que le diviseur. Si cette condition n'est pas remplie, on multiplie le dividende par 10, après quoi le quotient une fois trouvé, on le rend 10 fois plus petit.

EXEMPLE IV. *Diviser* 1,37 *par* 3,52.

Je divise 13,7 par 3,52 ; je trouve 3,89 ; le quotient demandé est donc 0,389.

FIN.

TYPOGRAPHIE DE CH. LAHURE ET Cⁱᵉ
Imprimeurs du Sénat et de la Cour de Cassation
rue de Vaugirard, 9